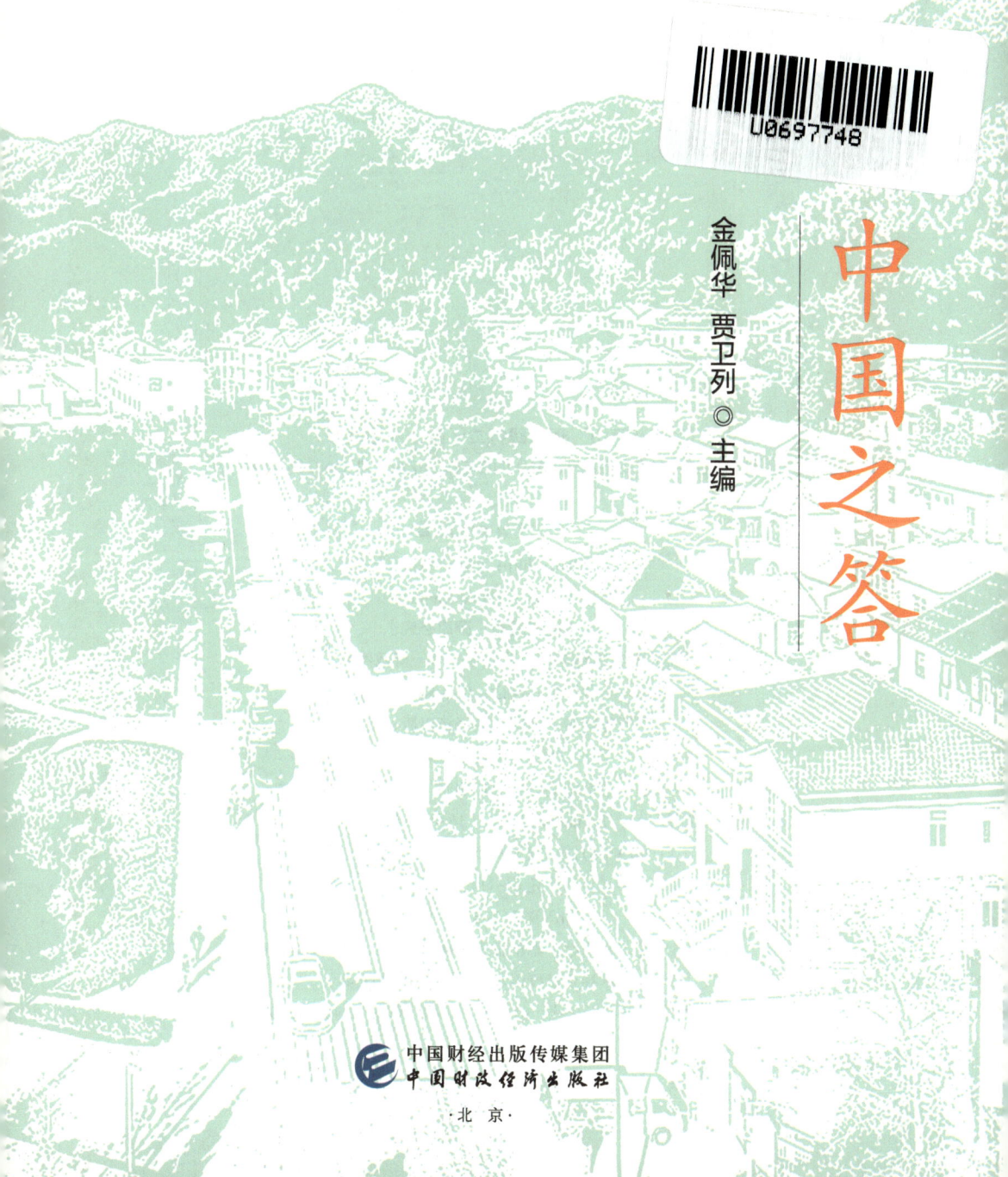

"两山"理念践行二十载

中国之答

金佩华 贾卫列 ◎ 主编

中国财经出版传媒集团
中国财政经济出版社
·北京·

图书在版编目（CIP）数据

"两山"理念践行二十载：中国之答 / 金佩华，贾卫列主编. -- 北京：中国财政经济出版社, 2025.8.
ISBN 978-7-5223-4143-9

Ⅰ. X321.2

中国国家版本馆CIP数据核字第2025H5Y633号

责任编辑：贾延平　　　　　　　责任校对：张　凡
封面设计：陈宇琰　　　　　　　责任印制：党　辉

"两山"理念践行二十载：中国之答
"LIANGSHAN" LINIAN JIANXING ERSHIZAI: ZHONGGUO ZHIDA

中国财政经济出版社 出版

URL: http://www.cfeph.cn

E-mail: cfeph@cfeph.cn

（版权所有　翻印必究）

社址：北京市海淀区阜成路甲28号　邮政编码：100142

营销中心电话：010-88191522

天猫网店：中国财政经济出版社旗舰店

网址：https://zgczjjcbs.tmall.com

涿州汇美亿浓印刷有限公司印刷　各地新华书店经销

成品尺寸：170mm×240mm　16开　24印张　311 000字

2025年8月第1版　2025年8月河北第1次印刷

定价：146.00元

ISBN 978-7-5223-4143-9

（图书出现印装问题，本社负责调换，电话：010-88190548）

本社质量投诉电话：010-88190744

打击盗版举报热线：010-88191661　QQ：2242791300

《"两山"理念践行二十载：中国之答》
编委会

顾　　问	解振华　尹成杰　顾益康
主　　任	黄祖辉
编　　委	（按姓氏笔画为序）

　　　　　　王景新　纪伟昕　刘青松　刘宗超　杨开忠
　　　　　　杜志雄　宋洪远　金佩华　赵兴泉　徐小青
　　　　　　郭占恒　贾卫列　夏　俊

主　　编　金佩华　贾卫列

副 主 编　张建国　蔡颖萍　沈琪霞

编写人员　（按姓氏笔画为序）

　　　　　　方晨亮　冯佑帅　朱　强　刘玉莉　刘亚迪
　　　　　　杨建初　严炳鹏　沈海鹰　沈琪霞　陆帅志
　　　　　　张建国　张明伟　金佩华　侯子峰　胡勘平
　　　　　　贾卫列　莫东坡　喻贵银　蔡颖萍　滕俊楷

组织编写　湖州师范学院"两山"理念研究院
　　　　　　浙江省习近平新时代中国特色社会主义思想研究中心
　　　　　　湖州师范学院研究基地

Foreword

今年是习近平总书记提出"绿水青山就是金山银山"理念20周年。2005年8月15日,一个深刻影响中国发展进程的理念在浙江安吉余村诞生——"绿水青山就是金山银山"。这一朴素而深邃的论断,不仅重新定义了人与自然和谐共生的关系,更成为中国生态文明建设的核心指引,为全球可持续发展贡献了中国智慧。

20年来,"绿水青山就是金山银山"理念成为习近平生态文明思想的核心和我国绿色转型发展的基石。习近平总书记多次指出,要使绿水青山成为金山银山,关键是要做好转化这篇文章,使资源生态优势转化为经济社会发展优势。如何在"两山"理念践行中做好"转化"这篇文章,既是理论界的学术问题,也是新时代的实践课题。

近年来,湖州师范学院"两山"理念研究院研究团队一直致力于"两山"理念的研究和实践经验的总结,已经出版了大量研究成果,发表了很多有原创性的论文。在"绿水青山就是金山银山"理念诞生20周年的前夕,湖州师范学院"两山"理念研究院在两山转化研究上创造性地提出了两山三转化理论,从两山初始转化、再次转化和升级转化的三转化视角,建构两山三转化相互依存、迭代递进的闭环系统。

两山三转化是指自然生态化、生态经济化、经济绿色化。自然生态化是初始转化,重点是守护和修复生态,确保"绿水青山"本底是守住自然的生态价值;生态经济化是再次转化,重点是实现生态产品的初始价值;经济绿色化是升级转化,重点是通过生态赋能,实现生态产品的赋能价值或生态溢价,推进经济社会转型升级。三转化既相对独立又自成体系。深入系统研究自然生态化、生态经济化、经济绿色化的两山转化体系、实践路径和体制机制,并用于实践分析和印证,以进一步深入践行"两山"理念,揭示两山转化本质、提高两山转化效率,促进经济社会高质量发展,具有十分重要的学术价值和应用价值。

基于上述思考和研究,湖州师范学院"两山"理念研究院力求从不同维度、不同层次,全面展现"绿水青山就是金山银山"理念落地生根、开花结果的全过程。在"绿水青山就是金山银山"理念诞生20周年之际,他们编写了《"两山"理念践行二十载:中国之答》一书。本书精心梳理了20年来"两山"理念的践行路径,将内容分为自然生态化、生态经济化、经济绿色化三篇九章。在"上篇 自然生态化"中,我们看到中国的山川河流通过生态环境治理、生态保护修复和气候变化应对重焕了生机,绿色生态的版图不断拓展;"中篇 生态经济化"讲述了生态资源利用、生态价值实现和环境权益交易的生动实践,众多生态产业蓬勃兴起,将绿色资源转化为经济增长新动能,使资源变为资本,让百姓的口袋鼓起来、生活富起来;"下篇 经济绿色化"则聚焦传统产业转型、经济形态友好和新兴产业崛起,讲述了传统产业正在生态价值转化中重构竞争力,中国正以系统化绿色低碳转型方案回答着人类可持续发展的时代命题。

书中既有深入浅出的理论阐释,又有来自大江南北的鲜活案例。从安吉余村"绿水青山就是金山银山"理念的诞生到"在湖州看见美丽中国",从贺兰山生态修复工程到三江源生态保护红线,从惠州岩茶的生态产品价值实现到新安江跨省生态保护补偿,从万事利的产业绿色转型到比亚迪新能源汽车的生态变革……这些真实故事,是中国践行"绿水青山就是金山银山"理念的生动阐释,是无数人用汗水与智慧书写的绿色传奇。中国在践行"绿水青山就是金山银山"理念道路上的坚定步伐,为世界提供了值得借鉴的"中国方案"和"中国经验"。

站在新的历史起点,回望20年走过的历程,我们深感研究和实践的艰辛。展望未来,我们依然信心满怀。"绿水青山就是金山银山"理念所指引的道路，必将越走越宽广，让中国的天更蓝、山更绿、水更清，中华民族在生态优先、绿色发展的康庄大道上阔步前行，续写更加辉煌的篇章。

本书作者长期从事"绿水青山就是金山银山"理念、生态文明的研究，有的还从事过生态环境的实际管理工作。经过多年的理论思考和实践总结，作者们在生态环境治理、生态保护修复、气候变化应对、生态资源利用、生态价值实现、环境权益交易、传统产业转型、经济形态友好、新兴产业发展九大领域践行"绿水青山就是金山银山"理念方面取得了巨大成就，并用27个经典案例全景式地展现了全国人民在绿色转型和生态产品价值实现方面的成功经验，是20年来践行"绿水青山就是金山银山"理念的系统性研究，是理论总结和实践探索的完美结合。

当我们翻开这本书的时候，就能感受到"绿水青山就是金山银山"故事背后的中国智慧与中国力量，衷心希望本书的出版发行，能够帮助我们汲取继续奋进的精神动力。

是为序！

中国气候变化事务前特使
全国政协人口资源环境委员会原副主任
国家发展和改革委员会原副主任
原国家环境保护总局局长

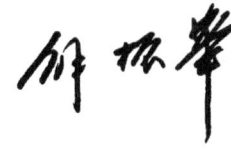

2025年6月

目录
Contents

上 篇 | 自然生态化

002　**第一章　生态环境治理：重塑绿水青山二十载**
003　第一节　绿水青山——重现天蓝、地绿、水清
019　第二节　美丽乡村——重构故乡之美
029　第三节　美丽中国——创造美好生活

040　**第二章　生态保护修复：再造生态系统二十载**
041　第一节　生态保护——维护人类生存系统
053　第二节　生态平衡——保护生物多样性
062　第三节　生态红线——划定生态保护红线
071　第四节　天然本底——自然保护地建设

083　**第三章　气候变化应对：减少温室气体排放二十载**
084　第一节　气候行动——积极参与应对全球气候变化
093　第二节　全面转型——健全绿色低碳循环发展经济体系
105　第三节　"双碳"目标——推进碳达峰碳中和进程

中 篇 | 生态经济化

120　**第四章　生态资源利用：合理开发利用二十载**
121　第一节　重复利用——可再生资源的开发利用
137　第二节　有限利用——不可再生资源的开发利用
150　第三节　深化利用——合理开发利用海洋资源

161	**第五章　生态价值实现：生态产品价值实现二十载**
162	第一节　生态农业——生态效益和经济效益的有机统一
175	第二节　生态旅游——融入自然和保护自然
187	第三节　生态竹业——生态价值与经济价值和谐统一

196	**第六章　生态权益交易：资源价值流转实现二十载**
197	第一节　生态补偿——补偿调节区域不平衡
206	第二节　水权交易——增强生态产品价值
218	第三节　碳汇交易——支撑生态产品价值实现

下　篇　经济绿色化

232	**第七章　传统产业转型：绿色低碳发展二十载**
233	第一节　低碳发展——优化经济发展结构
244	第二节　绿色工业——重塑生产和消费逻辑
263	第三节　能源革命——构筑绿色未来基石

285	**第八章　经济形态友好：绿色循环发展二十载**
286	第一节　循环经济——提高资源利用程度
297	第二节　生物经济——构建人与自然和谐共生
311	第三节　共享经济——优化资源配置水平

322	**第九章　新兴产业崛起：绿色创新发展二十载**
323	第一节　绿色金融——打造低碳创新新引擎
330	第二节　数字经济——赋能新时代新经济
344	第三节　电动汽车——开拓碳中和新赛道

| 356 | **主要参考文献** |

| 372 | **后　记** |

上 篇
自然生态化

第一章

生态环境治理：重塑绿水青山二十载

20载春华秋实，中国以"两山"理念为指引，聚焦环境治理，打造天蓝、地绿、水清的生态环境基础，让碧水蓝天重回人们生活，让田园牧歌式的美景重现大地，承载人们的乡愁与梦想，努力达到宜居性、生态化、智慧化水平，使人们享有更美好的生活空间。20年来，中国环境治理之路步履坚定，为世界贡献了绿色发展的中国方案，在重塑绿水青山方面取得了伟大成就，书写了生态文明建设的辉煌篇章。

第一节

绿水青山——重现天蓝、地绿、水清

一、重塑绿水青山的成就

（一）"十一五"时期的污染治理

"十一五"期间，我国环境保护力度不断加大，环境保护事业取得积极进展[①]。

污染治理投资较快增加　2009年，全国环境污染治理投资总额为4525亿元，比2005年增长89.5%；环境污染治理投资占GDP的比重由2005年的1.30%提高到2009年的1.33%。

污染减排任务超额完成　"十一五"期间，全国累计关停小火电机组7000多万千瓦，分别淘汰炼铁、炼钢、水泥、焦炭和造纸等落后产能1.1亿吨、6860万吨、3.3亿吨、9300万吨和720万吨，累计建成运行5亿千瓦燃煤电厂脱硫设施，火电脱硫机组比例从2005年的12%提高到80%，新增污水处理能力超过5000万吨/日；2010年，全国二氧化硫排放总量、化学需氧量排放总量比2005年分别下降14.3%和12.5%，超额完成"十一五"规划目标[②]。

[①] "十一五"经济社会发展成就系列报告之十四：环境保护事业取得积极进展[EB/OL].（2011-03-10）[2024-12-05]. https://www.stats.gov.cn/zt_18555/ztfx/sywcj/202303/t20230301_1920374.html.

[②] 生态环境质量持续改善　美丽中国建设全面推进——新中国75年经济社会发展成就系列报告之十四[EB/OL].（2024-09-19）[2024-12-05]. https://www.gov.cn/lianbo/bumen/202409/content_6975529.htm.

工业"三废"治理效率进一步提高　到 2009 年年底，全国共有废水治理设施 77018 套，比 2005 年多 7787 套；有废气治理设施 176489 套，比 2005 年多 31446 套。2009 年，全国工业二氧化硫去除量比 2005 年增长 1.7 倍，工业烟尘去除量增长 59.6%。2009 年全国工业废水排放达标率比 2005 年提高 3.0 个百分点，工业二氧化硫排放达标率提高 11.6 个百分点，工业烟尘排放达标率提高 7.4 个百分点，工业粉尘排放达标率提高 14.8 个百分点，工业固体废物综合利用率提高 10.9 个百分点，"三废"综合利用产品产值增长 1.1 倍。

水环境质量持续好转　2010 年七大水系国控断面好于Ⅲ类水质的比例由 2005 年的 41% 提高到 60%；劣Ⅴ类水质断面比例由 2005 年的 27% 降低到 16%，七大水系水质总体上持续好转。

城市空气质量稳中趋好　2009 年，全国城市空气中二氧化硫年均浓度比 2005 年下降 17%，环保重点城市空气中二氧化硫年平均浓度比 2005 年下降 24.6%，地级以上城市达到或优于空气质量二级标准的比例达到 79.6%。

城市环境治理能力继续增强　2009 年底，全国设市城市污水处理厂日处理能力比 2005 年提高 58.1%，城市污水处理率由 2005 年的 52.0% 提高到 2009 年的 75.3%；2009 年城市生活垃圾清运量比 2005 年增长 1.0%，城市生活垃圾无害化处理率比 2005 年提高了 19.7 个百分点；建成区绿化覆盖率由 2005 年的 32.6% 提高到 2009 年的 38.2%；2009 年 354 个城市中，城市区域声环境质量为"好"的城市占 5.9%，为"较好"的占 68.7%，为"轻度污染"的占 24.3%，为"中度污染"的占 1.1%；2009 年 334 个城市中，城市道路交通声环境质量为"好"的占 67.1%，为"较好"的占 27.5%，为"轻度污染"的占 4.2%，为"中度污染"的占 0.9%，为"重度污染"的占 0.3%。

（二）"十二五"时期的污染治理

"十二五"时期，我国以大气、水、土壤污染治理为重点，在生态环境保护方面取得明显成效[①]。

主要污染物排放均有下降 2015年，全国化学需氧量（COD）、氨氮、二氧化硫和氮氧化物排放量分别比2010年下降12.9%、13.0%、18.0%和18.6%，超额完成控制目标[②]。酸雨的面积已经恢复到20世纪90年代的水平。主要江河的水环境质量逐步好转。2014年，我国十大流域的水质监测断面中，Ⅰ～Ⅲ类水质断面比例占71.2%，劣Ⅴ类断面比例由2001年的44%降到2014年的9.0%，降幅达80%。2014年，重点重金属污染物（铅、汞、镉、铬和类金属砷）排放总量比2007年下降1/5，重金属污染事件由2010—2011年的每年10余起下降到2012—2014年的平均每年3起。2014年首批实施新《环境空气质量标准》的74个城市的$PM_{2.5}$平均浓度比2013年下降11.1%。到2015年，50个危险废物、273个医疗废物集中处置设施基本建成，历史遗留的670万吨铬渣全部处置完毕，铅、汞、镉、铬、砷5种重金属污染物排放量比2007年下降27.7%。

新政策和硬措施应对调整 发布实施了《大气污染防治行动计划》和《水污染防治行动计划》，《大气污染防治行动计划》明确了2017年及今后更长一段时间内空气质量改善目标，提出了10条35项综合治理措施，重点治理$PM_{2.5}$和PM_{10}。《水污染防治行动计划》确定了10个方面238项措施。"十二五"以来，全国新增城镇污水处理能力

---

① 陈吉宁. [辉煌十二五] 高举生态文明旗帜 大力推进生态环境保护 [EB/OL]. （2015-10-12）[2024-12-05]. https://news.12371.cn/2015/10/12/ARTI1444583725438941.shtml?term=5ci4j.

② 生态环境质量持续改善 美丽中国建设全面推进——新中国75年经济社会发展成就系列报告之十四 [EB/OL]. （2024-09-19）[2024-12-05]. https://www.gov.cn/lianbo/bumen/202409/content_6975529.htm.

4800万吨/日，累计污水处理能力达1.75亿吨；完成3.2亿千瓦火电机组新建或改造脱硫设施，脱硫机组累计达8.2亿千瓦，占全国煤电总装机容量的96%；6.6亿千瓦火电机组新建脱硝设施，脱硝机组累计达7.5亿千瓦，占煤电总装机容量的87%。完成煤电行业超低排放改造8400万千瓦，约占全国煤电装机容量的1/10。

预防为主，推动转方式调结构 "十二五"期间，完成五大区域战略环评，在国家层面开展了360多项规划环评；在国家层面，对151个不符合条件的项目环评文件不予审批，涉及交通运输、电力、钢铁、有色金属、煤炭、化工石化等行业。国家共发布了火电、钢铁、水泥等重点行业的国家污染物排放（控制）标准46项。进一步加大化解过剩产能、淘汰落后产能工作力度，2011—2014年，全国淘汰钢铁1.55亿吨、水泥6亿多吨、造纸3266万吨；节能环保产业以15%～20%的速度增长，占GDP的比重超过6.5%；2011—2014年，单位工业增加值COD排放强度下降36%，单位工业增加值氨氮排放强度下降40%，全国单位GDP能耗累计下降13.4%，单位GDP二氧化碳排放累计下降16%左右，单位工业增加值的用水量降低24%，资源产出率提高10%左右。

（三）"十三五"时期的污染治理

"十三五"时期，我国污染防治攻坚战成效显著，污染防治攻坚战阶段性目标胜利完成。空气污染防治成效显著，化学需氧量、氨氮、二氧化硫、氮氧化物等主要污染物排放总量分别累计减少13.8%、15.0%、25.5%、19.7%，$PM_{2.5}$未达标的地级及以上城市浓度累计下降28.8%，地级及以上城市空气质量优良天数比率达到87%，《大气污染防治行动计划》和蓝天保卫战目标全面实现。碧水保卫战成效显现，地表水达到或好于Ⅲ类水体比例提高到83.4%，劣Ⅴ类水体比例降至0.6%，地级及以上城市建成区黑臭水体消除比例超过96%。净土保卫战扎实推进，完成农用地土壤污染状况详查，基本实现固体废物零进口目标。"十三五"期末，全国土壤环境风险得到基本管控；2020年，受污染耕地安全利用率达到90%左右[①]。

（四）"十四五"以来的污染治理

"十四五"以来，我国生态环境质量持续改善，美丽中国建设迈出重大步伐。

2021年以来，污染防治攻坚战向纵深推进，环境质量改善成果不断巩固。大气多污染物协同治理和区域联防联控深入推进，2022年全国地级及以上城市$PM_{2.5}$平均浓度降低到29微克/立方米，氮氧化物排放总量、挥发性有机物排放总量分别下降8.5%、6.8%。重点流域水生态环境保护力度持续加大，化学需氧量和氨氮排放总量分别降低3.9%、9.7%，城市污泥无害化处置率达到99.4%，地级及以上城市黑臭水体基本消除，全国近岸海域优良水质面积比例达81.9%。土壤污染风险防控和修复力度不断加大，固体废物和新污染物治理继续加强，噪声污染防治行动启动实施。非化石能源发电装机容量历史性地超过化石能源，非化石能源占能源消费总量的比重提高至17.5%。重点领域、行业和产品设备节能降碳更新改造加快推进，煤电节能降碳改造1.52亿千瓦，钢铁全流程超低排放改造1.34亿吨。国家节水行动持续实施，全国单位GDP用水量下降7.6%[②]。

2023年，化学需氧量、氨氮、氮氧化物、挥发性有机物排放总量同比分别下降2.0%、7.1%、2.2%、2.1%，排放情况好于"十四五"

[①] 生态环境质量持续改善 美丽中国建设全面推进——新中国75年经济社会发展成就系列报告之十四[EB/OL].（2024-09-19）[2024-12-05]. https://www.gov.cn/lianbo/bumen/202409/content_6975529.htm.

[②]《中华人民共和国国民经济和社会发展第十四个五年规划和2035年远景目标纲要》实施中期评估报告[EB/OL].（2023-12-27）[2024-12-05]. https://www.ndrc.gov.cn/fzggw/wld/zsj/zyhd/202312/t20231227_1362958_ext.html.

规划目标的时序进度要求。全国地级及以上城市 $PM_{2.5}$ 平均浓度为 30 微克 / 立方米，优于年度目标约 3.0 微克 / 立方米。全国地表水Ⅰ～Ⅲ类水质断面比例达 89.4%，劣Ⅴ类水质断面比例为 0.7%，黄河流域水质首次由"良好"改善为"优"，海河流域水质由"轻度污染"改善为"良好"，松花江流域水质持续改善。长江干流连续 4 年、黄河干流连续 2 年全线水质保持Ⅱ类水质。全国近岸海域水质持续改善，与 2020 年相比，优良（一、二类）水质比例达 85.0%，劣四类水质比例达 7.9%。"十四五"时期，我国继续坚持土壤污染风险管控，2023 年我国农用地土壤环境状况总体稳定，受污染耕地安全利用率达到 91% 以上[①]。

2024 年，全国地级及以上城市 $PM_{2.5}$ 平均浓度为 29.3 微克 / 立方米，连续 5 年稳定达标。全国空气质量优良天数比例达 87.2%，重污染天数比例为 0.9%；全国地表水优良水质断面比例达 90.4%，首次超过 90%，近岸海域水质优良比例为 83.7%，提前达到"十四五"规划目标。长江干流连续 5 年、黄河干流连续 3 年全线水质稳定保持在Ⅱ类水质水平；全国受污染耕地安全利用率预计达到 92%，重点建设用地安全利用得到有效保障，新增完成 2.5 万个行政村环境整治，农村生活污水治理率超过 45%。

固体废物与新污染物防治不断加强。2022 年，一般工业固体废物综合利用率为 56.8%，比 2000 年提高 10.9 个百分点，危险废物利用处置量为 9444 万吨，较"十三五"期末提高 23.8%；2017—2020 年累计减少固体废物进口量约 1 亿吨，再生资源回收量由 2016 年的 2.6 亿吨增加到 2021 年的 3.8 亿吨；无废城市建设稳步推进，2021 年出台的《"十四五"时期"无废城市"建设工作方案》提到，要以推动 100 个左右地级及以上城市开展无废城市建设作为总目标；新污染物治

---

① 生态环境质量持续改善　美丽中国建设全面推进——新中国 75 年经济社会发展成就系列报告之十四[EB/OL].（2024-09-19）[2024-12-05]. https://www.gov.cn/lianbo/bumen/202409/content_6975529.htm.

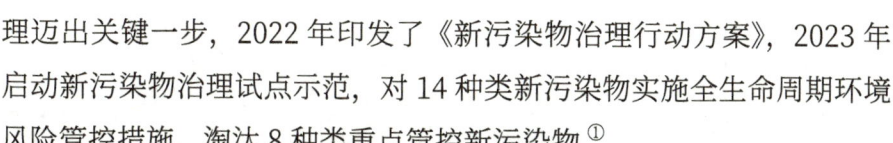

理迈出关键一步，2022年印发了《新污染物治理行动方案》，2023年启动新污染物治理试点示范，对14种类新污染物实施全生命周期环境风险管控措施，淘汰8种类重点管控新污染物[①]。

二、"千万工程"推进乡村振兴

（一）"千万工程"及缘起

21世纪初，中国经济快速发展，但同时带来了资源环境问题、城乡发展不平衡等突出问题。在浙江农村，长期粗放式增长导致了"村村点火，户户冒烟"的局面，村容村貌"脏、乱、差"现象严重，直接影响农民生活的幸福感。在这样的背景下，时任浙江省委书记的习近平同志于2003年6月亲自谋划部署了"千村示范、万村整治"工程（以下简称"千万工程"），计划从全省约4万个村庄中选取1万个行政村进行环境综合整治，并将其中约1000个中心村打造成全面小康示范村。习近平同志在"千万工程"启动会上强调，要把"千村示范、万村整治"工程作为推动农村全面小康建设的基础工程、统筹城乡发展的龙头工程、优化农村环境的生态工程和造福农民的民心工程来抓，以改善农村人居环境入手，提高农民生活质量。

"千万工程"启动后，浙江坚持"一张蓝图绘到底"，经过20多年的持续推进，工程内涵不断丰富和升级。从"1.0版"聚焦农村生产、生活、生态"三生"环境整治起步，到21世纪头10年实施的"千村精品、万村美丽"计划，我国不断拓展生态人居、生态经济和生态文化建设，再到近年打造"千村未来、万村共富"的新阶段，提出了数字乡村和共同富裕的目标。"千万工程"目标从改善人居环境逐步扩展

---

① 生态环境质量持续改善　美丽中国建设全面推进——新中国75年经济社会发展成就系列报告之十四[EB/OL]．（2024-09-19）[2024-12-05]．https://www.gov.cn/lianbo/bumen/202409/content_6975529.htm.

到产业发展、文化传承、治理创新等领域，实现了迭代升级，但始终保持连续性和一致性，走出了一条美丽乡村建设的新路径。经过长期探索实践，"千万工程"不仅造就了浙江万千美丽乡村，也惠及千万农民群众，在实践中取得了显著成效，成为乡村振兴的先行探索和成功范例。2018年9月，联合国将浙江"千万工程"授予"地球卫士奖"这一最高环境荣誉，国际社会评价其为"极度成功的生态恢复项目"，证明了环境保护与经济发展可同步推进所产生的变革力量。此后，党中央、国务院高度重视推广"千万工程"经验。2019年中央一号文件提出在全国推广浙江经验，2024年中央一号文件更将学习运用"千万工程"经验列为推进乡村全面振兴的重要举措。

（二）"千万工程"推进中国式现代化的实践

1. 农村人居环境整治

全面开展农村垃圾、污水和厕所治理"三大革命"。各级政府制定村庄环境整治标准，投入资金实施农村生活垃圾分类减量、生活污水处理和无害化卫生厕所改造。通过多年努力，全省规划保留村实现生活污水治理和卫生厕所覆盖率100%，农村生活垃圾基本实现"零增长""零填埋"。"千万工程"还结合山水林田湖治理推进生态修复，浙江全省累计整治修复各类生态系统约20万亩，建成清洁田园6万亩，综合防治土壤污染1万亩；矿山企业由上万家压减至500多家，并建成绿色矿山243家。浙江省各地注重把生态环境治理与产业发展相结合。安吉余村关停了污染环境的矿山和水泥厂，转而发展竹林旅游等绿色产业。2005年，习近平同志调研时对此做法给予了充分肯定，并提出"绿水青山就是金山银山"的理念。这一理念成为"千万工程"的指导思想，要求在保护中发展、在发展中保护，实现生态环境和经济效益双赢。

2. 规划引领与基础设施提升

浙江省率先开展乡村规划"多规合一"改革，实现村庄规划全覆盖。在规划指引下，统筹推进农村基础设施和公共服务升级，逐步实现城乡一体化发展。政府加大投入，完善农村交通、电力、饮水、网络等基础设施，实现农村等级公路通达率100%，5G和光纤通信重点行政村全覆盖。城乡客运公交一体化率超过85%，基本实现山区乡镇和3A级景区通三级公路。农村人居设施显著改善，"污水横流"现象不复存在，旱厕全面改造升级，垃圾集中分类处理普及，农村生活垃圾回收利用率提高到65%。与此同时，城乡基本公共服务均等化水平大幅提升，浙江省建成了农村"30分钟公共服务圈"和"20分钟医疗卫生服务圈"，中心乡镇和社区居家养老服务覆盖率达100%，农村幼儿园等级达标率近99%。通过推进城乡要素流动和土地制度改革，浙江省还创新实施了农村建设用地整治、宅基地改革等举措，为乡村产业和项目落地提供用地保障，累计盘活利用各类乡村建设用地指标7万余亩。

3. 数字技术赋能治理

在"千万工程"深化过程中，浙江省注重运用数字化手段提高乡村治理和服务水平。全省出台了《数字乡村建设规范》等标准，建设"浙江乡村大脑2.0"等数字平台，将农业、养老、医疗、教育等公共服务接入数字化系统。许多乡村建立了数字生活馆、智慧健康站等设施，实现了水电气社保等民生事项的线上管理和"一站式"服务。通过数字化赋能，乡村公共服务的效率和共享水平明显提升，乡村治理方式更加智能高效。作为首批数字乡村试点，杭州市萧山区梅林村建成了24小时无人超市、智慧健康驿站等数字设施，并对村民健康实现动态监测。数字技术的应用为传统乡村治理注入了新动能，促进乡村治理方式和生活方式的现代化转型。

4. 培育乡村产业与美丽经济

浙江省将环境整治与富民产业发展紧密结合，探索出"美丽环境"催生"美丽经济"的路径。各地在村庄环境变美后，因地制宜发展休闲旅游、特色农业、手工文创等新产业新业态，拓宽农民增收渠道。全省通过土地综合整治和资源盘活，发展了一村一品、一村一景等特色经济，累计培育县级以上农业龙头企业5383家、示范性农民合作社9491家，乡村创业创新人才（农创客）超过4.7万人。"共富工坊"等乡村小微产业园达6226家，为农民就地就业创业提供了平台。据统计，截至2023年年底，浙江省已建成农业全产业链年产值超10亿元的产业集群92个，全省认定的农村土特产多达1040种，带动就业近600万人，农民人均增收2000元以上。"千万工程"推动乡村生态环境转变为生态资产，催生了农业观光、民宿经济等新型业态。很多过去偏僻落后的村庄吸引了城市游客，呈现勃勃生机。舟山市定海区的新建村原是偏僻海岛村，经过环境提升和业态导入，发展起乡村民宿、创意文化等产业，成为远近闻名的网红村和美丽乡村示范村，民宿年收入翻了好几番。2015年，习近平总书记在该村调研时称赞这里是天然大氧吧，是发展"美丽经济"的成功案例，在实践中印证了"绿水青山就是金山银山"理念。

5. 创新治理模式与群众参与

浙江省在推进"千万工程"中建立了政府主导、群众主体、多元参与的乡村治理模式。省委、省政府把农村人居环境整治列为对各级党委和政府工作实绩考核的重要内容，党政"一把手"亲自抓，层层压实责任。省、市、县、乡、村五级书记一起抓乡村振兴，形成了高位推动的组织保障。各级财政持续投入"真金白银"，并通过以奖代补、先建后补等方式撬动社会资本和金融资金支持乡村建设，建立多元化投入机制。在政府有力的引导下，充分尊重和调动农民群众的积极性，让村民成为美丽乡村建设的主人翁。

从实践看，农村人居环境整治经历了从政府包办到政府引导，再到农民主动参与的演变过程。许多地方通过建立村民议事会、村规民约等方式，引导村民共商共建。杭州市余杭区小古城村村民通过民主议事决定拆除自家院墙，美化公共空间，使村庄环境更敞亮宜人。在宁海县下枫槎村，农民自发用老家具、竹木等废旧材料装饰村庄，乡村环境从"洁净"提升到"美化"，再升级至"艺术化"，农民的创造性被充分激发。通过政策激励和典型示范带动，浙江省广大农民从"要我整治"转变为"我要整治"，共建共管共享的意识显著增强。

此外，浙江省注重发挥基层党组织的战斗堡垒作用，培养乡贤能人参与乡村治理，提高乡村治理效能。全省累计创建县级以上民主法治示范村1600多个，行政村党务村务财务公开透明度达到99.8%，乡村社会治理实现了有效推进。政府治理与群众参与良性互动，确保了"千万工程"各项措施落地生根、长期见效。

（三）"千万工程"的成绩单

1. 人居环境全面改善

浙江省所有行政村的环境面貌都焕然一新，实现了从垃圾遍地、污水横流到干净整洁、生态宜居的历史性转变。"千万工程"的整治范围已从最初约1万个行政村推广覆盖到全省所有村庄。曾经困扰农村的垃圾污水问题基本得到解决，农村卫生厕所全面普及，村容村貌干净有序。生态环境质量同步提升，河塘清澈见底，村庄绿化、美化水平大幅提高，不少村庄成为环境优美的"花园村"。2018年，联合国环境署在颁发"地球卫士奖"时高度评价浙江"千万工程"是"让环境保护与经济发展同行"的成功实践范例。这标志着浙江乡村生态振兴模式获得了国际认可，为全球乡村可持续发展提供了样板。

2. 经济发展稳步提升

环境改善为乡村产业发展夯实了基础，带动农村经济实现更高质量增长。2022年，浙江省农村居民人均可支配收入达到3.7万元（连续38年位居全国各省区第一）。城乡居民收入比从2003年的2.43缩小到2022年的1.90，城乡差距持续缩小。绝大多数行政村集体经济收入稳步增长，全省年经营性收入50万元以上的村占比已过半。美丽乡村建设催生了旅游休闲、农业电商等新产业新业态的蓬勃发展，促进了农民就业创业和增收。

据统计，全省乡村旅游年接待游客数和旅游收入连年快速增长，一大批村庄依托各自特色资源走上了致富之路。淳安县的下姜村过去是远近闻名的贫困村，经过多年帮扶建设，如今发展起有机农业和乡村旅游，村集体和村民收入大幅提高，成为共同富裕示范村。

在区域层面，浙江省创新实施城乡结对帮扶、"先富帮后富"等机制，通过强村带弱村、发达地区带动欠发达地区，推动乡村振兴的均衡发展，缩小了不同地区间的发展差距。

3. 农民生活品质显著提升

通过"千万工程"，农村基础设施和公共服务达到前所未有的完善程度，农民生活品质显著提升。全省所有建制村实现硬化道路通达和客车村村通，自来水、动力电、光纤宽带等实现全覆盖。农村教育、医疗、文化、养老等公共服务不断向城市水平看齐，每个乡镇和大部分村建立了高标准的学校、卫生院、文化礼堂、健身场地等设施，乡村儿童受教育条件和老人养老条件大为改善。数字化手段的运用进一步提升了公共服务效率，村民足不出村即可享受到便捷的政务服务和远程医疗、远程教育等服务。

在社会治理方面，乡村文明程度和治理水平同步提高。通过环境改善和文化建设相结合，村民的精神面貌焕然一新，讲文明、讲卫生的新风尚基本形成；村级民主制度健全完善，村民自治能力增强，各类乡村矛盾纠纷明显减少，农村社会更加和谐有序。正如当地农民所说，"千万工程"是继家庭联产承包责任制后党和政府为农民办的最受欢迎、最得民心的一件好事。它让农民不仅拥有了美丽家园，还过上了更加富裕文明的生活。

三、"千万工程"评述

（一）坚持以民为本，激发农民主体作用

"千万工程"始终将增进农民福祉作为乡村建设的出发点和落脚点，以人民群众是否满意作为衡量标准。尊重农民意愿，聚焦农民最关心的实际问题，从改善环境、便利生活等身边小事做起，让广大农民在共建共享中有实实在在的获得感和幸福感。注重引导农民全过程参与村庄规划决策和建设管护，提高农民的积极性和创造性，形成"乡村建设大家商量着办"的良好氛围。"千万工程"发挥了农民的主体作用，实现了从"要我建设"到"我要建设"的转变，保证了乡村建设的持续动力。

（二）坚持绿色发展，统筹生态经济双赢

牢固树立并践行"绿水青山就是金山银山"的理念，把习近平生态文明思想贯穿于乡村振兴全过程。各地在推进乡村建设时既强调保

护好自然生态环境，又注重挖掘生态资源的经济价值，走出了一条绿色创新的发展路子。

在具体实践中，浙江省各地区都算好了生态环保的长远账和综合账，绝不以牺牲环境为代价换取一时的发展，而是通过发展生态农业、乡村旅游、文化创意等可持续产业，实现环境美和经济旺的良性循环。"千万工程"的经验证明，只要发展理念正确，充分发挥生态优势，农村在大幅改善环境的同时实现经济发展是完全可行的。这一经验对那些生态环境脆弱、发展模式粗放的地区具有重要借鉴意义。

（三）坚持党建引领，强化高位层层推进

强化党对乡村振兴的全面领导，建立由主要领导亲自抓、层层抓落实的工作机制。浙江省把农村人居环境整治和美丽乡村建设纳入各级党委和政府的重点考核事项，省委书记、省长亲自部署推动，市县乡村的书记共同落实，一抓到底。通过党建引领，把各级干部的积极性、主动性发挥出来，形成省市县乡村五级联动的工作格局，确保各项政策措施有人抓、有人管。对其他地区来说，党委和政府主要负责同志要切实承担起乡村振兴"第一责任人"的职责，建立健全责任体系和督查考核机制，把乡村建设各项目标任务落到实处。

（四）坚持因地制宜，有的放矢分类施策

中国幅员辽阔，各地自然禀赋、经济基础和文化传统差异很大，各地不应照搬套用浙江省的经验，而应提炼其内在理念和方法。各地在学习"千万工程"时必须坚持从自身实际出发，因地制宜、量力而行，避免搞"一刀切"和形式主义。浙江省在推广"千万工程"过程中注重分类指导：对平原地区侧重村庄规划、布局优化，对丘陵地区侧重基础设施提升，对景区周边侧重生态保护与旅游结合等，给各地提供了可资借鉴的范例。"有多少汤泡多少馍"，其他地区应根据自身

的资源禀赋和发展阶段，确定符合实际的乡村振兴路径。唯有这样，才能做到既不超越发展阶段冒进，又不消极懈怠地等待，把握好乡村建设的节奏和力度。

（五）坚持规划先行，循序渐进分步推进

浙江省的经验表明，乡村建设要做好顶层设计与基层探索相结合，既要有长期规划，又要循序渐进、分步实施。一方面，坚持系统观念和科学规划，从县域层面统筹生产生活生态布局，"一张蓝图绘到底"。另一方面，在建设过程中要遵循乡村发展规律，采取由点到面、由易到难的推进策略。先抓村庄清洁等群众急需且见效快的事项，树立示范典型，再逐步推广到面上。同时，乡村建设要建立健全长效机制，巩固已有成果，防止整治后一阵风、反弹回潮。这种规划引领、分步实施、长期坚守的做法，确保了乡村建设不偏航、不停滞，值得各地借鉴。

（六）坚持要素保障，完善多元投入机制

乡村全面振兴离不开"真金白银"的投入和各类要素的下乡投资兴业。浙江省在推进"千万工程"中建立了政府主导、社会参与的多元投入机制，既有各级财政专项资金持续支持，又鼓励工商资本、社会资金下乡投资兴业。通过财政奖补、信贷优惠、土地倾斜等政策，"千万工程"吸引了众多企业和社会组织参与农村人居环境改善和产业开发，形成政府、市场、社会协同发力的局面。同时，浙江省注重引

进人才智力要素，派遣科技特派员、城乡规划师等深入农村提供专业支持，这提醒其他地区在推进乡村建设时，也要舍得投入，用好政策杠杆，引导更多资金、人才、技术汇聚乡村，为乡村振兴提供坚实保障。

（七）坚持共建共享，构建长效治理格局

浙江省"千万工程"最可贵之处，在于探索出了一套政府和社会协同治理乡村的长效机制。各地在推广时，应学习"政府主导与群众参与相结合"的工作方法，既发挥政府在规划、资金、技术上的主导作用，又充分发动农民和村集体、社会各界参与，形成人人有责、人人尽力、人人共享的乡村振兴局面。同时，各地要注重把短期工程式治理转变为常态化制度化治理，建立村庄保洁、设施管护、村规民约等制度，使环境整治由运动式向日常化转变，巩固建设成果。

浙江省通过党建引领、乡贤参与等方式，提升了乡村自我治理能力。这启示我们：在建设美丽乡村的同时，要同步强化乡村治理，把乡村振兴各项工作纳入法治化、规范化轨道，确保乡村振兴行稳致远。

（八）"千万工程"的示范意义和时代价值

浙江省"千万工程"以20年的生动实践证明了促进乡村生态宜居与繁荣发展的路径选择，这对全国其他地区具有重要的借鉴价值。

只有坚持以人民为中心的发展思想，贯彻绿色协调共享的新发展理念，尊重基层首创精神，持续接力奋战，才能走出一条符合中国国情的乡村全面振兴之路。各地应根据自身实际，学习"千万工程"蕴含的理念和方法，融会贯通、勇于创新，探索适合本地区的乡村振兴模式。

"在浙江看到的就是未来中国的模样。""千万工程"所凝结的经验，不仅为中国式现代化背景下推进乡村振兴提供了实践范本，也为世界

其他国家和地区改善农村人居环境、实现可持续发展贡献了宝贵的中国智慧。

第二节
美丽乡村——重构故乡之美

一、美丽乡村建设的成就

（一）"十一五"时期的美丽乡村建设

"十一五"期间，乡村的基础设施得到改善，各地区都大力推进农村基础设施建设，许多农村地区实现了通水、通电、通路和网络覆盖；环境整治成效显著，通过开展村庄清洁行动，推进垃圾处理和污水治理，农村人居环境得到了显著改善，生态保护和绿化工作也有了长足进展，不少村庄成为"绿水青山"的典范；实现了产业发展与富民增收，在发展特色农业、生态旅游等绿色产业的同时，促进农民增收和乡村经济发展；开展了文化传承与乡风文明建设，注重保护传统村落和乡村文化，加强农村文化设施建设，农村社会文明程度进一步提升。截至 2010 年年底，共有 1027 个乡镇被命名为全国环境优美乡镇。

（二）"十二五"时期的美丽乡村建设

"十二五"期间，农村人居环境显著改善，大规模推进农村垃圾处理、污水治理和改厕工程，许多村庄实现了"村容整洁、环境优美"；基础设施进一步完善，基本实现村村通硬化路，农村饮水安全问题得到解决，电网改造、信息化建设等也取得突破；绿色生态建设成效显著，保护了农村自然资源，加强山水林田湖草系统治理，建设了一批生态示范村，为实现"绿水青山就是金山银山"提供了生动实践；农村产业全面升级，推动农村产业向规模化、品牌化发展，培育了一批特色产业集群，生态旅游、乡村民宿等新兴产业快速发展；文化建设与社会治理不断加强，注重传统文化保护和弘扬，推动非物质文化遗产融入乡村发展，加强农村精神文明建设，推动移风易俗，营造了和谐、文明的乡村社会氛围。组织23个省（区、市）开展农村环境连片整治示范，全国农村集中式供水人口比例由2004年的38%增加到2014年底的78%，7.2万个村庄实施环境综合整治，6.1万家规模化养殖场（小区）建成了废弃物处理和资源化利用设施，全国60%的建制村的生活垃圾得到处理，22%的建制村生活污水得到处理，畜禽养殖废弃物综合利用率近60%，建成4596个生态乡镇。2011—2015年，共有262个村入选"中国美丽休闲乡村"。

（三）"十三五"时期的美丽乡村建设

"十三五"时期，美丽乡村建设进入全面提升和深化发展的新阶段。农村环境整治深入推进，全面实施农村垃圾治理、污水处理和卫生改厕三大重点工程，农村人居环境整治三年行动计划目标全面完成，大批村庄实现了"干净、整洁、有序"的新面貌；推进山水林田湖草生态系统保护与修复，建设了一批生态宜居型示范村；农村道路硬化率和自来水普及率进一步提高，农村电网全面升级，4G网络基本覆盖所有行政村，信息化服务深入乡村；优势特色农业发展迅速，乡村旅游、农村电商、生态农业等新业态迅速发展，许多村庄成为"网红村"，传统村落、古建筑和非物质文化遗产的保护力度不断加大，乡村文化得以传承与弘扬；乡村法治、德治、自治"三治结合"的治理模式逐步深化。15万个行政村完成了农村环境的综合整治，全国行政村的生活垃圾处置体系覆盖率已经超过 90%，农村生活污水治理率达到 25.5%，三大粮食作物化肥、农药利用率均达到 40% 左右，秸秆综合利用率、农膜回收率分别达到 86.7%、80%，规模养殖场粪污处理设施装备配套率达 97%，全国 10638 个"千吨万人"的农村饮用水水源地完成了保护区划定，18 个省份实现了农村饮用水卫生监测乡镇全覆盖。2016—2020 年，共有 956 个村入选"中国美丽休闲乡村"。

（四）"十四五"以来的美丽乡村建设

"十四五"以来，美丽乡村建设进一步深化。农村清洁卫生状况持续改善，全国新增完成行政村环境整治 6.7 万个，2023 年农村卫生厕所普及率达 75% 左右，生活污水治理（管控）率达 45% 以上，消除 2200 余个较大面积的农村黑臭水体，对生活垃圾进行收运处理的自然村比例达 91%。农村自来水普及率达 87%，化肥农药利用率超过 41%，畜禽粪污综合利用率达到 78%，农膜回收率超过 80%；全国具备条件的乡镇、建制村 100% 通硬化路，100% 通客车；2022 年农村太阳能热水器为 7792 万平方米，比 2000 年提高了 6 倍；全面实施乡村生态振兴行动，推进国土绿化、耕地保护和生态修复，建设了一批高标准农田和绿色低碳示范村，分区域、分类型打造了一批美丽乡村示范样板；推广智慧农业和数字技术，大力发展乡村旅游、农村电商、农产品加工、休闲农业等，推动一二三产业深度融合发展；农村供水、供电、通信、物流等设施更加完善，全面实现村村通宽带；村级综合服务设施建设步伐不断加快，对传统村落、乡村文化遗产的保护与开发不断加强，积极开展农村文化活动，丰富农民精神文化生活，乡村治理体系将进一步现代化。2021—2023 年，共有 766 个村入选"中国美丽休闲乡村"。

2024 年，学习运用"千万工程"经验，加快推进宜居宜业和美丽乡村建设，落实农村人居环境整治提升五年行动方案、乡村建设行动

实施方案、金融支持乡村全面振兴专项行动。全国农村自来水普及率达94%，规模化供水工程覆盖农村人口比例达65%。健全农村生活垃圾收运处置体系，支持各地因地制宜选择合适的改厕模式，分类梯次推进生活污水治理，全国生活垃圾得到收运处理的行政村比例稳定在90%以上，农村卫生厕所普及率达75%左右，农村生活污水治理（管控）率达45%以上。深入推进农村客货邮融合发展。农村养老服务体系逐步健全，县域基层医疗设备条件持续改善。农民的精神文化生活不断丰富[①]。

二、余村美丽乡村建设

（一）余村的美丽乡村建设

浙江省湖州市安吉县天荒坪镇余村，地处天荒坪风景名胜区竹海景区的核心区域，因境内是天目山余岭及余村坞而得名。村域总面积4.86平方千米，下辖8个村民小组，农户280户，常住人口1050人。这个村庄坐落在群山环抱之中，交通便捷，区位优势明显。在自然生态方面，余村拥有得天独厚的自然风光和良好的生态环境。秀竹连绵，

---

① 关于2024年国民经济和社会发展计划执行情况与2025年国民经济和社会发展计划草案的报告[EB/OL].（2025-03-13）[2025-03-14]. https://www.gov.cn/yaowen/liebiao/202503/content_7013429.htm.

植被覆盖率高达96%，这使余村成为一个天然的大氧吧。此外，余村还有许多自然景观和生态资源，如山塘水库、生态河道等。

20世纪90年代，余村利用丰富的矿山、竹林等自然资源，大力发展水泥、建材等资源消耗型、高耗能和高污染型产业，依靠炸山开矿和经营水泥厂，一度成为安吉首富村，老百姓的钱袋子鼓了起来，但生态环境却遭到了破坏。借着"千万工程"的东风，余村关停了矿山、水泥厂，开始探索新的发展道路。2005年8月15日，时任浙江省委书记的习近平同志在安吉余村考察时，提出了"绿水青山就是金山银山"的科学论断。2020年3月30日，习近平总书记再次来到余村考察，他说："时间如梭，当年的情形历历在目，这次来看完全不一样了，美丽乡村建设在余村变成了现实。"

余村实现了从污染严重的矿山村到美丽乡村的生态蝶变，是中国美丽乡村建设、践行"两山"理念最生动的实践样本。余村是"绿水青山就是金山银山"理念的诞生地，在这一重要发展理念的指引下，逐步走出了一条生态美、产业兴、百姓富的可持续发展道路。截至2024年，全村实现集体经济收入2205万元，经营性收入突破1131万元，村民人均收入超7.4万元，先后被评为国家4A级景区、全国生态文化村、全国美丽宜居示范村，荣获全国文明村、全国民主法治示范村、联合国世界旅游组织最佳旅游乡村、全国乡村旅游重点村、全国乡村治理示范村、全国先进基层党组织等众多荣誉称号。

（二）余村的具体做法和成效

1. 关停污染产业，修复生态环境

余村曾依赖采矿业发展。早在二十世纪八九十年代，水泥厂、矿山遍布余村，炸山开矿使余村形成了"山是秃头光，水成酱油汤"的局面，环境污染非常严重。2003年起，余村陆续关停了3个矿山和1个水泥厂，村集体年收入从300万元骤降至20万元，但开启了生

态修复之路。余村重新编制了村庄规划,在生产、生活、生态空间方面进行科学合理布局。通过封山育林、土地复垦、种植景观植物等措施,矿山变成观光区,森林覆盖率超过85%,河道水质从劣Ⅴ类提升至Ⅳ类。

2. 提升环境品质,打造如画余村

余村构建了"横向到边,纵向到底"的山洪灾害防御和基层防汛防台体系,建成主要人口、重要产业分布区防洪闭合圈。高品质开展"千库保安工程"和美丽河湖工程,以浒溪全域幸福河湖建设和幸福河湖余村试点项目建设为依托,余村对河道进行了全面整治提升,统筹推进水资源保障、水环境提升、水生态修复。实施河湖水系连通,引水入村,开展生态补水、护岸修复、堰坝生态化改造等项目,不断提升河湖水质,守好水生态安全底线。

3. 迭代治理体系,打造健康余村

余村创新了基层治理模式,大力推行"五个所有"自治管理模式,创新建立"两山议事会",坚持以人为本,打造幸福美好家园,提供劳动就业、养老保险等13项普惠服务。修筑环村绿道,加强低碳交通体系建设;打造15分钟健身、骑行等健康运动生活圈及15分钟亲水圈,建立健全覆盖全生命周期的服务体系。打造余村未来乡村数字孪生空间,动态展示全村建筑、环境、生产全貌,实时监测$PM_{2.5}$、负氧离子、断面水质等生态环境指标,实现农村人居环境全闭环数字化管

理。大力建设"四网"立体化社会治安防控体系，建立了全省首个社会治理综合指挥室，实时监控、随时调度。

4. 加速载体转化，打造共富余村

余村以高品质水环境助力共同富裕发展，拓宽"绿水青山就是金山银山"转化路径。构建共富的新模式，按照大格局、大片区的发展要求，突破现有行政边界约束，创新了"两进两回"的新制度，聚焦乡村人才振兴，创新开展"余村全球合伙人计划"。开拓发展以"数字游民经济"为主要特色的新经济，设立3亿元余村产业基金，建立了一个2万平方米的大型乡村人才社区，提供了将近2000个工位的优质办公空间，目前已落地项目34个，带动招引大学生1500多名，吸引各类博士、教授21人参与乡村建设。探索生态循环以及可持续发展的新道路，以全数字化打造5G养鱼项目，以余村品牌入驻，大大提升了养殖人力效率、水循环利用率、土地利用效率等，不仅提高了生态质量，而且让生态效益转化为经济效益，23亩地的年营业收入达8000万元，年底可为5个村（余村及周边的山河村、横路村、马吉村、银坑村）增加集体收入20万元以上。

5. 区域联动发展，打造"大余村"蓝图

持续拓宽"绿水青山"向"金山银山"转化通道，余村携手周边3个乡镇的24个行政村，建设"大余村"，整合"大余村"全域生态资源，集合废弃矿坑、拆后空地、闲置空间等，催生了包括10万平方米的创业空间、2万多平方米的厂房、近6万亩竹林和农田的发展蓝图，形成了"以点带面、片区联动、整体提升"的生动局面。"大余村"正向着"高能级、现代化、国际范"的目标稳步迈进。

余村联动周边的天荒坪集镇和山河、银坑、马吉、横路等村，构筑"1+1+4"抱团发展格局，成立"五子联兴公司"，开展休闲农业、旅游研学等多种经营，实现资源共享、优势互补，共同打造旅游产品和线路，提升区域旅游的竞争力和影响力，留住更多游客，推动共同

富裕。打破景区与村庄的界限，探索"村景合一、全域经营、景区运作"的乡村旅游发展模式，将全村划分为生态工业区、生态旅游区和生态观光区等不同功能区，进行统一规划和建设，实现了村庄处处是景，景就在村中，游客漫步在村庄中就能欣赏到美丽的自然风光和人文景观，感受乡村的魅力[①]。

三、余村美丽乡村建设评述

（一）规划引领，科学布局

余村在美丽乡村建设之初，就制定了符合绿色发展要求、科学合理的规划方案，编制村庄规划，结合水利工程，对村民的生产、生活、生态空间进行科学合理布局，率先划定生态保护红线、资源开发底线和环境承载上限，注重整体布局和细节设计。围绕一溪两岸，同步坚持不懈地全面系统治理环境，整治低小散，根除脏乱差等问题，以提升环境吸引力为核心思想，树立"微改精提"的改造思路，以旅拍为视角，设计建设一批经营空间、艺术装置、游憩设施，配套完善停车、标识标牌、绿化亮化等服务设施，小切点化对场景提档升级。

（二）环境优先，生态赋能

余村在建设美丽乡村的过程中，充分发挥其得天独厚的自然环境优势，将保护生态和利用资源相结合。始终坚持生态优先的原则，注重保护自然环境，通过限制开发建设、推广环保意识等措施，维护了乡村的自然生态美。实行垃圾分类制度，推广绿色能源，建设污水处理设施等，使余村的环境得到有效保护。同时，余村也在不断拓宽两山转化路径，大力发展绿色休闲产业，促进农文旅融合发展。将河湖

---

① 浙江余村："两山"理念引领下的绿色发展明珠[J]. 中国村庄，2024（12）.

管护与农村旅游、农村新产业新业态叠加，达到河湖管护与产业发展的良性互动，开发出一批新产业新业态，如竹林碳汇、生态研学、短视频创作等文化创意产业，推动余村绿色休闲产业再升级。这种既保护又利用的平衡，让余村宜居又宜游。

（三）文化传承，培育品牌

余村在美丽乡村建设中，注重传承和发扬当地文化，彰显乡村特色。例如，余村保留了千年古刹隆庆禅院、古老的银杏树和传统农耕文化，同时引入现代科技元素，使传统文化与现代文明相融合，为美丽乡村增添了独特的文化魅力。品牌培育，打造乡村赋能新载体。打造"余村"品牌，进行品牌规划制订、活动策划、课题研究、成果发布，让乡村品牌成为乡村赋能的无形资产。让品牌"说"故事，实现产品品牌溢价，像"余村农耕"产品"余村溪泉鱼"，上架"叮咚买菜"，实现开仓售卖，每天供鱼1万斤。围绕优质的山水资源，助力高品质"漂流、露营、咖啡、夜市"等滨水新业态的发展，用沉浸式加法、捆绑式营销，使流域内人均GDP逐年上升，有效促进共同富裕。

（四）产业融合，绿色发展

余村在美丽乡村建设中，利用当地的自然资源，进行多产业融合，实现绿色发展。例如，余村利用当地的竹海资源，发展竹制品加工业和竹海旅游业等产业，为当地居民提供了就业机会和致富途径。

农旅融合：余村将农业与旅游有机结合，创建了休闲观光、果蔬采摘、农事体验等丰富的旅游项目，让游客能够亲近自然、体验乡村生活，延长了游客在村中的停留时间，增加了旅游消费点。

文旅融合：余村深入挖掘当地文化内涵，建成文化大舞台、灯光球场、文化礼堂、数字电影院等文体设施，保护、传承和弘扬传统非物质文化遗产，打造"家园志愿服务"品牌，开展新时代文明实践活动等，以文化丰富旅游内涵，提升旅游品质，为游客提供更具深度和内涵的旅游体验。

体旅融合：依托良好的自然环境，开发了河道漂流、户外拓展、登山垂钓等户外体育旅游项目，以满足不同游客群体的需求，增强了旅游的趣味性和参与性，通过农旅融合、文旅融合、体旅融合等措施，为美丽乡村建设提供了有力的产业支撑。

（五）定标立法，创新治理

2008年2月，安吉县委县政府作出决策，印发《建设中国美丽乡村行动纲要》，并编制《中国美丽乡村总体规划》，拉开了中国美丽乡村建设的序幕。2014年4月，安吉县政府、浙江省标准化研究院共同起草的全国首个美丽乡村省级地方标准《美丽乡村建设规范》正式发布。2017年，湖州市以余村民主法治建设实践为蓝本，发布全国首个《美丽乡村民主法治建设规范》市级地方标准。2019年，湖州市委下发《关于全面推广"余村经验"大力提升乡村治理现代化水平的实施意见》，提出要坚定不移践行"绿水青山就是金山银山"理念，推进乡村治理体系和治理能力现代化。2020年10月，颁布实施全国首部法治乡村建设地方性法规《湖州市法治乡村建设条例》，进一步打响"美丽乡村、无法不美"品牌。"余村经验"也成为乡村治理的典型。"余村经验"可以概括为"支部带村、民主管村、生态美村、发展强村、依法治村、平安护村、道德润村、清廉正村"32个字[①]。余村还通过村规民约，关停矿山、水泥厂和竹制品企业，全力打造国家5A级村域大景区，将生态资源优势转化为绿色发展优势，实现了村强、民富、景美、人和的幸福愿景。这些定标立法，为"生态富民"提供了法治保障，为美丽乡村建设保驾护航。

---

① "余村经验"构建乡村新生态[N]. 法制日报，2019-07-14.

第三节
美丽中国——创造美好生活

一、美丽中国建设的成就

(一)"十一五"时期的国家环境保护模范城市建设

"十一五"时期,我国围绕生态环境改善、基础设施完善、经济转型升级以及环境治理创新等方面,为美丽中国建设打下了良好的基础。全面推进污染防治,加强工业废水、废气和固体废弃物处理,空气质量和水环境得到明显改善,许多地方开展了"蓝天工程"和"清水工程";加强城市绿地建设,重点发展城市公园、湿地保护区和生态廊道等绿化工程,全国城市绿化覆盖率和人均公园绿地面积稳步提高;推广清洁能源、建筑节能和节水技术、绿色出行,部分城市开始试点低碳生态城区建设;大规模推进城市道路、轨道交通和公共交通建设,一批重点城市实现了地铁或轻轨通车;加强了供水、供气、供电、垃圾处理等基础设施建设;许多老旧城区和棚户区得到了改造升级,改善了居民的居住环境;加速工业向现代服务业和高新技术产业转型,推进以城市为中心的经济圈建设;部分城市启动了"数字城市"建设,初步实现智能化和高效化的城市治理。

截至 2005 年年底,全国共有 53 个国家环境保护模范城市和 3 个国家环境保护模范城区;2006—2010 年,共有 19 个城市入选国家环境保护模范城市，2个城区入选国家环境保护模范城区。

(二)"十二五"时期的生态文明先行示范区建设

"十二五"时期，围绕生态文明建设和绿色发展，推动许多城市环境改善、功能优化、产业转型和治理创新，为实现城市的可持续发展奠定了坚实基础。深入实施大气污染防治行动计划，加强水环境治理，加快推进城市绿化和生态廊道建设，增加人均公园绿地面积，推动节能减排、清洁能源利用和绿色建筑发展；全国多个大中城市新建了地铁和轻轨线路，倡导绿色出行，推动"智慧城市"试点项目，提升城市运行效率；加强供水、排水、供热、供气等市政基础设施建设，提高城市综合服务能力和防灾减灾能力；推动传统工业向现代服务业、高新技术产业转型，推动长三角、珠三角、京津冀等城市群协同发展，加速棚户区改造与保障房建设，显著提高了城市生活质量和公共服务水平；不断创新城市治理模式，在多个领域引入了数字化和智能化的管理模式。

2011—2012年，共有14个城市入选国家环境保护模范城市，1个城区入选国家环境保护模范城区；2014—2015年，共有100个地区入选生态文明先行示范区。

(三)"十三五"时期的生态文明建设示范市县建设

"十三五"时期，城市环境治理、基础设施建设、智慧化转型和宜居性提升取得显著成效。全国城市空气质量优良天数比例稳步提升，众多城市实现"蓝天常在"，城市污水处理率达到96.8%，生活垃圾无害化处理率达到99.2%，全面推进城市黑臭水体治理，加强城市生态修复和绿地扩展，积极推进绿色建筑、可再生能源利用和垃圾分类试点；多个大中城市的轨道交通网络逐步完善，城市共享单车、步行道等绿色出行方式普及率提高；城市排水防涝能力提升，完善了垃圾处理和污水处理系统；信息基础设施布局进一步合理，加快培育新兴产业，推动智能制造、数字经济和高端服务业发展，促进都市圈协同发展；宜居性和人居环境显著提升，多个城市成功创建为国家生态园林城市和宜居城市；社会治理不断创新，形成共建共享的城市发展模式。

2017—2020 年，共有 262 个市县入选国家生态文明建设示范市县，87 个地区入选"绿水青山就是金山银山"实践创新基地。

（四）"十四五"以来的美丽中国建设

"十四五"以来，美丽中国建设进入高质量发展的新阶段，围绕"绿色低碳、宜居宜业、韧性安全、智慧高效"目标，推动城市环境治理、产业转型升级、公共服务完善和治理能力现代化。以实现"碳达峰、碳中和"为目标，推进能源结构优化，加快推广清洁能源和绿色建筑；深入实施大气污染、水污染和土壤污染综合治理行动，空气质量持续改善，黑臭水体整治全面完成，水环境更加清洁优美；加快建设生态廊道、湿地公园和绿地系统，推广海绵城市理念，提高城市对雨水的自然吸纳和储存能力；智慧城市建设实现新突破，数字化基础设施升级，管理与服务智慧化，建立了统一的城市运行管理平台；宜居宜业城市功能全面提升，建设了一批富有文化魅力和现代活力的特色街区；大力发展数字经济、智能制造、绿色金融等新兴产业，加快建设高水平创新平台和孵化器，推动都市圈协同发展；城市治理现代化水平显著提升，韧性城市建设加速，社区治理进一步创新。

2022 年，城市污水处理率达 98.1%，供水普及率达 99.4%，燃气普及率达 98.1%，建成区绿化覆盖率达 43.0%，人均公园绿地面积达 15.3 平方米，生活垃圾无害化处理率达 99.9%。

2021—2023 年，共有 310 个地区入选国家生态文明建设示范区，153 个地区入选"绿水青山就是金山银山"实践创新基地。

二、"在湖州看见美丽中国"

(一) 行遍江南清丽地，人生只合住湖州

湖州地处中国经济最发达的长江三角洲核心区域，位于中国第三大淡水湖——太湖的南岸，到中国最大的城市上海仅需1个小时左右。湖州市域面积5820平方千米，常住人口343.9万，下辖吴兴、南浔两个区和德清、长兴、安吉三个县，拥有山、水、林、田、湖、草等诸多生态资源。湖州是一座历史文化名城，素有"行遍江南清丽地，人生只合住湖州"的美誉，是一座有着5000年文明史、近2300年建置史的国家历史文化名城，中国的丝绸文化、湖笔文化、茶文化和瓷文化都发源于这里。

作为"绿水青山就是金山银山"理念诞生地、中国美丽乡村发源地、绿色发展先行地，湖州不断擦亮生态底色，提升共富成色，坚定不移地实施生态文明立市战略，统筹推进高质量发展与高水平保护，走出了一条逐绿前行、因绿而兴、绿满金生、以绿惠民的生态文明实践之路，打响了"在湖州看见美丽中国"的城市文化品牌，实现了从"诞生地"到"示范地"的精彩蝶变，是中国生态文明建设成功的典型案例。

20世纪90年代以来，湖州为加快经济发展，集聚了一大批皮革厂、造纸厂、印染厂，但在带来经济效益的同时，也带来了"成长的烦恼"，对太湖水质造成了污染。为了护美绿水青山，湖州推进绿色发展之路。坚持生态优先，统筹山水林田湖草系统治理，联动打好治水、治气、治矿、治土、治废组合拳，坚定不移举生态旗、打生态牌、走

生态路，奋力当好践行"绿水青山就是金山银山"理念的样板地、模范生，不懈探索高质量赶超发展之路。

近年来，湖州聚焦建设绿色低碳共富社会主义现代化新湖州的奋斗目标，全方位投身"在湖州看见美丽中国"实干争先主题实践，不断挖掘和丰富绿色低碳创新的内涵与范式，高水平建设生态文明典范城市，全方位、多维度、立体化展示湖州的自然生态之美、经济发展之美、开放自信之美、地方人文之美、社会和谐之美、民生幸福之美，努力在实干争先中推进中国式现代化的湖州实践。

湖州市相继成为全国首个地市级生态文明先行示范区（2014年）、首个国家级生态区县全覆盖的国家生态市、首个生态文明示范区市区县全覆盖的地级市（2016年）、国家生态文明建设示范市与"绿水青山就是金山银山"实践创新基地（2017年）、长三角地区唯一的国家可持续发展议程创新示范区（2022年），被国务院同意批复为"以绿色创新引领生态资源富集型地区可持续发展为主题，建设国家可持续发展议程创新示范区"，被联合国《生物多样性公约》第十五次缔约方大会（COP15）认定为全球唯一的生态文明国际合作示范区。2023年获批首批国家碳达峰试点城市、国家减污降碳协同创新试点城市、国家生态产品价值实现机制试点市，生态文明建设获得国务院督查激励。

（二）"在湖州看见美丽中国"的做法

1. 首创"河长制"，让水更清

早期的"粗放奔跑"模式使湖州的青山变成矿山，工业废水流入太湖，太湖蓝藻爆发。湖州彼时对南太湖是否要关停工厂搞旅游业，举棋不定。2006年8月2日，习近平同志调研南太湖保护开发时指出，既要保护好生态，又要追求经济发展，要实现保护与开发的双赢[①]。

---

① 黄平."向绿而生"蓬勃发展——浙江湖州市治理建设南太湖调查[N]. 经济日报，2021-11-01（9）.

为了护美绿水青山，湖州坚决查封关停未达标排放的重点水污染企业，相继实施岸线综合治理、污染源整治、渔民上岸居住、生态修复、基础配套建设等生态治理工程，先后投资400多亿元推进水环境治理，大力推进治污水、防洪水、排涝水、保供水、抓节水"五水共治"，实行河道四级"河长"全覆盖，完成黑臭河治理任务，在浙江省率先消除市控断面Ⅴ类水质，全面完成挂号小微水体的整治销号，湖州全域消灭了劣Ⅴ类水体，完成河道综合整治300千米，累计清淤1200万立方米，创建生态河道748条。湖州市国控断面Ⅱ～Ⅲ类水质比例达100%。湖州不仅首创了"河长制"，5000余名河长覆盖全境7373条河流，实现了河流从"没人管"到"有人管"、从"管不住"到"管得好"的转折性变化，入太湖断面水质连续16年达到生活饮用水水源标准，形成一批可推广的体制机制成果。"河长制"升级版，创新建立了河湖水域保护、长效保洁、综合执法等一批具有湖州特色的河湖管护体制机制，打造了一大批"水清、流畅、岸绿、景美"的生态示范河道，被水利部列入全国首批河湖管护体制机制创新市，为后来中共中央办公厅、国务院办公厅《关于全面推行河长制的意见》和《浙江省河长制规定》的立法，提供了地方经验。

2. 打赢蓝天保卫战，让天更蓝

湖州市在浙江省聚焦治扬尘、治废烟、治排气排放物三大方面18项重点任务，率先开展治霾"318"攻坚行动。2013年1月，湖州市编制了《湖州大气复合污染防治实施方案》和《湖州市2013年大气复合污染防治行动计划》等专项规划，明确目标任务，细化责任分工，强化保障措施，重点开展了建筑、道路扬尘治理，矿山粉尘治理，重点行业大气粉尘治理，有机废气治理等一批重点工程。自2014年起，湖州市出台《湖州市大气污染防治（治霾"318"）攻坚行动实施方案》，实施大气污染防治三年行动计划，开展治霾"318"攻坚行动，重拳出击"治扬尘、治废烟、治废气排放物"。湖州于2018年开展打赢"蓝天保卫战"三年行动计划，先后出台《湖州市打赢蓝天保卫战三年行动计划（2018—2020)》《湖州市大气环境质量限期达标规划》《湖州市大气污染防治规定》等文件，将治气任务纳入污染防治攻坚重点任务清单，高标准推进。全面推进能源、产业、运输和用地四大结构调整优化，积极开展 $PM_{2.5}$ 和臭氧"双控双减"，2020 年底，两项指标改善幅度均居浙江省第一。2024 年 12 月，湖州市人民政府发布《湖州市空气质量持续改善行动计划》。2024 年，湖州市 $PM_{2.5}$ 平均浓度、空气优良率改善幅度均居全省首位。天然气锅炉低氮改造等多项治气工作全省领先，水泥、玻璃、地板等重点行业治理稳步推进，湖州全域"复蓝"，攻坚治气让天更蓝。

3. 系统治矿治废，让山更绿，让民更安

在绿色矿山发展探索实践中，湖州坚定践行"绿水青山就是金山银山"理念，率先编制实施矿产资源规划，全力推进矿山企业综合整治，全面实行矿产资源有偿使用、绿色矿山建设、废弃矿山生态修复和矿产资源综合利用，成功实现了矿业转型、转产，为全国矿产资源保护和开发利用提供了可复制、可移植、可推广的湖州模式。"浙江经验、湖州模式"已经成为矿产资源开发利用与生态环境和谐的样板。

2003 年，湖州市被浙江省国土资源厅批准列入省矿山生态环境保护与治理工作试点市。2004 年，湖州出台了《湖州市矿山生态环境保护与治理试点工作实施方案》《湖州市废弃矿山生态环境治理专项规划》《湖州市人民政府关于加强矿山自然生态环境建设工作的通知》《湖州市进一步加强矿山生态环境建设实施意见》《湖州市矿山自然生态环境治理备用金收缴办法》《关于鼓励复垦废弃工矿用地的试行意见》等一系列矿山生态环境保护与治理法规，治理废弃矿山的工作全面开展。采取"四控双停"措施，扎实推进减点、控量、治污，统筹推进矿山综合治理。2014 年，湖州被列为全国工矿废弃地复垦利用试点。湖州市编制了《湖州市工矿废弃地复垦利用工程实施方案》等一批规划

和方案，确定德清县、长兴县和吴兴区为工矿废弃地复垦利用试点实施区。试点期内，计划实施复垦利用试点项目191个，预计复垦土地8.57万亩，一批工矿废弃地复垦项目启动实施。

湖州坚持因地制宜，宜林则林、宜耕则耕、宜工则工、宜景则景，分类实施废弃矿山的环境修复和生态涵养，累计完成废弃矿山治理311个，治理复绿1.6万余亩，复垦耕地2.4万余亩，释放了环境与经济的"双重效益"。作为全国绿色矿业发展示范区建设试点，湖州市全域推进绿色矿山建设，2020年矿区绿色覆盖率达到可绿化面积的100%。按照"近期减点控量、远期全面关停"的总体要求，全市矿山总数控制在42个，年开采总量控制在6800万吨以内。

湖州市制定出台了《湖州市农村生活垃圾分类处理标杆村创建三年行动计划（2020—2022年）》，推进了垃圾分类智慧化监管。农村垃圾分类处理的建制村覆盖率达93%，高标准建成农村生活垃圾分类处理省级示范村35个、市级标杆村401个，安吉、长兴、德清被评为全国农村生活垃圾分类和资源化利用示范县。

4. 夯实绿色家底，生物多样性保护成效显著

从2017年开始，湖州市以区县为单位，陆续开展县域野生动物资源本底调查，是浙江省第一个实现野生动物资源本底调查全域覆盖的城市。湖州市在浙江省率先发布并展示全市域生物多样性本底信息和资源保护的一体化综合可视平台——湖州市生物多样性全景图，全景图纳入8460种物种，展现了湖州生物多样性"家底"。湖州自然禀赋

和生态资源优势明显，已初步形成了以自然保护区为核心，以湿地公园、森林公园等为补充的野生动植物栖息地保护体系。湖州良好的生态环境支撑了生物多样性发展。截至目前，湖州已调查记录的野生高等植物有2200多种，野生脊椎动物近600种，昆虫近2500种，中华秋沙鸭、朱鹮、扬子鳄、安吉小鲵等多种濒危野生动物得到有效保护和恢复，被COP15第七届全球地方政府和城市峰会授予"生物多样性魅力城市"荣誉称号。

三、"在湖州看见美丽中国"评述

"在湖州看见美丽中国"的美丽城市建设的实践，充分体现了湖州20年来践行"绿水青山就是金山银山"理念的成功经验。湖州通过打造绿色国土空间开发格局，统筹山水林田湖草系统治理，发展绿色低碳产业，使湖州的"天更蓝、水更清、地更绿、人更和"。"绿水青山"已成为湖州自然环境的底色，"金山银山"也成为湖州长期可持续发展的强大驱动力。"美丽中国"的壮美画卷在太湖南岸呈现。

（一）保持定力、规划引领，勾画美丽蓝图

生态文明建设是系统工程，是根本大计，必须加强党的全面领导。习近平总书记多次叮嘱湖州，要照着"绿水青山就是金山银山"这条路走下去。这些年来，湖州始终牢记使命、感恩奋进，举生态旗、打生态牌、走生态路，走出了一条生态美、产业兴、百姓富的可持续发展之路。

湖州市始终保持生态文明建设的战略定力，用点面结合、标本兼治的系统思维，作出系统部署、科学规划，坚决打好治水、治气、治土、治塑、治废等环境治理攻坚战。湖州在全国率先建立"河长制"，入太湖水连续16年稳定保持Ⅲ类水质及以上。在全国创新设立"生态联勤警务站"，率先打造"生态综合治理中心"，自主破获全国首例

"COD 去除剂"案,获生态环境部和公安部表扬,并在全国推广。创新推行生态环保督察整改"片长制",在全省率先完成中央一轮、二轮生态环保督察个性问题整改和信访件办理。湖州市先后编制实施《生态市规划》《生态文明建设规划》《生态环境功能区规划》等一系列刚性文件。2023年,市委九届二次全会对"高水平建设生态文明典范城市"作出系统部署,提出"五大典范"奋斗目标,并制定实施了生态文明典范城市的《建设纲要》和《三年行动计划》,切实以科学规划引领"美丽蝶变"。湖州的发展历程,生动阐释了"绿水青山就是金山银山"理念的真理伟力和恒久价值。

(二)创新发展、持续转化,壮大"美丽经济"

绿水青山既是自然财富、生态财富,又是社会财富、经济财富。这些年,湖州充分发挥自身优势,把推进生态文明建设和绿色低碳发展作为重中之重的工作来抓,全域优化美丽环境,全速发展美丽经济,全力创造美丽生活,全面构建美丽制度,走出了一条具有湖州特色的生态文明建设之路。

湖州持续拓宽"两山"转化通道,不断提升发展的"含绿量""含新量""含金量"。湖州坚持以"生态+"理念引领产业发展,努力把产业结构调"优",经济形态调"绿",发展质量调"高",制定实施了推进"生态+"行动的实施意见,探索实践了"绿水青山就是金山银山"转化的基本路径,打开了"绿水青山就是金山银山"转化的通道,构筑"生态+农业""生态+工业""生态+服务业"的生态产业集群,发挥了"生态环境优势转化为生态农业、生态工业、生态旅游等生态经济"发展优势,走出了一条生态产业化与产业生态化深度融合、互动发展的新路子。实践证明,环境保护与财富增长不是对立的,而是可以相互转化、互促共进的。只有把握好环境治理和经济发展的辩证关系,千方百计拓展"两山"转化通道,才能从根本上转变发展方式,最终实现经济社会生态效益相统一。

（三）全域提升、"五位一体"，探索"美丽经验"

近年来，湖州以改革破解生态治理难题，打造绿色低碳领域的创新策源地，为绿色发展注入强劲动能，形成了一批具有湖州辨识度的标志性成果和典型案例，为浙江乃至全国提供湖州经验、打造湖州样本。湖州坚持美丽城市、美丽城镇、美丽乡村"三美同步"建设国家城乡融合发展试验区，有序推进城市有机更新，城市建成区绿化覆盖率、绿地率均列全省第一位。高标准落实环境美、生活美、产业美、人文美、治理美等"五美"要求，获评全省新时代美丽城镇建设优秀设区市。构建立法、标准、体制、数智、文化"五位一体"生态文明制度体系，在全国率先出台生态文明典范城市建设促进条例，累计出台美丽乡村、大气污染防治等11部生态文明地方性法规。发布生态文明建设地方标准112项，其中，12项上升为国家标准，成为全国唯一的生态文明标准化示范区。

（四）全民动员、凝聚合力，奏响"美丽音符"

近年来，湖州坚持把人民对美好生活的向往作为全市上下矢志不移的奋斗目标，充分尊重人民群众首创精神，坚持从群众中来、到群众中去，聚焦生态文明建设热点痛点难点，持续发力、补齐短板，人民群众的获得感、幸福感、安全感和认同感不断增强。扎实开展"在湖州看见美丽中国"实干争先主题实践，迭代实施扬长补短双月会、高质量发展季度比拼会、"向人民承诺"和"四季看变化"等工作机制，持续掀起"比学赶超"热潮。系统打出"生态日""生态委""生态办""生态法""生态鼎"组合拳，推动生态文明建设凝心聚力、提质增效。全域开展"绿色细胞"创建，设立全媒体监督的《看见》栏目，引导全体湖州人争当美丽湖州的建设者、参与者和监督者。

第二章

生态保护修复：再造生态系统二十载

20年来，在"两山"理念的指引下，中国坚定不移地推进生态修复，通过系统治理与科学保护，山川换新颜，江河展新姿，生动诠释了"绿水青山就是金山银山"的发展路径，在再造生态系统方面取得了辉煌成就。只有维护生态系统的稳定，才能保护好人类生存和发展的空间；只有实施生物多样性保护，才能维护人类生存系统的根本；只有划定生态保护红线，才能坚守生态安全的底线；只有构建自然保护地体系，才能为后代留下天然的"本底"。中国坚持人与自然和谐共生的现代化道路，为世界贡献了全球可持续治理的东方智慧。

第一节
生态保护——维护人类生存系统

一、生态系统保护的成就

(一)"十一五"时期的生态系统保护

"十一五"期间,我国通过各种措施,全面加强生态保护[①]。

造林步伐继续加快,森林面积保持增长 第七次全国森林资源清查(2004—2008年)资料显示,我国森林面积达到19545万公顷,比第六次全国森林资源清查(1999—2003年)增长11.7%;森林覆盖率为20.36%,增长2.15个百分点;森林蓄积量为137.2亿立方米,增长10.2%。2010年全国完成造林面积592万公顷,比2005年增长9.6%。林业重点工程完成造林面积346万公顷,占全部造林面积的58.4%。

湿地保护全面加强,湿地保护网络初步形成 国家实施了《全国湿地保护工程规划(2005—2010年)》,完成湿地保护与恢复工程项目201个,5万多公顷湿地得到恢复。湿地自然保护区达550多处,国家湿地公园达100处,国际重要湿地达37处。自然湿地保护率达50.3%,较"十五"期末增加5个百分点。

防沙治沙扎实推进,沙化土地面积继续缩减 第四次全国荒漠

[①] "十一五"成就报告:环境保护事业取得积极进展[EB/OL].(2011-03-10)[2024-12-05]. https://www.gov.cn/gzdt/2011-03/10/content_1821694.htm.

化沙化监测（2005—2009年）结果显示，全国沙化土地面积年均缩减1717平方千米，比上个监测期年均多缩减434平方千米，沙化土地减少的省份增加到29个。2009年，全国共完成沙化土地治理153万公顷。

水土流失治理稳步实施，治理面积有较大幅度增加 我国水土流失预防监督扎实开展，重点流域生态保护稳步推进。截至2009年年底，全国累计水土流失治理面积达到10454万公顷，比2005年增加了989万公顷。

"十一五"以来，我国分4批命名了362个生态示范区。15个省（区、市）开展了生态省（区、市）建设，1000多个县（市）开展了生态县（市）建设，38个地区获得国家生态县（市、区）命名，15个园区获得国家生态工业示范园命名。53个生态文明建设试点开展了生态文明建设目标模式、推进机制方面的探索[1]。

（二）"十二五"时期的生态系统保护

"十二五"时期，国家把生态系统保护作为一项重要战略任务，生态系统保护取得明显成效[2]。

"十二五"时期，我国大力实施天然林资源保护、退耕还林、退牧还草等生态修复工程。天然林资源保护工程投资达3600多亿元，约105万平方千米的天然林得到了有效保护。10年来，我国森林面积净增长10万平方千米，森林覆盖率由21世纪初的16.6%上升为2013年的21.6%，湿地保护率也提高了13个百分点，水土流失面积由2000年的356万平方千米减少为2013年的近295万平方千米，减少了1/6还多。

---

① 全国生态保护"十二五"规划[EB/OL].（2013-01-25）[2024-12-05]. https://www.gov.cn/gongbao/content/2013/content_2396624.htm.

② 陈吉宁. [辉煌十二五]高举生态文明旗帜 大力推进生态环境保护[EB/OL].（2015-10-12）[2024-12-05]. https://news.12371.cn/2015/10/12/ARTI1444583725438941.shtml?term=5ci4j.

"十二五"时期，全国16个省份开展生态省建设，92个市、县（区）获得国家生态建设示范区命名，126个地区开展了生态文明建设试点工作，示范带动效果明显；编制了《全国生态文明建设目标体系》，积极推动生态示范建设提档升级，制定了《国家生态文明建设示范区管理规程（试行）》和《国家生态文明建设示范县、市指标（试行）》；组织开展了首届中国生态文明奖的评选，建立奖励机制，带动社会共建[①]。

（三）"十三五"时期的生态系统保护

"十三五"时期，我国发生历史性转折性全局性变化。实施了山水林田湖草生态保护修复工程，整合资源、系统治理重要生态功能区。全国森林面积和蓄积量实现双增长，森林蓄积量超过175亿立方米，森林生态服务功能显著提升，全国累计完成造林5.45亿亩，建设国家储备林4889万亩，退耕还林5438万亩，退耕还草516.5万亩，森林覆盖率提高到23.04%。第六次全国荒漠化和沙化土地监测结果显示，荒漠化土地和沙化土地面积已经连续4个监测期保持双缩减。截至2019年，荒漠化土地面积257.4万平方千米、沙化土地面积168.8万平方千米，与1999年完成的第二次全国荒漠化和沙化土地监测结果相比，荒漠化和沙化土地面积分别减少10万平方千米和5.5万平方千米。完成历史遗留废弃矿山修复治理面积约400万亩，人工种草1755.2万亩，改良退化草原2599.7万亩，治理黑土滩、毒害草1195.0万亩，京津风沙源二期工程实现固沙47.6万亩。推进湿地修复工程和退耕还湿行动，累计修复湿地200万亩，湿地保护率达到50%以上；实施"蓝色海湾"工程，加强海洋生态保护，促进沿海湿地和珊瑚礁生态系统恢复，修复滨海湿地34.5万亩，整治修复岸线1200千米。

---

① 全国生态保护"十三五"规划纲要[EB/OL].（2016-11-02）[2024-12-05]. https://www.mee.gov.cn/gkml/hbb/bwj/201611/W020161102409694045765.pdf.

（四）"十四五"以来的生态系统保护

"十四五"以来，我国生态系统质量和稳定性持续提升，坚持山水林田湖草沙一体化保护和系统治理，生态安全屏障不断加固，完成造林 11936 万亩、种草改良 9421 万亩、治理沙化土地 5699 万亩，草原超载状况逐步扭转，水土流失面积减少超过 3.9 万平方千米，水土保持率提高到 72.26%，荒漠化土地和沙化土地面积连续十余年保持"双减少"[①]。

2023 年，全国完成造林 399.8 万公顷、种草改良 437.9 万公顷，完成国土绿化任务 800 多万公顷。2011—2023 年，全国水土保持率从 68.9% 提高到 72.6%，中度及以上侵蚀占比由 53.0% 下降到 35.0%。截至 2023 年，我国湿地面积达 5635 万公顷，建成湿地类型自然保护地 2200 多个，其中，国际重要湿地 82 处、国家重要湿地 58 处、国家湿地公园 903 处、国际湿地城市 13 个，还规划将 1100 万公顷湿地纳入国家公园体系。

"十四五"以来，我国通过实施重要生态系统保护和修复重大工程，不断增强森林、草原、湿地、海洋等自然生态系统的固碳能力，提高生态系统碳汇增量。

二、贺兰山生态修复工程

（一）西北生态屏障退化危机与全球生态治理难题

贺兰山是中国重要的自然地理分界线和西北至华北的生态安全屏障，维系着黄河流域气候分布与生态格局。然而，长期倚能倚重的粗

[①] 《中华人民共和国国民经济和社会发展第十四个五年规划和2035年远景目标纲要》实施中期评估报告 [EB/OL]．（2023-12-27）[2024-12-05]．https://www.ndrc.gov.cn/fzggw/wld/zsj/zyhd/202312/t20231227_1362958_ext.html．

放发展模式导致其生态系统严重受损。20世纪以来，贺兰山沿线煤炭、硅石等矿产资源无序开发，形成露天矿坑、渣山堆积等"生态疮疤"达200余平方千米，森林覆盖率一度降至14%以下，水土流失面积超16平方千米，岩羊、马鹿等野生动物栖息地破碎化，雪豹一度绝迹。联合国《生物多样性公约》评估显示，全球干旱区山地生态系统退化率高达35%，贺兰山作为典型代表，其生态功能退化直接影响黄河中下游2.5亿人口的用水安全，并导致区域生物多样性价值年损失超12亿元。

截至2017年，贺兰山保护区内遗留169处矿业活动点、214家关停企业，外围45处矿区存在滑坡、泥石流等地质灾害风险，治理需突破"生态欠账多、修复技术难、资金缺口大"三重困境。据测算，每平方千米矿山生态修复成本高达4200万元，而传统"单一工程治理"模式难以实现生态效益与经济效益平衡。全球自然保护联盟数据显示，类似贺兰山的干旱区矿山修复项目中，仅23%能实现生态自愈能力持续提升，多数因缺乏产业支撑陷入"治理—退化—再治理"的循环。

研究表明，贺兰山植被退化导致年碳汇损失约48万吨，相当于10万辆燃油车的年排放量。若未及时修复，到2030年，贺兰山水源涵养功能衰退将使黄河流域年经济损失增加37亿元。2023年发布的《联合国防治荒漠化公约》指出，全球干旱区生态系统修复资金缺口达70%。贺兰山作为中国"三北"工程核心区，其治理成效对中亚、北非等同类区域具有示范意义。

面对这一世界性难题，宁夏以贺兰山东麓山水林田湖草生态保护修复工程为突破口，实施"政府主导＋科技赋能＋产业反哺"综合治理措施，累计投入150亿元，关闭退出83处矿山，修复损毁土地4970公顷，植被覆盖度提升5%，岩羊种群恢复至5万只，雪豹也重现贺兰山，这表明贺兰山地区的生态环境已有了明显的改善。通过"渣台变葡萄园""矿坑转文旅综合体"等模式，贺兰山的葡萄酒产业综合产值261亿元，探索出"生态修复—碳汇增值—产业富民"的闭环路径。2024年，贺兰山修复案例被自然资源部与世界自然保护联盟列为全球十大生态修复典范，其"再野化修复技术"和"矿地融合开发机制"为全球干旱区矿山治理提供了中国方案。

（二）贺兰山生态修复保护措施与成效

1. 全域布防——破解矿山生态"修复难"

构建"天空地"一体化监测体系 针对贺兰山169处历史采矿点和214家关停企业旧址，宁夏构建了卫星遥感、无人机巡查与地面传感器联动的全域生态监测网络。通过高分辨率影像比对与AI算法，精准识别了45处滑坡泥石流高风险区域，完成了4970公顷损毁土地的三维数字化建模，并建立"一矿一策"修复档案。例如，大磴沟矿区通过高清卫星影像与无人机动态监测，实现了渣台削坡、覆土、绿化全流程可视化监管。2023年起，布设了160台红外相机和46处植物监测样地，形成了岩羊、马鹿等野生动物栖息地网格化管理体系，监测精度提升至95%。

探索多元共治体制机制 政府累计投入150亿元专项资金，引导214家关停企业通过"生态修复责任置换"参与治理（每修复1公顷土地可置换0.3亩建设用地指标）。发动10万群众参与义务植树，打造"干部职工+园区企业+社会力量"联合造林机制，5年累计治理面积40.5万亩，相当于再造7个西湖生态区。建立"生态管护员"制度，将5.9万名退牧牧民转为职业护林员，人均年增收2.16万元，形成"保护即就业"的良性循环。石嘴山市通过"包植增绿"活动，组织104家单位承包治理区，累计完成146平方千米的生态修复。

2. 系统施治——攻克干旱区"再生难"

加大科研力度，攻关地形重塑与植被再生技术 在海拔2000米以上、年均降雨量仅200毫米的区域，宁夏首创"依形就势+近自然修复"技术体系。一是渣台削坡降级。将渣台的坡度从70°降至35°，累计削坡土方量达4200万立方米，显著降低滑坡风险。二是实施矿坑回填与截潜流工程。利用矿坑回填重塑地形，同步建设沟道截潜流设施，年蓄积雨洪水1600万立方米，保障生态灌溉用水。三是种植耐旱植被，进行生态恢复。优选蒙古扁桃、四合木等耐旱物种，采用草灌乔互补混播技术，植被覆盖度从14%提升至19.5%，单位面积生物量增长3.8倍。

生态价值链重构 一是产业转型，将83处废弃矿山转型为葡萄酒庄园，种植酿酒葡萄49万亩，将贺兰山东麓打造成为世界级酿酒葡萄产区，带动产业链综合产值261亿元，占宁夏国内生产总值的7.2%。例如，镇北堡矿区通过"矿坑变葡萄园"模式，建成20多家酒庄，年接待游客60万人次，提供了近13万个就业岗位。二是文旅融合，改造12处工矿遗址为生态文旅综合体，实现年接待游客超300万人次，大磴沟矿区转型为"桃花谷"成为网红打卡地，旅游收入达45亿元。三是土地盘活，通过建设用地指标跨省交易，贺兰山地区成功盘活10万亩废弃矿区土地，吸引社会资本32亿元投入光伏治沙、碳汇造林等项目。

3. 机制创新——突破治理"持续难"

完善国家公园与生态红线制度 预计2027年完成贺兰山国家公园的创建。整合13个自然保护地，贯通30条生态廊道，使栖息地连通性指数从0.42提升至0.78。划定4.2万公顷生物多样性优先保护区，实施雪豹等13种国家一级保护动物再引入工程，种群恢复率达120%。通过封山育林、退牧还林等措施，岩羊种群数量恢复至近5万只，马鹿数量达3000头。

对保护修复进行政策激励与金融工具创新　一是构建生态信用积分评估体系，对参与修复企业给予土地置换、税收减免等优惠。优惠实施以来，贺兰山地区累计发放"绿色矿山"贷款 58 亿元，税收减免额度达 12.3 亿元。二是建立碳汇交易机制，建立西北首个生态修复碳汇平台。经测算，该平台年增碳汇 48 万吨，完成首笔国际碳交易 9200 万元，相关技术被纳入《IPCC 国家温室气体清单指南》。三是风险防控，开发"生态修复责任保险"，覆盖 214 处治理点位风险，经过努力，赔付率降低至 12%。

实施技术标准化与法治保障　制定全国首个《干旱区矿山生态修复技术标准》，输出"渣台变绿洲""矿坑转碳汇"等 9 项技术专利。修订《矿产资源法》，设立"矿区生态修复"专章，明确生态修复责任主体与资金来源。石炭井矿区通过"再野化修复技术包"，重建了完整的食物链，恢复植被面积 4970 公顷。

4. 融合发展——激活两山转化动能

对生态修复工程进行绿色金融赋能　设立西北首只 50 亿元生态修复基金，创新"修复贷""碳汇质押"等产品，农业银行推出"贺兰山生态贷"，每年新增专项贷款 200 亿元，重点支持葡萄酒庄低碳改造和光伏治沙项目。发行全国首单"生物多样性绿色债券"15 亿元，定向用于雪豹栖息地的修复。

引进国际先进技术，寻求国际合作　与联合国防治荒漠化公约组织共建"干旱区生态修复国际实验室"，主导制定《矿山生态修复碳汇计量指南》等 3 项国际标准。通过"一带一路"绿色投资，在哈萨克斯坦复制推广 5 处示范工程，单位治理成本降低 37%。2024 年，贺兰山修复案例入选全球十大生态修复典范，"再野化修复技术包"被联合国列为示范项目。

积极引入社会资本与社区共治　探索"矿地融合"模式，将退出的矿区土地用于生态文旅、葡萄酒产业和乡村生态旅游，打造"山上自然风光—山前休闲康养—山下产业联动"的全域绿色发展格局。例如，石嘴山市通过整合矿区资源，建设生态防护林和绿廊绿道，实现了"园成方、林成网"的生态格局。

三、贺兰山生态修复工程评述

（一）筑牢西北生态屏障

贺兰山生态修复工程以系统化治理理念破解干旱区矿山生态修复这一世界性难题。贺兰山通过设立专项资金，构建起覆盖土地修复、技术研发、产业转型的全链条治理体系。关闭退出历史遗留矿山，拆除废弃工矿设施，彻底消除露天矿坑、渣山堆积等"生态疮疤"；利用"依形就势"地形重塑技术，降低矿区陡坡坡度，显著降低地质灾害风险；采用"近自然修复"模式，优选蒙古扁桃、四合木等耐旱植物实施草灌乔混播，完成损毁土地修复，使森林覆盖率和植被覆盖度显著提升，有效遏制水土流失。在生物多样性恢复方面，工程创新构建网格化监测体系，实施封山育林、退牧还林等系统性保护，实现岩羊、马鹿等野生动物栖息地精准管理。

工程探索的"山水林田湖草沙一体化治理"模式，首创"矿坑转葡萄园"产业融合机制，将废弃矿区转型为酿酒葡萄基地，形成世界级葡萄酒产业链；开发的"再野化修复技术包"和《干旱区矿山生态修复技术标准》，已向哈萨克斯坦等"一带

一路"共建国家输出,单位治理成本显著降低。这种"生态修复—碳汇增值—产业富民"的闭环路径,不仅筑牢了西北生态安全屏障,更以中国智慧为全球干旱区治理提供了可复制、可持续的解决方案。

(二)创新"政府主导+市场反哺"协同治理范式

宁夏在贺兰山生态修复实践中,突破传统治理框架,创新构建"政府主导+市场反哺"协同治理范式。首创"生态责任置换"机制,开创性地将生态修复与土地资源开发权挂钩,引导关停企业通过履行植被管护义务置换建设用地指标。政府同步构建"生态信用积分"评价体系,将企业修复成效量化为信用等级,对 AAA 级企业给予 15% 的企业所得税减免,优先获得"绿色矿山"专项贷款等激励。同时,宁夏建立了全民参与的共治网络。通过"干部包片+社会认领"模式,组织干部群众参与完成义务植树;创新实施"退牧转岗"计划,将传统牧民转型为职业护林员,构建覆盖修复区的网格化管护体系。政府还配套建立了全国首个"生态修复责任保险"体系,降低企业赔付率,形成风险可控的可持续治理模式。

这种多元共治机制带来显著的复合效益:企业累计盘活废弃矿区土地,吸引社会资本投入葡萄酒庄、光伏治沙等项目;群众通过生态岗位实现稳定增收,区域贫困发生率显著下降。联合国防治荒漠化公约组织评价该模式"实现了生态责任的市场化定价与全民化分担",其制度设计已被纳入《全球矿山生态修复操作指南》,成为破解"治理持续难"的系统性解决方案。

(三)生态红利释放与区域共同富裕

依托多年持续修复形成的生态基底,贺兰山地区已建成全球最大集中连片酿酒葡萄种植区,其中,核心产区 22 万亩,已通过国际葡萄与葡萄酒组织(OIV)认证。贺兰山地区通过构建"葡萄酒+文旅"产业矩阵，形成涵盖种植酿造、橡木桶生产、物流运输等全产业链体系。葡萄酒文旅产业的发展也促进了生态旅游产业呈现爆发式增长，酒庄观光、星空露营、山地运动等新业态蓬勃发展。

创新性实施生态产业化开发模式，通过"矿坑转文旅综合体"和"渣台变葡萄园"等生态修复工程，不断将历史遗留废弃矿区转化为高附加值产业用地；又将社会资本引入原采砂矿坑改造的葡萄酒文化博览园，打造集生产、研学、会展于一体的产业综合体。由此构建的"生态修复—产业增值—反哺治理"闭环体系，使生态治理投入产出比达到1：5.3，真正实现了环境治理与经济发展的良性循环。这种将"生态包袱"转化为"绿色财富"的实践创新，为资源型地区转型提供了可复制样本。贺兰山地区通过建立生态产品价值实现机制，使区域居民人均可支配收入连续5年增长。该模式不仅使贺兰山东麓葡萄酒产区跻身世界级产业矩阵，更探索出生态脆弱区高质量发展的有效路径，为黄河流域生态经济带建设注入了强劲动能，持续释放生态红利，助推共同富裕。

（四）低碳转型与碳汇经济突破

在"双碳"目标驱动下，宁夏创新性地构建了生态修复与碳汇经济协同发展机制，率先建成西北地区首个生态修复碳汇交易平台。该平台集成了遥感监测、区块链确权等技术，建立了覆盖森林、草原、湿地等生态系统的碳汇计量体系。自2022年完成首笔国际自愿碳减排量交易，平台运行3年来累计促成碳汇交易额3.7亿元，形成了"生态修复—碳汇增量—市场交易—资金反哺"的价值闭环。

白芨滩国家级自然保护区通过生态治理与科研创新双轮驱动，建成国际领先的灌木林"碳中和"研究站。该站构建了荒漠化治理碳汇计量方法学体系，攻克了毛乌素沙地柠条、沙柳等乡土灌木固碳量精准测算技术，编制发布了《干旱区灌木林碳汇计量指南》，填补了国际同类标准空白。研究站联合中国科学院实施的百万亩治沙工程，创新了"草方格固沙+灌木混交林"模式，大幅提高治理区植被覆盖率，相关技术已在中亚五国推广。在生态价值金融化方面，宁夏发行了全国首单"生物多样性保护绿色债券"，建立了野生动物栖息地修复绩效与债券利率挂钩机制，成功吸引国际开发机构认购，募集资金定向用于六盘山—贺兰山雪豹生态廊道建设。

（五）国家战略践行与国际示范引领

贺兰山生态修复工程作为中国生态文明建设的标志性成果，于2022年入选自然资源部"全球十大生态修复典型案例"，成为首个获此殊荣的干旱区矿山生态修复项目。该工程创新构建的"再野化修复技术体系"，集成应用地形重塑、微生物修复、近自然植被重建等12项核心技术，相关技术标准已通过ISO/TC127国际标准化组织认证。主导编制的《矿山生态修复碳汇计量指南》《干旱区生态廊道建设规范》《退化草地恢复成效评估规程》3项国际标准，填补了全球生态修复领域计量体系空白，推动中国生态治理标准在"一带一路"共建的8个国家落地应用。

在国际合作层面，贺兰山模式的技术外溢效应持续显现。其首创的"矿地融合开发机制"通过"修复确权—产业导入—收益共享"三部曲，已在哈萨克斯坦巴尔喀什铜矿带、蒙古国奥尤陶勒盖金矿区等15个跨国矿业项目成功复制，联合国防治荒漠化公约组织（UNCCD）将贺兰山"三阶段生态产业化"模式列为全球示范项目。通过建立"政府主导—科研支撑—企业实施—国际协同"的四维治理架构，中国首次在生态修复领域实现从技术输入国向标准输出国的跨越，为全球资源型地区转型提供了包含62项技术指标、18个操作模块的完整解决方案。这种治理智慧的系统性输出，正在重塑国际社会对中国生态文明建设的话语认知。

第二节
生态平衡——保护生物多样性

一、生物多样性保护的成就

(一)"十一五"时期的生物多样性保护

"十一五"时期,我国生物多样性保护继续加强,重点物种保护稳步推进。截至 2009 年年底,国家划定禁猎(采)区 2667 个,总面积为 8462.4 万公顷。全国共建立森林公园 2458 处,总面积 1652.50 万公顷。重点物种保护工作稳步推进,濒危物种保护制度继续完善,野生动物疫源疫病监测得到加强。大熊猫等 50 多个濒危野生动物繁育种群持续扩大,苏铁等千余种野生植物人工种群基本建立,野马等物种回归自然进展顺利,野生动物损害补偿试点有序推进[1]。

"十一五"时期,我国生物多样性保护全面推进。生物多样性保护工作机制进一步健全,成立中国生物多样性保护国家委员会,完善中国履行《生物多样性公约》工作协调组和生物物种资源保护部际联席会议制度,发布实施《全国生物物种资源保护与利用规划纲要》和《中国生物多样性保护战略与行动计划》,成功开展 2010 年国际生物多样性中国活动;生物物种资源保护工作进一步加强,环境保护部联合

---

[1] "十一五"成就报告:环境保护事业取得积极进展[EB/OL]. (2011-03-10) [2024-12-05]. https://www.gov.cn/gzdt/2011-03/10/content_1821694.htm.

相关部门开展了全国重点生物物种资源调查，完成了相关物种编目和调查报；生物安全管理进一步完善，建立了外来入侵物种防治协作机制，开展外来物种调查和治理除害工作，对黄顶菊、薇甘菊、福寿螺、紫茎泽兰等22种具有重大危害的外来入侵种进行了全面普查，发布《中国第二批外来入侵物种名单》，在重点地区开展重点转基因作物环境释放及其潜在危害的监测调查，制定《进出口环保用微生物菌剂环境安全管理办法》《环保用微生物菌剂检测规程》等；国际合作与交流取得成效，积极履行国际公约并提交了多次履约报告，积极参与国际谈判和相关规则的制定，开展中国—欧盟生物多样性项目（ECBP）等一系列合作项目，加强与相关国际组织和非政府组织在保护政策和技术方面的合作与交流[①]。

（二）"十二五"时期的生物多样性保护

"十二五"时期，生物多样性保护决策与推进机制得到进一步完善。成立中国生物多样性保护国家委员会，发布实施《中国生物多样性保护战略与行动计划（2011—2030年）》，启动"联合国生物多样性十年中国行动（2011—2020）"，启动生物多样性保护重大工程。完成32个陆地生物多样性保护优先区域边界核定，发布《中国生物多样性红色名录——高等植物卷和脊椎动物卷》；积极推进生物遗传资源获取与惠益分享立法和生物安全管理工作；不断深化国际交流与合作，积极履行《生物多样性公约》及其《卡塔赫纳生物安全议定书》等国际公约；多数省份建立了生物多样性保护协调机制，编制发布了省级生物多样性保护战略与行动计划[②]。

---

① 全国生态保护"十二五"规划[EB/OL].（2013-01-25）[2024-12-05]. https://www.gov.cn/gongbao/content/2013/content_2396624.htm.

② 全国生态保护"十三五"规划纲要[EB/OL].（2016-11-02）[2024-12-05]. https://www.mee.gov.cn/gkml/hbb/bwj/201611/W020161102409694045765.pdf.

熊猫、朱鹮、扬子鳄、海南长臂猿等濒危物种的栖息地得到有效保护，种群数量逐步增加。推进珍稀植物的迁地保护、人工繁育和回归自然。建立了200多个植物园，用于保护约70%的中国已知高等植物物种。建立了全国生物多样性观测网络，加强对生物物种、生态系统及遗传资源的动态监测和数据分析。

（三）"十三五"时期的生物多样性保护

"十三五"时期，我国生物多样性保护力度不断加强，90%的陆地生态系统类型和71%的国家重点保护野生动植物物种得到有效保护，生物资源保护成效显现。野生动物栖息地空间不断拓展，种群数量不断增加。2020年长江10年禁渔政策实施以来，长江鱼类数量有所回升[1]。

大熊猫野外种群数量增加到1864只，种群恢复到"易危"级别，朱鹮种群数量突破5000只，藏羚羊从"濒危"级别降至"近危"级别；加强了濒危物种栖息地的修复与保护，实施了多项野外种群回归和种群重建计划，梅花鹿、雪豹等濒危物种的种群数量稳步回升；建立了全国野生动植物种质资源库，进一步完善了濒危植物的迁地保护体系。

建立了覆盖全国的生物多样性监测网络，实现了对重点区域生态系统和物种的动态监测；应用遥感、大数据和人工智能技术，加强生物多样性数据的采集、分析和决策支持；建成国家级基因资源库，收集保存了大量野生动植物和微生物的基因资源。

（四）"十四五"以来的生物多样性保护

"十四五"以来，我国在生物多样性保护方面继续取得重要进展，形成了更为完善的保护体系，在政策引领、生态修复、科技创新、国际合作等方面取得了显著成就。发布了《"十四五"生物多样性保护规

---

[1] "十三五"时期经济社会发展的主要成就[EB/OL].（2021-12-25）[2024-12-05]. https://www.ndrc.gov.cn/fggz/fzzlgh/gjfzgh/202112/t20211225_1309689_ext.html.

划》和《全国生物多样性保护重大工程实施方案（2021—2035年)》，明确了到2035年的生物多样性保护目标；提出并深入实施"双碳"目标与生物多样性保护协同推进的策略，统筹生态保护与经济社会发展；修订《野生动物保护法》，强化生物多样性保护的法律框架和执法力度；濒危物种保护成果显著，大熊猫种群持续增长、种群分布更加稳定，长江江豚、藏羚羊等濒危物种种群状况进一步好转，东北虎和东北豹的野生种群数量稳步增加，濒危物种的栖息地修复不断加强，长江流域淡水物种多样性逐步恢复，珍稀濒危植物的迁地保护和野外回归全面推进，植物园体系建设全面加强，保护了约80%的高等植物物种；科技支撑与监测能力进一步提升，建立了全国生物多样性观测网络，加强了动态监测和数据库建设，实现了重点区域和物种的精准管理，扩大了国家种质资源库的规模，保存了超过50万份生物遗传资源样本，为生物多样性保护提供了科技支撑，应用大数据、人工智能和遥感技术不断提升生物多样性评估和管理能力；主办了《生物多样性公约》缔约方大会第15次会议第一阶段会议，推动通过了《昆明—蒙特利尔全球生物多样性框架》，确立了2030年全球生物多样性保护目标，加强与"一带一路"共建国家的生物多样性保护合作，推动区域生态保护和绿色发展。

《中国生物物种名录》(2023版)共收录物种及种下单元148674个，其中，动物界69658个、植物界47100个、真菌界25695个、原生动物界2566个、色素界2381个、细菌界469个、病毒805个。列入《国家重点保护野生动物名录》的野生动物有980种和8类，列入《国家重点保护野生植物名录》的野生植物有455种和40类。我国有栽培作物455类1339种，畜禽地方品种、培育品种、引入品种有1018个，长期保存的农作物种质资源53.9万份[①]。

---

① 2023中国生态环境公报 [EB/OL]．(2024-06-05) [2024-12-05]．https://www.mee.gov.cn/hjzl/sthjzk/zghjzkgb/202406/P020240604551536165161.pdf．

二、四川宝兴以生态产品价值实现推动生物多样性保护

（一）生物多样性保护面临的挑战和宝兴的机遇

《生物多样性公约》的缔结和生效，旨在保护濒临灭绝的动植物和地球上多种多样的生物资源，我国是最早的缔约方之一。当前，世界各国正在采取一致行动，以共同应对日益严重的全球性生物多样性危机。但生物多样性保护工作面临各行业合作不足、管护力量不足、资金投入不足、保护与发展难以平衡等难题，为有效解决这些难题，四川省宝兴县积极探索，走出了一条依托生态产品价值，实现推动生物多样性保护的创新路径。

四川省宝兴县面积3114平方千米，森林覆盖率71.39%，是大熊猫栖息地世界自然遗产核心区，县域面积的81.7%纳入大熊猫国家公园。宝兴县是世界第一只大熊猫科学发现地和大熊猫模式标本产地，是国家重点生态功能区、世界濒危动植物的避难所、世界动植物基因库、绿尾虹雉之乡，还是世界自然基金会确定的"全球重要生态区域"。

宝兴县有脊椎动物29目、102科、451种，其中，兽类8目、25科、103种，鸟类15目、54科、286种，两栖类2目、9科、24种，爬行类2目、11科、32种，鱼类2目、3科、6种。昆虫纲鳞翅目632种（蝶类295种、蛾类337种）。根据国家林业和草原局最新发布的《国家重点保护野生动物名录》，宝兴县现存国家重点保护野生动物73种，其中，国家一级保护野生动物有大熊猫、川金丝猴、雪豹、绿尾虹雉等15种，国家二级保护野生动物有黑熊、豹猫、血雉、白腹锦鸡等58种。现有野生大熊猫181只，种群密度居全国第一。宝兴县有维管植物共计155科、570属、1837种，其中，蕨类植物20科、38属、104种；裸子植物7科、14属、32种；被子植物128科、518属、1701种；种子植物科数占四川省种子植物科的71.43%，占中国种子植物科的56.72%；属数占四川省种子植物属的34.25%，占中国种子植物属的16.68%；种数占四川省种子植物的16.98%，占中国种子植物的6.02%。其中，国家一级保护野生植物有珙桐、光叶珙桐、红豆杉、南方红豆杉、独叶草5种，国家二级保护野生植物有连香树、水青树、圆叶玉兰、四川红杉、巴山榧树、油麦吊云杉、润楠等40种。境内药用植物达600种，素有"神药之乡"之称，其中，川贝、天麻、杜仲、厚朴、雪莲花、黄柏等是名贵药材。

宝兴县始终树牢并切实践行"绿水青山就是金山银山"理念，立足县域生物多样性实际，在担负好建设长江上游生态屏障政治责任的基础上，统筹高水平保护和高质量发展，加快推动林权"三权分置"和集中化、规模化、科学化经营，拓展生态产品价值实现渠道，切实把生物多样、价值丰富的生态优势转化为县域经济社会绿色转型发展优势。

（二）宝兴推动生物多样性保护的创新举措

1. 创新以生态产品价值实现推动生物多样性保护的"宝兴模式"

宝兴县立足森林覆盖率高、生物多样性丰富优势，扩绿、兴绿、护绿并举,以"高质量建设大熊猫国家公园""深化集体林权制度改革""国家储备林建设"等为契机,在四川省率先实施"生态银行"试点,印发《宝兴县生态产品价值实现机制试点实施方案》《宝兴县"生态银行"试点实施方案》《以"生态共富"示范引领乡村产业振兴实施方案》等,成立宝兴县生态银行试点基地,科学构建"一套机制+管理和运营两大主体+三大项目支撑+五种林权流转模式+彰显'森林四库'功能"的生态银行建设"宝兴模式",将分散、零碎的林业资源进行规模化集约化整合,唤醒沉睡资源,让资源优势转化为发展优势,让群众实现存入"绿水青山"、取出"金山银山"及"生态美、产业兴、百姓富"的生物多样性保护改革目标。

2. 构建以生态产品价值实现推动生物多样性保护的"两大主体"

在四川省率先设立宝兴县生态产品价值实现促进局,核定编制6名,负责统筹推进全县生态产品价值实现、监督管理"林业碳汇""生态银行"等工作;组织实施林业碳汇计量监测、项目开发,对外公布地方林业碳汇储量及年固碳量等重要数据。与县林业局、大熊猫国家公园宝兴县管护总站集中办公,实现了各类自然保护地管理、大熊猫国家公园建设、林权制度改革、森林资源保护发展"一体"推进。成立注册资金2亿元的宝兴县兴绿林业投资有限公司,由县财政和林业部门管理,作为"生态银行"的运营主体,负责具体组织实施储备林建设、林权流转收储等工作。之后,在该公司指导下,乡镇政府又成立

了"强村公司",形成了"政府监管+企业主营+村集体参与"的"生态银行"高效运营态势。

3. 项目引领以生态产品价值实现推动生物多样性保护

统筹实施重大项目,确保扩绿、兴绿、护绿并举。实施生态修复项目,累计投入20余亿元,推进矿山生态修复、小水电退出等,植树49.27万株,复绿面积15.9万平方米,大力实施天然林保护、公益林管护、退耕还林等生态工程,先后投入人工林管护等资金3500余万元,实施种苗培育、天然林停伐等修复项目,生态补偿年均涵盖林农1.5人次。启动实施大渡河流域生物多样性保护与水源涵养林生态修复项目,修复退化林4.33万亩,恢复草原3.2万亩,通过改造、补植、施肥、抚育等措施,宝兴县精准提升了森林草原质量。实施总投资9.7亿元的国家储备林建设项目,采取栽培人工林、改培现有林、抚育中幼林等措施,将11.66万亩低效林建设为稳定、优质的国家储备林基地,积累了更多优质生态"本金"。

4. 探索五种经营模式,推动"效益变现"

大力推进国土资源"三调"数据和林地一张图融合使用,全面启动"林草湿荒"普查工作,完成28336个国土变更调查与林地资源一张图地类不一致图斑核查。对全县林地分布、森林质量、保护等级、林地权属、利用现状等情况进行摸底分析,切实做到底数清、情况明。探索林权入股、委托管理、林地租赁、林权转包、林权赎买等"五大"林权流转模式,分别以林业资产作价入股,与林农采用合作经营的方式,扣除相关成本后的收益按比例分成;无力管理林业资产的林农,可以将林业资产委托给公司管理,这样就解决了"有林无人"的问题;而林地闲置的林农,可以将林地进行租赁,获取租金回报;对大熊猫国家公园内部分权属清晰且涉及林农核心权益的林木及地面附着物进行评估,然后政府部门根据评估结果进行赎买;由村集体经济组织与林农签订流转协议,再由村集体经济组织将林地的经营权转包给运营公司,逐步将碎片化的森林资源经营权和使用权集中至"生态银行"赋值、增值。

5. 积极将生物多样性优势转化为生态产业收益

创新实施"生态共富"工程，启动生态"三场""森林四库"建设，积极推进"蓄水于山、摇钱于树、藏粮于林、固碳于木"，实现森林"水库、钱库、粮库、碳库"更好联动。聚焦投资林业质量提升、林下种养、林产加工、林下康养等，森林可持续经营模式基本形成。持续举办红叶节、大熊猫生态旅游节、大熊猫国际文化周等节会活动，采取"龙头企业+基地"模式，建设黄柏、林下中药和森林康养等基地，实现森林资源管理运营分离。全县水土保持率达到 78.51%，蓄水超 10 亿立方米，生态旅游综合收入超过 30 亿元，森林固碳 1300 余万吨，森林蔬菜产量 3000 吨、产值 3500 余万元，中药材种植面积达 24.8 万亩，年产量 1.75 万吨、产值 1.4 亿元，林下养殖藏香猪、有机牦牛，产值 2.3 亿元。

三、四川宝兴以生态产品价值实现推动生物多样性保护评述

（一）有效解决生物多样性保护"只投入、难产出"难题

保护与发展难以平衡，是当前生物多样性保护面临的最大挑战，以生态产品价值实现推动生物多样性保护可以有效解决这一难题。宝兴县以生态产品价值实现为抓手，创新性地将人力、物力、财力有效统筹，实现生物多样性保护工作有组织、有措施、有具体工作人员、有产出、有效益，打通了资源变资产、资产变资本的通道，开拓出一条将生态资源优势转化为经济发展优势的生态产品价值实现的有效路径，为全世界生物多样性保护工作提供了"宝兴模式"。

（二）有效带动群众增收

生物多样性保护不是政府一家的责任，如何动员广大生物多样性

重点区域人民群众积极参与是必须破解的难题。宝兴县依托四川省深化集体林权制度碳汇项目开发试点，探索林农碳汇收益分配机制，引导林农以生态建设等方式将资产投入"生态银行"，集约化经营林地4万亩，带动2000户农户户均增收8300多元。

（三）进一步树牢人民对生物多样性保护的认识

全民参与是推动生物多样性保护事业发展的有效途径。传统的宣传动员难以深入人心。宝兴县坚持把生物多样性保护事业与群众利益结合，投入天然林停伐补助资金、公益林补偿金等3000余万元，设置生态管护员岗位300余个，变伐木工为护林员，以身边人带动身边人参与其中。积极举办"2022四川大熊猫国际文化周""2023四川红叶生态旅游节""国际青年溯源之旅"等大型活动30余场次，努力形成全社会共同参与生物多样性保护的良好氛围。

第三节

生态红线——划定生态保护红线

一、生态保护红线划定的成就

"十二五"期间，我国积极推进生态保护红线划定，印发了《生态保护红线划定技术指南》，编制生态保护红线划定方案，并在内蒙古、江西、广西、湖北开展试点，江苏省已经在全国率先完成生态保护红线划定，我国28个省（区、市）将这项工作列入省级政府任务，红线内区域生态系统功能得到加强，水源地、湿地和森林保护成效显著。

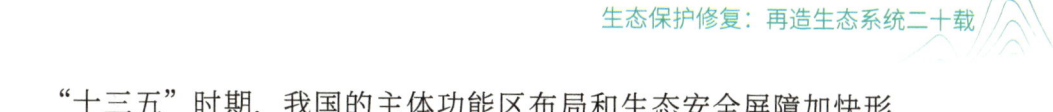

"十三五"时期，我国的主体功能区布局和生态安全屏障加快形成，生态保护红线、永久基本农田、城镇开发边界三条控制线划定工作逐步落实。耕地资源得到有效保护，耕地保有量和新增建设用地规模控制在规划目标内。

2022年，全国生态保护红线划定工作全面完成，划定陆域生态保护红线面积约304万平方千米，占我国陆域国土面积比例超过30%，海洋生态保护红线面积约15万平方千米。国家生态保护红线监管平台上线运行。2022年8月，自然资源部、生态环境部、国家林业和草原局印发了《关于加强生态保护红线管理的通知（试行）》，明确生态保护红线人为活动管控、占用生态保护红线用地用海审批和生态保护红线监管有关要求；2022年12月，生态环境部印发了《生态保护红线生态环境监督办法（试行）》，明确生态保护红线生态环境监督责任主体、事项和措施，完善程序性规定，依法依规、有序指导和规范开展全国生态保护红线生态环境监督工作[①]。

二、三江源生态保护红线划定

（一）生态危机下的三江源保护困境

作为长江、黄河、澜沧江三大河流的发源地，三江源地区被誉为"中华水塔"和"亚洲水塔"，其生态系统服务功能覆盖中国40%的人口，并为东南亚国家提供水资源支撑。然而，20世纪末以来，这一区域受气候变化与人类活动的双重冲击，逐渐陷入生态退化的恶性循环。联合国环境规划署的报告指出，青藏高原是全球气候变暖速率最快的地区之一，而三江源作为其核心区域，生态脆弱性尤为突出。据统计，

---

① 2022年中国生态环境统计年报[EB/OL].（2023-12-29）[2024-12-05]. https://www.mee.gov.cn/hjzl/sthjzk/sthjtjnb/202312/W020231229339540004481.pdf.

2000年前后三江源区年均气温上升速率达0.4℃/10年，远超全球平均水平，直接导致冰川退缩、湿地萎缩等连锁反应。这一区域的生态退化不仅威胁中国本土的水资源安全，更对全球的水汽流动造成了巨大影响。三江源地区拥有丰富的动植物资源，国家重点保护动物有69种，其中，雪豹、藏羚羊等11种物种被世界自然保护联盟（IUCN）列入濒危物种名录。然而，随着生态系统功能的衰退，这一"基因宝库"正面临前所未有的存续危机。

20世纪80年代至21世纪初，三江源地区的水资源系统遭遇毁灭性打击。黄河源头玛多县素有"千湖之县"的美誉，其区域内的湖泊数量从4077个锐减至300余个，鄂陵湖、扎陵湖等核心水体面积缩减超过50%。更为严峻的是，2003年黄河源头首次出现断流现象，导致下游9省区1.2亿人口面临用水危机。科学研究表明，三江源地区湿地面积在30年内减少28%，水源涵养能力下降35%，直接威胁长江、黄河年均径流量的稳定性。过度放牧与气候变化共同催生了"黑土滩"这一生态灾难。截至2004年，三江源地区退化草地面积已达2.5亿亩，其中，重度退化区域形成裸露的黑土滩1.2亿亩，植被覆盖度不足20%。鼠害的肆虐加剧了这一进程：在玉树州杂多县，每公顷草地的鼠洞密度高达1624个，鼠类每年消耗的牧草相当于286万只羊的全年食量。生态学家警告，若不及时干预，三江源草原将在50年内全面退化为高寒荒漠。

作为全球雪豹最大连片栖息地，三江源地区的雪豹种群在20世纪末锐减至不足500只，藏羚羊数量更一度跌破2万只。栖息地破碎化问题尤为严重：矿产开发与道路建设将70%的野生动物栖息地切割成"生态孤岛"，导致白唇鹿等特有物种的基因交流受阻。监测数据显示，三江源地区受威胁生物物种比例达22.3%，远超世界10%～15%的平均水平。生态退化直接冲击着当地牧民的生存根基。在青海省海南藏族自治州共和县，流沙吞噬了90%的草场，迫使10万牧民背井离乡。2005年，三江源地区贫困发生率高达35%，人均GDP仅为全国平均水平的23%，形成了"生态恶化—贫困加剧—过度索取"的恶性循环。

面对生态危机的不断升级，中国在21世纪初开启生态保护制度变革。2005年，国务院批准实施《青海三江源自然保护区生态保护和建设总体规划》，投入75亿元实施退牧还草、生态移民等八大工程，标志着中国首次以国家力量介入高原生态修复。这一阶段的核心突破在于确立了"生态优先"原则，为此，青海省主动放弃GDP考核，将全省90%的国土划入禁止或限制开发区。2013年，党的十八届三中全会提出"划定生态保护红线"，推动生态治理进入法治化轨道。2015年出台的《国家生态保护红线划定技术指南》为三江源划定19.07万平方千米红线区，占青海省总面积的26.5%，其中，核心保护区占比达70%。这一制度创新被联合国环境署誉为"重构人与自然关系的东方智慧"。通过将40%的青海省域纳入绝对保护范围，不仅使水源涵养能力提升33.7%，草地覆盖率提高11%，更重要的是探索出了一条"生态安全—民生保障—制度创新"的系统治理路径。联合国开发计划署认为，这种以国家公园为主体的红线管控模式，为全球高原脆弱生态系统的治理提供了中国方案。

(二）三江源生态保护红线的实施措施与成效

1. 制度创新——破解生态保护"权责分散难题"

首先是国家战略的顶层设计。三江源生态保护红线的划定源于国家生态文明建设的战略性布局。2017年中共中央办公厅、国务院办公厅发布《关于划定并严守生态保护红线的若干意见》，首次将"生态空间"与"生态保护红线"概念系统化。三江源作为全国首批试点区域，依据"两屏三带"陆地生态安全格局，将19.07万平方千米划入红线范围，占青海省总面积的26.5%。这一制度突破通过"一条红线管控重要生态空间"，将水源涵养、生物多样性保护等核心功能区域纳入刚性保护体系，彻底扭转了以往"九龙治水"的管理碎片化问题。

其次是相关法律保障的刚性约束。2017年《三江源国家公园条例（试行）》的出台，标志着中国首部国家公园专门法规的诞生。该条例明确禁止采矿、砍伐、狩猎等8类破坏性活动，并设立最高20万元罚款的惩戒机制。例如，在核心保育区实施"零开发"政策，要求矿产资源开发项目全面退出，已对15个矿权进行强制关闭。同时，建立领导干部自然资源资产离任审计制度，将生态保护成效纳入政绩考核，实现"用最严格制度保护生态"的目标。

最后是分区管控的精准施策。三江源国家公园创新性地划分了三大功能区：核心保育区（占70%），实行绝对保护，禁止人类活动干扰，重点修复冰川、湿地等关键生态系统；生态保育修复区，通过退牧还草、黑土滩治理等工程，实施人工干预修复，累计完成退化草地治理1.2亿亩；传统利用区，推行草畜平衡制度，建立"以草定畜"动态管理机制，将载畜量从每公顷3.8羊单位降至2.2羊单位。

2. 科技赋能——构建全域监测"智慧保护网络"

依托36颗遥感卫星、218个地面监测站和5G物联网终端，构建覆盖全域的生态监测网络，实时追踪142项生态指标。在长江源沱沱河流域，无人机巡护系统将盗猎举报响应时间从72小时缩短至3小时，藏羚羊种群数量因此恢复至7万只以上。2023年开始运行的三江源生态大数据平台实现了冰川消融速率、植被覆盖度等数据的分钟级更新，为决策提供科学支撑。

进行生态资产核算机制创新，全国首创"生态保护红线资产负债表"，对草地、湿地等自然资源进行货币化计量。2022年核算结果显示，三江源生态资产总值达12.3万亿元，其中，水源涵养价值占比58%。这一机制不仅量化了生态保护成效，更通过碳汇交易将生态价值转化为经济收益，累计完成碳交易额4.7亿元。

建立智能预警与应急响应系统，通过设置"生态红线—环境质量—灾害风险"三级预警机制，成功预测了2021年扎陵湖水位异常波动，提前启动生态补水方案，避免300平方千米湿地退化。在玉树地震带布设的84处地质灾害监测点，使滑坡预警准确率提升至92%，保障了1.2万牧民的生命财产安全。

3. 社区共治——探索保护与发展"共生共赢路径"

创新实施"一户一岗"制度，设立2.3万个生态管护岗位，牧民年均增收2.16万元。在澜沧江源园区，1846名牧民转为"山水林草湖"系统巡护员，形成"保护—监测—报告"闭环机制，使雪豹活动范围扩大40%。

实施特许经营与产业转型，通过制定《三江源国家公园特许经营管理办法》，授权社区开展生态体验、环境教育等绿色产业。2023年，青海省久治县年宝玉则生态旅游项目接待游客15万人次，牧民通过家庭旅馆、文化演艺等渠道人均增收1.8万元。同时推动传统畜牧业向有机牦牛养殖转型，认证有机草场1200万亩，产品溢价率达300%。

构建生态补偿与区域协同模式，通过建立"纵向＋横向"补偿机制，极大地缓解了生态保护和社会发展的冲突，中央财政年均拨付生态补偿金28亿元，用于禁牧补助、湿地管护等；青海与四川、甘肃等下游省份签订了横向补偿协议，累计获得跨省补偿12.4亿元；创新"碳汇+保险"模式，为1.8万名牧民购买了生态保护绩效保险，破解了"保护者无保障"难题。

4. 绿色转型——打造高原发展"生态经济样板"

实施清洁能源替代工程，在生态红线外缘区建设全球海拔最高的"风光储互补"能源基地，总装机容量达3.2GW，年减排二氧化碳480万吨。推广太阳能暖房、光伏水泵等设备，使87%的牧户告别传统燃煤取暖，减少草场破坏面积1200平方千米。

积极探索生态产品价值实现机制，开发"三江源"区域公共品牌，推出冰川矿泉水、高原蜂蜜等56款生态产品。2023年，"三江源"品牌价值评估达145亿元，电商平台的销售额突破8.3亿元。与蚂蚁森林合作开展"云养藏羚羊"项目，吸引1200万网友参与，募集生态修复资金2.1亿元。

依托联合国开发计划署（UNDP）平台，向全球推广"生态保护红线—国家公园—社区共治"三位一体模式。2024年，与尼泊尔签署《喜马拉雅生态保护合作备忘录》，联合开展跨境雪豹保护行动，建立1.2万平方千米的跨国生态廊道。世界银行评估报告指出，三江源模式使单位面积生态保护成本降低37%，为发展中国家提供可复制的治理经验。

5. 长效保障——构建制度创新的"四梁八柱"

构建法治化保障体系，形成"1+N"法规框架，以《三江源国家公园条例》为核心，配套出台《生态管护员管理办法》《特许经营实施细则》等12项制度。建立生态环境公益诉讼制度，2023年审理的"可可西里盗猎案"开创了中国生态损害惩罚性赔偿先例，判赔金额达3200万元。

研究标准化技术体系，并发布了《高寒草地生态修复技术规范》《雪豹栖息地评估标准》等27项地方标准，其中6项上升为国家标准。

建成全球最大的高寒生态系统科研基地，联合中国科学院等机构攻克黑土滩治理技术，使植被恢复周期从 20 年缩短至 5 年。

积极探索社会化参与机制，通过设立三江源生态保护基金会，累计募集社会资金 9.7 亿元，支持 152 个社区保护项目。开展"国家公园自然教育计划"，年培训生态志愿者 1.2 万人次，公众环保意识调查得分从 2015 年的 62 分提升至 2023 年的 89 分。

三、三江源生态保护红线划定评述

（一）筑牢国家生态安全屏障

开创高原生态治理新纪元 通过科学划定 4 类 12 个管控单元，将 42% 的青海省域面积纳入红线保护范围，构建起"山水林田湖草沙冰"一体化保护体系。依托"天—空—地"一体化监测网络，建成覆盖 23 万平方千米的生态监测站网，实现雪线位移、冰川消融、植被演替等生态要素的实时感知。国家公园体制试点期间，草地综合植被盖度提高 11 个百分点，水源涵养量年均增加 6%，藏羚羊种群恢复至 7 万余只。这种以生态系统完整性保护为导向的治理模式，为全球高原生态脆弱区保护提供了可复制的解决方案。

制度创新突破传统治理困局 建立生态管护公益岗位机制，1.7 万名牧民转为生态管护员，形成"一户一岗"参与式保护网络。实施草畜平衡制度，通过载畜量动态监测系统，将超载率从 2012 年的 36% 降至 2022 年的 4.8%。创新生态补偿机制，累计发放草原奖补资金 98 亿元，建立"增草—减畜—增收"的良性循环。这种将生态保护与民生改善深度融合的制度设计，破解了保护与发展对立的全球性难题。

（二）构建现代环境治理体系

智慧化监管体系赋能生态治理　建成三江源生态大数据中心，集成卫星遥感、无人机巡航、地面传感等 6 类 12 万个监测终端，实现"空天地"立体化监管。开发"生态之窗"远程观测系统，对冰川退缩、湿地萎缩等 117 个生态参数进行智能预警。应用区块链技术建立生态资产账户，精准核算碳汇增量、水源价值等生态产品的价值，2023 年完成首单 5000 万元碳汇交易。这种科技赋能的治理转型，使生态保护从经验判断迈向精准治理。

多元化共治格局成效显著　建立"省—州—县—乡—村"五级林草长体系，将 31.4 万平方千米保护责任落实到具体责任人。培育 87 个生态保护合作社，发展高原牦牛有机养殖、藏药材种植等生态产业，带动户均年增收 2.3 万元。引入 18 家科研机构建立了联合实验室，攻克黑土滩治理、雪豹栖息地修复等关键技术。这种政府主导、科技支撑、市场运作、全民参与的治理架构，重构了高原生态治理的现代范式。

（三）探索生态惠民发展路径

生态产业释放绿色红利　打造区域公共品牌"三江源"，23 类生态产品通过欧盟有机认证，冬虫夏草、藏雪茶等特产溢价率达 40%。发展生态体验特许经营，2023 年生态旅游收入突破 15 亿元，较试点前增长 12 倍。建设光伏治沙示范工程，在 2.8 万亩沙化地架设光伏板，既固沙又发电，年减排二氧化碳 18 万吨。这种"保护中发展、发展中保护"的实践，生动诠释了"绿水青山就是金山银山"的辩证关系。

生态补偿促进共同富裕　创新"生态保护—产业发展—民生改善"联动机制，将财政转移支付与生态绩效挂钩，累计下达生态补偿资金 132 亿元。实施生态移民工程，3.2 万牧民搬入新型社区，享受教育、医疗等公共服务。建立生态保护成效与公益岗位薪酬联动机制，管护员年收入从 2.4 万元增至 4.8 万元。这种将生态价值转化为民生福祉的制度安排，创造了生态保护的内生动力。

（四）引领全球高原生态治理

科技攻关突破治理瓶颈 研发高寒草地恢复技术体系，使黑土滩治理率达到 92.3%。创建野生动物通道设计规范，使雪豹栖息地的连通性提高 37%。开发冰川水资源预测模型，预报精度达到国际领先水平。这些科技创新成果被纳入联合国环境署的技术推广目录，为全球高寒地区生态治理提供了技术方案。

制度创新贡献中国智慧 首创的"生态保护红线＋国家公园"复合管理模式，被 COP15 列为典型案例。建立的生态产品价值核算体系，成为国际自然资本核算的重要参考。探索的社区共管机制，入选世界自然保护联盟最佳实践案例。三江源实践表明，严格的生态保护制度不仅能修复自然生态，更能催生新的发展范式。

第四节

天然本底——自然保护地建设

一、自然保护地建设的成就

（一）"十一五"时期的自然保护区建设

截至 2005 年年底，全国已经建立各种类型、不同级别的自然保护区 2349 个，总面积 14995 万公顷，其中，陆域面积 14395 万公顷，约占陆地国土面积的 15%。国家级自然保护区 243 个，面积 8899 万公顷，分别占全国自然保护区总数和总面积的 10% 和 59%[①]。

"十一五"期间，我国自然保护区的布局体系初步建立。新建各类自然保护区 192 处，新建国家级自然保护区 76 处。到 2010 年底，我国已建立 2588 个自然保护区（不含港澳台地区），总面积为 149.4 万平方千米，陆地自然保护区面积约占陆地国土面积的 14.9%。其中，国家级自然保护区 319 个，面积约 93 万平方千米。我国已初步建立了布局较为合理、类型较为齐全的自然保护区体系，85% 的陆地生态系统类型、40% 的天然湿地、85% 的野生动物种群、65% 的野生植物群落，以及绝大多数国家重点保护的珍稀濒危野生动植物和自然遗迹都在自然保护区内得到了保护[②]。

（二）"十二五"时期的自然保护区建设

"十二五"时期，全国已建立各类自然保护区 2740 个（国家级自然保护区 428 个），约占陆地国土面积的 14.8%，超过 90% 的陆地自然生态系统类型、89% 的国家重点保护野生动植物种类得到保护。规范和完善自然保护区晋升和调整的评审制度，印发了《关于进一步加强涉及自然保护区开发建设活动监督管理的通知》，完成 400 多处国家级自然保护区卫星遥感监测，查处一批涉及自然保护区的违法活动，推动中俄自然保护区的跨界合作[③]。

---

① 2005 中国环境状况公报 [EB/OL]．（2006-06-02）[2024-12-05]．https://www.mee.gov.cn/hjzl/sthjzk/zghjzkgb/201605/P020160526558688821300.pdf．

② 全国生态保护"十二五"规划 [EB/OL]．（2013-01-25）[2024-12-05]．https://www.gov.cn/gongbao/content/2013/content_2396624.htm．

③ 全国生态保护"十三五"规划纲要 [EB/OL]．（2016-11-02）[2024-12-05]．https://www.mee.gov.cn/gkml/hbb/bwj/201611/W020161102409694045765.pdf．

（三）"十三五"时期的自然保护地建设

"十三五"时期，全国已建立国家级自然保护区474处，总面积约98.34万平方千米。国家级风景名胜区244处，总面积约10.66万平方千米。国家地质公园281处，总面积约4.63万平方千米。国家海洋公园67处，总面积约0.737万平方千米。共有东北虎豹、祁连山、大熊猫、三江源、海南热带雨林、武夷山、神农架、普达措、钱江源和南山10个国家公园体制试点区，总面积超过22万平方千米，约占陆域国土面积的2.3%[①]。

（四）"十四五"以来的自然保护地建设

"十四五"以来，我国加快构建以国家公园为主体、自然保护区为基础、各类自然公园为补充的自然保护地体系。2021年，全国各级各类自然保护地总面积约占陆域国土面积的18%。正式设立三江源、大熊猫、东北虎豹、海南热带雨林和武夷山5个国家公园[②]。2022年，全国共遴选出49个国家公园候选区（含三江源、大熊猫、东北虎豹、海南热带雨林、武夷山第一批国家公园），总面积约110万平方千米[③]。2023年，首批国家公园总体规划正式发布，三江源、大熊猫、东北虎豹、海南热带雨林、武夷山5个国家公园规划总面积为23万多平方千米。24个省（区、市）的27个国家公园候选区积极开展创建工作。全国各级各类自然保护地总面积约占陆域国土面积的18%。拥有世界自然遗产14项、世界自然与文化双遗产4项，世界

[①] 2020中国生态环境状况公报[EB/OL].（2021-05-26）[2024-12-05]. https://www.mee.gov.cn/hjzl/sthjzk/zghjzkgb/202105/P020210526572756184785.pdf.

[②] 2021中国生态环境状况公报[EB/OL].（2022-05-27）[2024-12-05]. https://www.mee.gov.cn/hjzl/sthjzk/zghjzkgb/202205/P020220608338202870777.pdf.

[③] 2022中国生态环境状况公报[EB/OL].（2023-05-29）[2024-12-05]. https://www.mee.gov.cn/hjzl/sthjzk/zghjzkgb/202305/P020230529570623593284.pdf.

地质公园 41 处[①]。

二、武夷山国家公园建设

（一）自然保护地体系尚需完善

我国原有的自然保护地并未对管理目标、保护管理效能、保护政策等提出明确的要求，各类自然保护地没有统一、系统的设计，一直未能构建完善的自然保护地体系，在体系构建方面存在明显不足，不利于生态保护。

各类保护地存在交叉重叠现象 这一现象导致自然保护地破碎化严重，多重管理又造成了管理成本高、效率低的局面。由于我国自然资源分属不同部门管理，按照自然资源或生态系统设立的自然保护地也是各管一段，山上山下、岸上岸下的保护地管理机构也不同，加上行政区域分割，忽视了保护地生态系统的完整性，使条块割裂十分严重。同时，我国许多保护地实际上是同一区域被挂上了不同的牌子。如建立较早的自然保护区与森林公园、地质公园或者风景名胜区地域的重叠现象很严重，几种自然保护地在同一片区域，会出现管理目标无法兼顾、职责不明、管理政策混乱的情况，容易出现扯皮推诿等问题，行政管理能力和执行力也不高。

保护管理目标有同质化的情况 大量保护对象缺乏应有的保护。我国目前的自然保护地主要依据保护对象进行分类，虽然相关法规规章规定得比较明确，但在实际执行中，管理目标或保护管理效能方面的差异并不大，管理目标边界模糊，特别是各类公园的管理目标基本一样、定位模糊，难以进行针对性的管理，各地将风景名胜区、森林

---

① 2023中国生态环境状况公报[EB/OL].（2024-06-05）[2024-12-05]. https://www.mee.gov.cn/hjzl/sthjzk/zghjzkgb/202406/P020240604551536165161.pdf.

公园等当作旅游开发重点,即使需要严格保护的自然保护区也出现了旅游开发的趋势。同时,已有保护地空间范围不合理,造成仍有大量具有重要保护价值的自然生态系统没有纳入现行的保护地体系。《全国自然保护区基础调查与评价》结果显示,截至 2014 年年底,我国 3632 种脊椎动物中有 48% 受到较少保护或未受到保护,315 种国家重点保护野生植物中有 37% 处于受到较少保护状态。2014 年 1 月公布的第二次全国湿地资源调查结果显示,全国自然湿地总面积 4667.47 万公顷,与 10 年前第一次调查相比,减少 337.62 万公顷,全国受保护湿地面积为 2324.32 万公顷,仅占湿地总面积的 43.51%[①]。

保护地体系结构、空间布局有待改善 自然保护区面积占各类保护地面积的 80% 以上,形成以自然保护区为主体的保护地体系,其他类型和保护级别的保护地面积比例低。自然保护区实施最严格的保护,

---

① 黄宝荣,马永欢,黄凯,等. 推动以国家公园为主体的自然保护地体系改革的思考[J]. 中国科学院院刊,2018,33(12):10.

但一些保护区内及周边分布着众多人口，难以因地制宜地平衡保护和发展的关系，并带来后续一系列保护和发展的矛盾。我国所有自然保护地都是在地方自愿申报的基础上设立的，许多应该保护的地方还没有纳入保护体系，国家规划的重点生态功能区也只有27%左右纳入了各类自然保护地范围①。

法律体系尚需健全，立法定位需厘清　《环境保护法》中的"自然生态系统区域"和《野生动物保护法》中的"相关自然保护区域"等关键概念的法律内涵和边界不明确，导致针对不同自然保护地的立法定位不清，严重影响了法律体系效应和制度合力。现有法规的法律位阶不高，作为典型的自然保护地类型，自然保护区和风景名胜区目前主要通过两部行政法规及个别规章予以管理，难以从更高的法律位阶对保护地进行系统性保护。现实中，各类保护地违法违规采矿、无序开发水电等问题屡禁不止。此外，相关行政法规和规章中设立的森林公园、地质公园、湿地公园等也缺乏法律层面的明确授权。当前，我国立法供给不足。我国正在开展国家公园体制试点，但目前保障国家公园体制改革的法律基础明显不足，一些改革举措受到现有法律法规和行政授权的掣肘，难以有效推动②。

建立国家公园体制是建设生态文明制度的重要内容，是解决我国自然保护地发展过程中存在的重叠设置、多头管理、边界不清、权责不明、保护与发展矛盾突出等问题的重大举措。2013年11月，党的十八届三中全会首次提出"建立国家公园体制"，2015年启动试点工作，希望通过国家公园体制破解保护地长期面临的问题。2016年，我国首个国家公园——三江源国家公园在青海启动试点。2017年9月，

---

① 唐小平, 栾晓峰. 构建以国家公园为主体的自然保护地体系[J]. 林业资源管理, 2017（6）：8.

② 黄宝荣, 马永欢, 黄凯, 等. 推动以国家公园为主体的自然保护地体系改革的思考[J]. 中国科学院院刊, 2018, 33（12）：10.

中办、国办印发的《建立国家公园体制总体方案》指出,要构建以国家公园为代表的自然保护地体系。2021年9月,我国正式设立三江源、大熊猫、东北虎豹、海南热带雨林、武夷山为第一批国家公园,涉及10个省(区),保护面积超过23万平方千米,涵盖了我国陆域近30%的国家重点保护野生动植物种类。

(二)武夷山国家公园创新生态保护之路

1. 制度筑基:打造现代治理新范式

近年来,国家与地方通过多层次政策供给,为武夷山国家公园建设构建制度支撑体系。从中央层面《建立国家公园体制总体方案》的战略部署,到《武夷山国家公园总体规划(2023—2030年)》的专项规划编制,再到生态保护红线划定与自然资源产权制度改革的配套实施,政策框架持续完善。地方层面则通过《武夷山国家公园条例(试行)》的修订及财政支持政策的落实,明确生态保护、社区协调、科研支撑等实施细则,形成全链条保障机制。2024年5月,福建、江西两省通过协同立法模式颁布省级条例,开创了跨区域联合治理先例,通过立法协同破解资源管理、生态补偿等共性问题,推动"一山共治"实践深化。

在实施层面,两省构建跨部门协作网络,自然资源、生态环境等职能部门建立联席会商机制,开展执法巡查,整合生态修复、科研监测等职能模块;同步引入社会力量参与,形成"政府统筹—部门联动—公众协同"的三维治理架构。在管理体系方面,两省首创"管理局—管理站"垂直架构,配套网格化分区、林警联动、检察监督等创新机制,通过负面清单明确管控边界。在技术应用上,两省融合无人机巡航、卫星影像分析及生物监测网络,构建全天候立体化监测体系,实现98%区域动态覆盖,显著提升生态保护精准度。

2. 严守红线:筑牢生态安全屏障

"碧峰逶迤,清溪环抱",武夷山国家公园宛若天然水墨长卷,展现着天地共生的生态美学。监测数据显示，园区空气负氧离子浓度稳定维持"极清新"等级，全域水质连续5年达Ⅰ类标准，生物多样性指标屡创新高。

秉持生态优先理念，武夷山国家公园近年来系统推进生态修复工程，实施珍稀物种保育计划，建设森林防火智慧监测系统，构建林业有害生物三级防控体系。"三最"保护策略（最严标准、最强管控、最优修复）的实施，使武夷山国家公园的森林覆盖率提升至95.8%，森林蓄积量达967.65万立方米，生态系统原真性得到系统性强化。目前，园区已记录野生脊椎动物769种、高等植物3404种，九曲溪等核心水域常年保持纯净水体，空气质量稳居全国生态保护区前三位。严格的保育措施催生显著成效，欧亚水獭、中华穿山甲等旗舰物种重现山林，黑麂种群数量恢复至历史峰值。累计发现武夷林蛙、天穹甲蝇等83个新物种（含39个模式标本物种），生物基因库持续扩容。如今的武夷山，以苍翠为底色、清泉为脉络，在生态惠民理念指引下，持续探索"绿水青山"向"幸福靠山"的转化路径。

3. 发展惠民：释放绿色转型红利

武夷山国家公园通过生态产业化路径实现保护与发展协同共进。在茶产业升级方面，创新性地实施"茶—林"和"茶—草"等模式，由国家公园无偿提供楠木、红豆杉等珍稀树种苗木，引导茶农采用季节性绿肥套种（紫云英—大豆—油菜轮作）与生物防治技术，形成多层次生态屏障。至2023年末，全域建成13.26万亩绿色茶园，其中，年度新增示范基地1.56万亩，推动全产业链产值同比提升8%。

为破解生态保护与民生改善的二元困境，构建"生态保护补偿+社区发展"模式，通过生态管护岗位定向招聘、茶旅融合项目特许经营等举措，带动2000余户家庭参与国家公园建设，同步建立技能培训中心，累计培育茶园管理师、生态导赏员等新型职业工作人员1200多人，社区人均年收入增幅达15%。

依托国家公园品牌势能，武夷山市打造251千米生态画廊——1号风景道，串联丹霞地貌核心区与文化遗产节点，2023年吸引游客1550万人次，创造旅游收入216亿元，同比增长22%。风景道沿线村庄实现产业转型，如南源岭村发展精品民宿达180家，村民通过房屋租赁、餐饮服务等渠道年均增收8万多元，形成"生态资产—文化体验—经济收益"的价值转化闭环。

4. 理念革新：增强生态保护意识

作为世界双遗产地，武夷山国家公园凭借其独特的丹霞地貌、千年人文积淀和全球生物多样性保护示范价值，构建起立体化自然教育矩阵。自2023年联合国教科文组织首次在此举办"青少年进森林"国际研学项目以来，该园区已形成具有国际影响力的生态教育体系。在最新一期活动中，来自全国15个重点城市的45名青少年通过多维度科考实践，深入了解了武夷山的地质演化规律，并借助VR技术在宣教馆体验生态修复场景，形成具象化生态认知。

为深化公众生态认知和构建长效教育机制，园区通过建立科普展示馆、举办生态教育活动等活动，提升公众生态素养。第一，打造国家青少年自然教育绿色营地，包括数字化展示馆、生态文化节等特色平台；第二，构建"学校+基地"协同育人网络，开展生态科考行、校园科普周等品牌活动；第三，深化生态文化研究，出版生态文化书籍和刊物，形成从认知到实践的完整教育闭环。通过持续的教育创新，园区年接待研学团队规模增长了47%，公众生态保护认知度提升62%，成功构建起政府主导、社会参与、全民共建的生态保护共同体。这种将遗产保护与教育传播深度融合的实践，为全球国家公园建设提供了可复制的中国方案[①]。

---

① 倾力守护双世遗 人与青山两不负——武夷山国家公园的一山共治与和谐共生[N]. 中国绿色时报，2024-10-15.

三、武夷山国家公园建设评述

（一）武夷山国家公园是中国自然保护地体系建设的成功典范

武夷山国家公园，横跨闽赣两省，总面积1280平方千米，是我国唯一同时拥有"世界人与生物圈保护区"和"世界文化与自然双遗产"双重身份的国家公园。武夷山国家公园地处中亚热带，拥有世界同纬度地带最完整、最典型的中亚热带原生性森林生态系统，保存了210.7平方千米未受人为破坏的原生植被，垂直生态结构丰富，为野生动物栖息繁衍提供了理想场所，被中外生物学家誉为"蛇的王国""昆虫世界""鸟的天堂""世界生物模式标本的产地""研究亚洲两栖爬行动物的钥匙"。武夷山国家公园还兼具深厚的文化底蕴，是历史文化名山、三教名山，是世界红茶与乌龙茶的发祥地，形成了"自然与文化双遗产"的独特价值。

在"绿水青山就是金山银山"理念的指引下，武夷山国家公园以其自然景观与人文历史深度融合、极高的生物多样性、丹霞地貌与人文历史的共生，以及生态保护与传统文化传承的协同发展，在生态保

护、管理体系、科研监测、社区发展等多个领域取得了重要进展和阶段性成效，成为中国自然保护地体系建设的成功典范，有力地促进了人与自然和谐共生，构建生态保护新格局，推进美丽中国建设。

（二）推动了国家公园科学管理体系的创新与协同治理

武夷山国家公园作为跨福建、江西两省的世界文化与自然"双遗产"地，其管理体系的构建体现了"一山共治"的协同理念。通过《武夷山国家公园条例（试行）》等政策文件，闽赣两省首次实现省际协同立法，明确生态保护红线与资源管理权责，增强了自然生态系统管理的连通性、协调性、完整性，并依托网格化、"林长+警长"等机制强化精细化治理。在管理体系的构建中，科技手段的深度应用尤为突出，如"天空地"一体化监测网络实现了对生态系统的实时监控。多部门联合执法与社区共治模式破解了传统保护地"孤岛化"的难题，两省通过生态补偿协议与地役权改革，基本实现了集体土地的统一管理，兼顾了本地居民利益与生态保护目标。

（三）使生态与生物多样性保护行之有效

依托最严格的生态保护政策，武夷山国家公园成为中亚热带森林生态系统的保护典范。通过生物多样性保护项目、森林防灭火工程等措施，其生态系统质量显著提升，森林蓄积量达967.65万立方米，空气负氧离子浓度高达每立方厘米9873个。科研监测成果尤为亮眼，累计发现武夷林蛙、福建天麻等83个新物种（含试点期44个），旗舰物种如中华穿山甲、黑麂等重现山林，印证了生态修复的实效。值得一提的是，国家公园还通过"环带"建设划定了4252平方千米的缓冲区，防止核心区生态孤岛化，并通过自然保护地的地役权试点，将生态补偿与林农收益挂钩，实现"保护即发展"的良性循环。

（四）实现了生态惠民与社区可持续发展

武夷山国家公园探索了"绿水青山"向"金山银山"转化的多元路径。园区以茶产业作为核心抓手，通过"茶—林""茶—草"模式打造生态茶园，茶叶全产业链产值增长 8%，并借助绿色防控技术提升品质，打造"生态茶"品牌溢价。在旅游产业方面，"国家公园 1 号风景道"串联 251 千米景观带，使村民年均收入显著提高。生态补偿机制与公益岗位设置（如生态管护员、竹筏工）让居民从"被动保护"转向"主动参与"，形成了"生态保护—产业升级—民生改善"的闭环。

第三章

气候变化应对：减少温室气体排放二十载

气候治理关乎人类共同未来。20年来，在"两山"理念指引下，我国积极应对全球气候变化，构建绿色低碳循环经济体系，坚定不移推进碳达峰、碳中和进程，推动《巴黎协定》落实，以实际行动展现负责任大国担当，让发展方式更加绿色可持续，为全球减排行动贡献力量，引领全球共筑美好未来。

第一节
气候行动——积极参与应对全球气候变化

一、参与全球气候治理的成就

（一）"十一五"时期应对气候变化

"十一五"期间，我国努力减少温室气体排放，应对气候变化工作取得了显著成效。2010年，中国单位国内生产总值能耗比2005年累计下降19.1%，节能6.3亿吨标准煤，相当于少排放二氧化碳14.6亿吨以上。"十一五"期间，中国以能源消费年均增长6.6%支撑了国民经济年均11.2%的增速，能源消费弹性系数由"十五"时期的1.04下降到0.59。"十一五"累计淘汰落后炼铁产能1.22亿吨、炼钢产能6969万吨、水泥产能3.3亿吨，通过"上大压小"关停小火电机组7200万千瓦；服务业增加值比重提高2.5个百分点；清洁能源和新能源加快发展，2010年水电总装机规模由2005年的1.1亿千瓦增加到2亿千瓦，核电装机规模达到1082万千瓦，在建规模达到3097万千瓦，风电装机容量由130万千瓦增加到4000万千瓦，光伏发电装机规模由不到10万千瓦增加到60万千瓦；森林覆盖率由2005年的18.2%提高到2010年的20.36%；不断加强适应气候变化和防灾减灾工作，应对气候变化能力建设明显加强，管理体制和工作机制逐步建立[①]。

（二）"十二五"时期应对气候变化

"十二五"时期，我国推动应对气候变化的各项工作取得了重大进展。能源活动单位国内生产总值二氧化碳排放下降20%，超额完成下降17%的约束性目标。"十二五"期间，全国单位国内生产总值能耗累计下降18.4%；2015年，全国单位国内生产总值能耗同比下降5.6%。"十二五"期间，全国累计淘汰炼铁产能9089万吨、炼钢9486万吨、电解铝205万吨、水泥（熟料及粉磨能力）6.57亿吨、平板玻璃1.69亿重量箱；"十二五"期间，煤炭消费年均增速2.6%，较"十一五"期间年均增速低4.9个百分点。"十二五"期间，全国6000千瓦及以上火电机组每千瓦时平均供电标准煤耗累计下降18克，2015年天然气在能源消费总量中的比重接近6%。截至2015年年底，全国全口径发电装机容量15.25亿千瓦，其中，水电3.20亿千瓦、核电2717万千瓦、并网风电13075万千瓦、并网太阳能发电4218万千瓦，比2010年分别增长了0.5倍、1.5倍、3.4倍和164倍，带动非化石能源消费比重提高了2.6个百分点；2015年，水电、核电、风电、太阳能发电等非化石能源发电量占全国发电总量的27.0%。与2005年相比，2015年营运车辆和营运船舶单位运输周转量的二氧化碳排放分别下降15.9%和20%，民航运输吨公里油耗及二氧化碳排放均下降13.5%。"十二五"期间，全国共完成造林4.5亿亩、森林抚育6亿亩，分别比"十一五"增长18%、29%，森林覆盖率提高到21.66%，森

[①] "十一五"中国应对气候变化取得显著成效[EB/OL].（2011-10-12）[2024-12-20]. https://www.cma.gov.cn/2011xwzx/2011xqhbh/2011xdtxx/201111/t20111109_151385.html；积极应对气候变化　大力推进绿色低碳发展[EB/OL].（2011-10-31）[2024-12-20]. https://www.cma.gov.cn/2011xwzx/2011xqhbh/2011xdtxx/201111/t20111109_151422.html.

林蓄积量增加到151.37亿立方米，全国森林植被总碳储量由第七次全国森林资源清查（2004—2008年）的78.11亿吨增加到第八次清查的84.27亿吨[①]。"十二五"期间，碳强度实际累计下降20%。

（三）"十三五"时期应对气候变化

"十三五"时期，我国在应对气候变化领域取得积极进展。2020年，单位国内生产总值二氧化碳排放较2015年下降了18.8%，超额完成"十三五"规定的下降18%的约束性目标，较2005年下降48.4%，非化石能源占能源消费总量的比例为15.9%，森林蓄积量超过175亿立方米，超额完成了"十三五"规划目标的同时，也超额完成了2009年向国际社会宣布的"到2020年单位国内生产总值二氧化碳排放比2005年下降40%～45%，非化石能源占一次能源消费比重达到15%左右，森林蓄积量比2005年增加13亿立方米"等目标，累计少排放二氧化碳约58亿吨，为实现国家自主贡献目标奠定了坚实基础[②]。

2020年，我国非化石能源占能源消费总量的比重提高到15.9%，比2005年大幅提升了8.5个百分点；非化石能源发电装机总规模达到9.8亿千瓦，占总装机规模的44.7%，其中，风电、光伏发电、水电、生物质发电、核电装机容量分别达到2.8亿千瓦、2.5亿千瓦、3.7亿千瓦、2952万千瓦、4989万千瓦，光伏发电和风电装机容量较2005年分别增加了3000多倍和200多倍；非化石能源发电量达到2.6万亿千瓦时，占全社会用电量的比重达到1/3以上。2011—2020年，能耗强度累计下降28.7%。"十三五"期间，我国以年均2.8%的能源消费

[①] 解振华：2015年全国单位国内生产总值能耗同比下降5.6% [EB/OL]. (2016-11-01) [2024-12-20]. https://www.yicai.com/news/5147531.html.

[②] 中方提交《中华人民共和国气候变化第四次国家信息通报》《中华人民共和国气候变化第三次两年更新报告》[EB/OL]. (2023-12-30) [2024-12-05]. http://big5.www.gov.cn/gate/big5/www.gov.cn/lianbo/bumen/202312/P020231230296808058475.pdf.

量增长支撑了年均 5.7% 的经济增长，节约能源量占同时期全球节能量的一半左右；2020 年，火电行业比 2010 年减少二氧化碳排放 3.7 亿吨；2016—2020 年，实现年节能量 7700 万吨标准煤，相当于减排二氧化碳 1.48 亿吨。截至 2020 年年底，中国北方地区冬季清洁取暖率已提升到 60% 以上，京津冀及周边地区、汾渭平原累计削减散煤约 5000 万吨，相当于少排放二氧化碳约 9200 万吨[①]。

（四）"十四五"以来应对气候变化

"十四五"以来，我国采取了一系列行动，积极应对气候变化。能源绿色低碳发展迈上新台阶，"三新"经济迸发潜能展现新活力，制造业绿色低碳转型成效显著，交通领域绿色低碳水平持续提升，城乡建设领域节能降碳成效显著，非二氧化碳温室气体排放控制取得重要进展，生态系统碳汇能力巩固提升，减污降碳协同推进格局初步形成，积极减缓气候变化取得巨大成效。《国家适应气候变化战略 2035》顺利实施，气候变化监测预警和风险管理水平持续提升，自然生态系统适应气候变化能力不断提升，经济社会系统适应气候变化能力不断强化，适应气候变化区域格局初步形成，已能主动适应气候变化。

2023 年，中国非化石能源占能源消费总量的比重增长至 17.9%，煤炭消费占比从 2013 年的 67.4% 降至 55.3%；新能源装机规模连续多年稳居世界第一，约占全球的 40%；2020 年以来，中国风电光伏发电连续 3 年新增装机超过 1 亿千瓦，其中，2023 年新增装机 2.9 亿千瓦，约占全球风电光伏新增装机的 63%；2023 年，可再生能源发电总装机达到 15.16 亿千瓦，占全国发电总装机的 51.9%，煤电装机占比首次降至 40% 以下，风电、光伏发电平均利用率分别为 97.3%、98%，可再生能源年发电量约占全社会用电量的 1/3；截至

---

① 中国应对气候变化的政策与行动 [EB/OL]．(2021-10-27) [2024-12-05]. http://politics.people.com.cn/n1/2021/1027/c1001-32266431.html.

2023年年底，全国已建成投运新型储能项目累计装机规模达3139万千瓦/6687万千瓦时，2023年新增装机规模约2260万千瓦/4870万千瓦时，较2022年底增长超过260%，相当于"十三五"末装机规模的近10倍；过去10年间，在可再生能源领域取得的巨大技术进步和大规模应用，有力地推动了全球风电和光伏发电成本分别下降超过60%和80%；2021—2023年，扣除原料用能和非化石能源消费量后，能耗强度累计降低约7.3%，火电平均供电煤耗累计降低3.5克标准煤/千瓦时[1]。

2023年，森林蓄积量达到194.93亿立方米，比2005年增加了65亿立方米，已经实现2030年的目标。截至2024年9月底，中国风电、太阳能发电装机合计达到12.5亿千瓦，提前6年多完成在气候雄心峰会上承诺的到2030年中国风电、太阳能发电总装机容量达到12亿千瓦以上的目标。

二、中国碳排放权交易市场建设

（一）中国碳排放权交易市场的产生和发展

自20世纪70年代排污权交易市场作为碳市场的雏形出现至今，全球碳市场共经历了4个阶段的发展历程：针对污染问题的排放权交易实践（1970—1990年）、全球碳减排目标与共识的形成（1979—1997年）、区域与全球碳市场的协同发展（1997—2012年）、跨区域市场矛盾逐渐凸显（2012年以后）。

中国碳排放权交易市场建设也制订了一个从起步到试点并逐步完善的分阶段工作计划。中国的碳市场历经政策准备、地方试点及

---

[1] 生态环境部发布《中国应对气候变化的政策与行动2024年度报告》[EB/OL]. (2024-11-12) [2024-12-06]. https://www.gov.cn/lianbo/bumen/202411/content_6986237.htm.

全国碳市场建设三大阶段。2008年国内碳交易市场开始组建，8月、9月北京环境交易所、上海环境能源交易所、天津排放权交易所先后成立。我国"十二五"规划提出要逐步建立碳排放交易市场，推进碳排放交易示范试点。2011年起我国开展了"五省二市"的碳市场试点建设工作，碳市场初步形成；2017年启动全国碳市场建设，2018—2020年全面实施碳排放权交易体系，逐步完善市场交易体系，实现碳市场稳定运行。2021年7月，全国碳市场以发电行业为突破口，开始正式交易运行，进入履约周期，成为全球覆盖温室气体排放量最大的碳市场，碳市场纳入的行业和范围逐步扩大，并探索与国际市场接轨，是我国应对气候变化进程中的重要里程碑之一，中国碳市场建设进入稳定深化阶段。

全国碳排放权交易市场，是利用市场机制控制和减少温室气体排放，推动经济发展方式绿色低碳转型的一项重要制度创新。2020年9月，中国首次提出了二氧化碳排放力争在"2030年前达到峰值、2060年前实现碳中和"的目标。党的二十大报告指出，要积极稳妥推进碳达峰碳中和，健全碳排放权市场交易制度。党的二十届三中全会审议通过《中共中央关于进一步全面深化改革、推进中国式现代化的决定》，针对碳减排目标进一步深化政策施政重心，要求"协同推进降碳、减污、扩绿、增长，积极应对气候变化"，同时也需要兼顾"构建碳排放统计核算体系、产品碳标识认证制度、产品碳足迹管理体系，健全碳市场交易制度、温室气体自愿减排交易制度，积极稳妥推进碳达峰碳中和"。纳入全国碳市场 2023 年度配额管理的发电行业重点排放单位 2096 家，年覆盖二氧化碳排放量约 52 亿吨。截至 2024 年底，全国碳排放权交易市场配额累计成交量 6.3 亿吨，累计成交额 430.33 亿元，碳价从启动初期的 48 元/吨逐步上涨至 97.49 元/吨，较 2023 年底上涨 22.75%。

（二）中国碳排放权交易市场的主要做法

1. 立法护航——解决碳市场制度保障难题

碳排放权交易市场是一个由政府政策主导构建的市场，其稳定运行和长远发展离不开完善的法律法规体系。我国的碳市场法律框架包括战略层设计、制度建设以及配套细则三大部分。战略层面明确了基本的法律关系及处罚规定；制度层面则涵盖核查监测、重点企业管理、配额核算与分配、抵消机制等关键内容；配套规则细化了相关交易参与方的行为标准和操作规程。

自 2011 年 10 月《开展碳排放权交易试点工作的通知》出台，北京、天津、上海、重庆、湖北、广东、深圳七地先后启动碳交易试点。2012 年 10 月，《深圳经济特区碳排放管理若干规定》作为首部地方性碳管理法规发布；2014 年出台《碳排放权交易管理暂行办法》；2017 年国家层面发布《全国碳排放权交易市场建设方案（发电行业）》；2020 年出台《碳排放权交易管理办法（试行）》等征求意见稿；2020 年 12 月最终版《碳排放权交易管理办法（试行）》为全国统一市场运行奠定法理依据。2024 年 2 月，国务院正式颁布《碳排放权交易管理暂行条例》，这是全国性行政法规首次对碳市场体系进行规范。至此，我国已构建起涵盖法规、标准、规则与运营体系于一体的碳排放权交易法治架构。

2. 分配并举——化解碳配额配置矛盾

在碳市场运作中，碳配额的分配机制直接关系到企业参与的成本和减排效果。我国现行机制采取"有偿+无偿"的混合分配策略，初期以无偿配额为主，结合基准法与历史排放法进行配置，鼓励减排先进。

无偿分配多依据"祖父法"即历史排放，或"基准法"即基于单位产出排放强度设定。前者便于实施，但激励不足；后者虽更能体现公平与效率，但需精确的行业数据支撑。有偿配额通常通过拍卖或定价出售，赋予市场调节能力。我国目前主要以免费分配为主，辅以有偿交易试点，政府先设定碳排放总量上限，然后将部分配额分派至高排放企业。若企业碳排超标，需购买额外额度；若低于上限，则可将富余额度转售，实现碳资产增值与市场自我调节。

3. 系统赋能——完善交易运行基础架构

我国打造了以"全国信息平台+两大运营机构+三大系统平台"为支撑的基础设施体系。至2024年，全国碳市场信息网全面上线，权威发布政策、交易数据和市场动态。注册登记机构与交易运营机构分别负责配额发放、交易清算和履约管理；登记系统、交易系统和管理系统三大平台协同运行，实现碳资产登记、交易履约、监管监测的全流程闭环管理。

据统计，截至2023年年底，全国碳市场成交量同比提升19%，成交额增长89%，企业履约率接近满分；参与企业数量较首个履约周期增长近一半。2024年全年成交配额总量达1.89亿吨，总交易额181.14亿元，年末收盘价97.49元/吨，较上年上涨22.75%。这一系统性支撑推动了市场活跃度及履约成效的持续提升。

4. 监管常态化——提升核查能力与管理水平

我国不断强化碳排放数据核算与监管能力，建立"国家—省—市"三级联合审查制度，借助大数据、区块链等技术提升核查精准度，实现碳数据智能预警。通过设立履约风险动态监管机制，督促企业及时清缴配额，防控履约风险。目前全国碳市场以履约强制型监管为主，尚未进入完全自愿交易阶段。

控排企业将碳管理纳入日常经营决策，将碳资产成本纳入预算体系，普遍设立碳排控制机制，实现节能减排目标与企业发展相融合。我国已初步建立起覆盖重点行业的碳统计与核算标准，推动企业碳管理能力提升，并形成一支涵盖核查、履约、监测等环节的碳专业人才队伍，为实现"双碳"目标提供人才与管理保障。

三、中国碳排放权交易市场建设评述

（一）压实企业减碳主体责任

通过配额的定量分解，我国碳市场将碳减排义务直接落实到企业，明确其低碳转型责任。电力行业率先纳入碳交易体系后，有效引导了企业减排行动。"排碳要付费、节碳有回报"的导向在企业中逐步建立，为未来更多行业纳入提供了经验。碳市场不断扩容，有助于激发企业与社会公众共同参与气候行动的热情，助力经济绿色转型。

（二）减轻减碳经济成本压力

通过市场机制灵活配置资源，企业可通过碳交易寻找最优履约路径，有效降低减排支出。据测算，全国电力行业在两个履约期内减排成本合计降低约350亿元。随着更多行业被纳入，碳市场将在更广范围内实现跨区域、跨行业的碳成本最小化配置，提升全国整体减排效率。

（三）加快产业结构升级与技术革新

碳交易市场所产生的价格信号，已成为引导绿色投资、推进气候融资的重要锚点。为应对碳成本，钢铁、水泥等高能耗行业加快碳捕集与清洁能源替代，部分可再生能源企业通过碳收益反哺研发。碳市场激发了绿色金融、绿色科技等新兴产业的发展动力。2025年，生态环境部发布了《钢铁行业碳核算指南》，碳市场范围拓展至发电、钢铁、化工、航空等八大行业，涵盖全国75%的温室气体排放源，提升了产业绿色协同发展水平。

（四）实现生态价值共享与区域共富

我国碳市场制度设计在推动环境治理市场化的同时，也兼顾了生态价值变现与区域均衡发展。森林、湿地等碳汇项目纳入市场后，生态资源转化为交易资产，为边远地区创造了可持续收入。例如，贵州、云南等地的林业碳汇为当地村民带来新增经济来源。碳市场推动的"生态补偿"机制促进了"绿水青山"与"金山银山"的双向转化。区域合作如新安江生态补偿、三明"林票交易"等案例展现了碳市场助力区域共建共享的潜能。碳交易正逐步从单一环境工具转变为绿色共富的制度创新平台。

第二节
全面转型——健全绿色低碳循环发展经济体系

一、绿色低碳循环发展的成就

（一）"十一五"时期的绿色低碳循环发展

"十一五"期间，我国以能源消费年均6.6%的增速支撑了国民经济年均11.2%的增长，能源消费弹性系数由"十五"时期的1.04下降到0.59，节约能源6.3亿吨标准煤；单位国内生产总值能耗由"十五"的后三年上升9.8%转为下降19.1%，二氧化硫和化学需氧量排放总量分别由"十五"的后三年上升32.3%、3.5%，转为下降14.29%、12.45%；与2005年相比，2010年电力行业300兆瓦以上火电机组占火电装机容量的比重由50%上升到73%，钢铁行业1000立方米以上大型高炉产能的比重由48%上升到61%，建材行业新型干法水泥熟料产量的比重由39%上升到81%；与2005年相比，2010年钢铁行业干熄焦技术普及率由不足30%提高到80%以上，水泥行业低温余热回收发电技术普及率由开始起步提高到55%，烧碱行业中离子膜法技术普及率由29%提高到84%。"十一五"时期，通过实施节能减排重点工程，节能能力达3.4亿吨标准煤，新增城镇污水日处理能力6500万吨，城市污水处理率达到77%，燃煤电厂投产运行脱硫机组容量达5.78亿千瓦，占全部火电机组容量的82.6%；与2005年相比，2010年火电供电煤耗由370克标准煤/千瓦时降到333克标准煤/千瓦时，下降了10.0%，吨钢综合能耗由688千克标准煤降到605千克标准煤，下降了12.1%，水泥综合能耗下降28.6%，乙烯综合能耗下降11.3%，合成氨综合能耗下降14.3%[1]。

（二）"十二五"时期的绿色低碳循环发展

"十二五"时期，我国积极推动经济发展方式从规模速度型粗放增长转向质量效率型集约增长，以创新驱动提高劳动生产率和资源利用率，努力建设资源节约型、环境友好型社会，可持续发展能力不断增强。加强工业、交通、建筑等重点领域节能，积极发展绿色低碳产业，能源消费结构发生深刻变化，单位产出能耗水平大幅下降。2014年，

---

[1] 国务院关于印发节能减排"十二五"规划的通知[EB/OL].（2012-08-22）[2024-12-15].https://www.gov.cn/gongbao/content/2012/content_2217291.htm.

水电、风电、核电、天然气等清洁能源消费量占能源消费总量的比重为 16.9%，比 2010 年提高 3.5 个百分点。2011—2014 年，单位国内生产总值能耗累计下降 13.4%，2015 年上半年同比下降 5.9%[①]。到 2015 年，全国脱硫、脱硝机组容量占煤电总装机容量的比例分别提高到 99%、92%，完成煤电机组超低排放改造 1.6 亿千瓦。全国城市污水处理率提高到 92%，城市建成区生活垃圾无害化处理率达到 94.1%。6.1 万家规模化养殖场（小区）建成废弃物处理和资源化利用设施[②]。

（三）"十三五"时期的绿色低碳循环发展

"十三五"时期，能源生产消费革命取得突破性进展，能源消费总量控制在 50 亿吨标准煤以内，单位国内生产总值能源消耗累计下降 13.2%，非化石能源占一次能源消费比重提高到 15.9%，消费增量 60% 以上由清洁能源供应。最严格水资源管理制度和节水型社会建设全面推进，万元国内生产总值用水量累计下降 25%，农田灌溉水有效利用系数达到 0.56。环境基础设施不断完善，城市污水处理率达 96.8%，生活垃圾无害化处理率达 99.2%，农村卫生厕所普及率超过 68%，46 个重点城市已基本建成生活垃圾分类处理系统。长江经济带发展坚持共抓大保护、不搞大开发和生态优先、绿色发展，生态环境突出问题整改成效显著，2020 年长江十年禁渔政策全面实施。黄河流域生态保护和高质量发展开局起步，一批流域治理和生态环境保护修复重大工程谋划实施。农业农村绿色发展扎实推进，化肥、农药使用量实现负增长[③]。

---

① 国家统计局刊文回顾"十二五"经济社会发展成就[EB/OL]. (2015-11-22) [2024-12-15]. https://www.scdjw.com.cn/article/35291.
② "十三五"生态环境保护规划[EB/OL]. (2016-12-05) [2024-12-15]. https://www.gov.cn/gongbao/content/2016/content_5148753.htm.
③ "十三五"时期经济社会发展的主要成就[EB/OL]. (2021-12-25) [2024-12-15]. https://www.ndrc.gov.cn/fggz/fzzlgh/gjfzgh/202112/t20211225_1309689.html.

"十三五"时期，促进工业低碳转型全面开展，规模以上工业单位增加值能耗下降16%；建筑领域低碳发展水平得到明显提升，截至2020年年底，节能建筑占城镇民用建筑面积的比例超过63%；"十三五"时期，实施25个山水林田湖草生态保护修复工程试点；1991—2020年，累计淘汰全氯氟烃、哈龙、四氯化碳、甲基氯仿、甲基溴、含氢氯氟烃6类消耗臭氧层物质生产量和消费量合计约50.4万吨；截至2017年，全国共计开展了87个低碳省市试点，以及51个低碳工业园区试点、400余个低碳社区试点和8个低碳城（镇）试点[①]。

（四）"十四五"以来的绿色低碳循环发展

"十四五"以来，我国能源结构持续调整，煤炭消费量占能源消费总量的比重从1980年的72.2%下降至2023年的55.3%，水电、风电、核电、天然气等清洁能源消费量占能源消费总量的比重从1980年的7.1%上升至2023年的26.4%。2023年，全国水电、风电和太阳能发电等可再生能源发电装机规模再创新高，达15.2亿千瓦，占全国发电总装机规模的比重达到52%。绿色交通运输快速发展，新能源汽车保有量增长迅猛，2023年新能源汽车保有量达2041万辆，比"十三五"期末增长3.1倍，占汽车总量的6.1%，比"十三五"期末提高4.3个百分点[②]。

（五）加快构建绿色低碳循环发展的经济体系

党的十八大以来，我国坚定不移走生态优先、绿色发展之路，促

---

① 中方提交《中华人民共和国气候变化第四次国家信息通报》《中华人民共和国气候变化第三次两年更新报告》[EB/OL].（2023-12-30）[2024-12-05]. http://big5.www.gov.cn/gate/big5/www.gov.cn/lianbo/bumen/202312/P020231230296808058475.pdf.

② 生态环境质量持续改善　美丽中国建设全面推进——新中国75年经济社会发展成就系列报告之十四[EB/OL].（2024-09-19）[2024-12-05]. https://www.gov.cn/lianbo/bumen/202409/content_6975529.htm.

进经济社会发展全面绿色转型，加快构建绿色低碳循环发展的经济体系。

绿色低碳循环生产体系建立健全。截至 2023 年底，我国已累计培育近 5100 家绿色工厂、370 多家绿色工业园区和 600 多家绿色供应链管理企业，累计建设 300 个国家现代农业产业园、180 个优势特色产业集群和 1509 个农业产业强镇，全国绿色食品、有机农产品数量达 6 万多个，服务业绿色化水平不断提升。

建立健全绿色低碳循环流通体系。2023 年，铁路、水路货运量合计占比达 26.3%，比 2012 年提高 5.3 个百分点。建立健全绿色低碳循环消费体系，新能源汽车年销量从 2012 年的 1.3 万辆快速提升到 2023 年的 949.5 万辆，节能环保产品占政府采购同类产品规模的比例达 85% 以上，全国 89% 的县级及以上党政机关建成节约型机关，近百所高校实现了水电能耗智能监管，超过 100 个城市开展了绿色出行创建行动。建立健全绿色低碳循环基础设施体系，可再生能源新增装机规模占全球可再生能源新增装机规模的 50% 以上，实施煤电机组"三改联动"超过 7.4 亿千瓦，全国城市污水处理率超过 98%，城市生活垃圾无害化处理率达 99.9%，农村生活垃圾收运处理行政村比例超过 90%。建立健全市场导向的绿色技术创新体系，国家绿色技术交易中心累计成交绿色技术 1500 余项，成交金额超过 36 亿元[①]。

二、浙江"蓝色循环"海洋塑料污染治理模式

（一）海洋塑料污染成为世界级的治理难题

10 多年来，海洋塑料污染问题不断加重。人类每年生产约 4.3 亿

---

① 金轩. 加快构建绿色低碳循环发展经济体系 促进经济社会发展全面绿色转型[N]. 人民日报，2024-11-07（6）.

吨塑料，这些塑料的 2/3 很快就变成了垃圾，大量塑料垃圾污染湖泊、河流和海洋。经济合作与发展组织的《全球塑料展望》报告显示，2019 年全球塑料年产量达 4.6 亿吨，塑料垃圾高达 3.53 亿吨，2019 年塑料产生了 18 亿吨的温室气体排放，流入河流、湖泊、海洋的塑料垃圾达 610 万吨。联合国环境规划署的数据显示，塑料在海洋垃圾中占比在 85% 以上，目前，预计海洋中的塑料垃圾达 0.75 亿～1.99 亿吨。到 2040 年，预计每年将有 2300 万～3700 万吨塑料垃圾进入水生生态系统，相当于全球每米海岸线有 50 千克的塑料垃圾。

联合国环境规划署发布的《从污染到解决方案：全球海洋垃圾和塑料污染评估》报告显示，海洋塑料污染每年至少减少了价值 5000 亿～2.5 万亿美元的宝贵海洋生态系统服务，还不包括其他社会和经济损失，从源头到海洋的所有生态系统都面临日益严重的威胁。在地中海地区，这些损失估计每年接近 1.38 亿美元。在亚太经济合作区域，损失总额预计达 108 亿美元。

当前，在全球应对气候变化的背景下，与塑料相关的温室气体排放对人类走向碳中和的社会有重要影响。塑料的生产、回收和焚烧所产生的温室气体排放，可能占到《巴黎协定》允许的 2040 年总排放量

的19%。2024年世界地球日的主题为"全球战塑"，号召公众、企业、政府和非政府组织团结起来，呼吁终结塑料危害，以确保人类和地球健康。

海洋塑料污染已经构成对生态环境和人类健康的严峻挑战，是当前全球环境治理的一大难点，急需全球共同行动。针对"收集、回收海洋垃圾"这个全世界的治理难题，浙江蓝景科技有限公司首创"蓝色循环"海洋塑料垃圾治理模式。该模式以政府引领、企业主导、产业协同、公众联动为核心，构建"收集、处理、追溯、认证、共富"于一体的治污体系，实现了陆海统筹的创新。"蓝色循环"项目利用"蓝色云仓"减容减量优化工作效率，使收集人员增加30%的收入。项目以政府采购第三方服务的方式，探索推广"物联网＋区块链"渔港污染物一站式解决方案。在重点渔港铺设"海洋云仓"，收集超过1.32万吨海洋废弃物，成为中国最大的海洋塑料废弃物处理项目。

"蓝色循环"项目为解决海洋污染治理难题提供了中国方案，"蓝色循环"海洋污染物数字化治理模式获得了政府主管部门和全社会的高度肯定，并获2023年度联合国最高环保荣誉"地球卫士奖"，2024年第六届联合国环境大会向全球推荐，并入选2024年生态环境部"美丽中国，我是行动者"十佳公众参与先进典型案例。2024年12月，世界银行集团赞赏"让大自然恢复到她原来的样子"的蓝景科技愿景，肯定了蓝景科技在海洋生态保护领域的创新，看好其在全球海洋保护和促进沿海居民就业方面的潜力，期望其在推动创新、包容和绿色增长方面取得进展。

（二）"蓝色循环"治理模式

1. 多维布控——克服海洋塑料分散收集难

开展海洋废弃物监测，强化源头治理 "蓝色循环"项目运用卫星遥感、无人机航测、人工现场监测等手段，基本摸清了海岸带、重点湾区岸滩、海漂垃圾的区域分布、种类特征、污染来源等情况，制订问题预警清单、清理实施计划等。我国以重点海域综合治理攻坚和美丽海湾建设为抓手，以陆上管控为重点，在海河口拦截、岸滩海湾保洁、船舶垃圾三大回收体系下，清理入河（闸）垃圾，严防陆上垃圾入河入海。

凝聚多元主体，建强收集队伍 "蓝色循环"项目打破环境污染防治一贯由政府出资主导治理的模式，重塑海洋塑料废弃物治理各参与方的角色，向多元主体参与、市场化方式治理转变。通过市场化运营，使渔民从污染者变为生态保护者、从弱势收集者变为产业受益者，使社会公众从消费者变为环保参与者。打造了一支凝聚边滩环卫、村镇居民、船东渔民等群众力量的收集队伍，对闸口、边滩、海底、船舶、海漂垃圾进行全方位收集，形成可持续的多元共治体系。1360多名沿海地区居民、4000多名渔民、约1万艘渔船和商船纷纷加入这场拯救海洋的行动中。截至目前，各类群体参与治理超过6.36万人次，共收集海洋废弃物约1.5万吨，其中，塑料废弃物3000多吨，形成了较为完善的海洋塑料废弃物立体收集网络。

2. 多策共施——解决海洋塑料高值利用难

聚焦闭环治理机制建设，提升原料利用价值 对"海洋云仓"收集的海洋废弃物，30%不可回收部分进入市政体系进行无害化处理，余下70%经深加工后循环利用，以此构建海洋塑料废弃物"收集—运输—处置—再生"全流程闭环治理体系，统筹计算全流程碳减排量，实现减污降碳。作为省级试点，椒江区收集的海洋塑料废弃物被制作成2万个可溯源的环保手机壳，原料利用价值升值46倍，一线收集人员增收30%，渔民通过打捞海洋废弃物免费置换15.3万瓶矿泉水。

聚焦再分配体系建设，提高产业整体收益 采用"物联网＋大数据"技术重塑业务流程，把回收的海洋塑料废弃物再加工为塑料高值原料，让一线收集人员在降本增效的基础上直接获利，通过在收集、再加工、重新制作等环节安装摄像头，对终端产品进行赋码，实现回收利用塑料产品全流程技术追溯，精确到产业链每个环节的参与者，提高产业整体收益，实现市场化治理海洋塑料污染。通过国际认证的海洋废弃物再生塑料一般增值130%以上，实现了高值利用。

聚焦激励考核制度建设，放大治理附加效益 以海洋塑料碳交易规则、海洋塑料量化激励考核机制建设为抓手，为海洋塑料长效防治提供了特色方案，制定了全国首个《渔业信用评级实施细则（试行）》。根据渔民主动合规纳污等情况，综合测算船东船长个人信用分，为高信用渔民、渔企在贷款、培训、审批、船检等方面提供更便捷优惠的服务，以此倒逼渔民主动合规纳污。如在贷款方面推出了金融助渔贷款产品"渔富贷"，目前共发放授信贷款214笔，贷款总金额13089万元。

3. 多措并举——破除海洋塑料国际交易难

打破认证绿色壁垒，增强出口企业竞争力 联合国际环保组织、涉海科研院校、塑料头部企业通过区块链追溯技术对海洋塑料全生命周期进行碳标签、碳足迹标定，同步填补国际海洋塑料回收的碳认证、碳减排、碳足迹认证规则的空白，以标准的治理体系和产业链升值体系打破国际高端市场海洋塑料认证的绿色壁垒，获得国际权威认证，增强塑料出口企业的环保竞争力，构建可信的有经济内驱力的可持续治理模式，整体提高30%的产业价值，填补我国海洋塑料供应的空白，实现高附加值利用。

打造全新浙江标杆，对接国际交易市场 将国际头部企业对海洋塑料的需求与我国海洋生态环境治理有效融合，建立"海洋塑料国际交易中心"，把牢"蓝色循环"制度建设，通过制定法律法规，设计政策框架、海洋塑料污染治理管理制度、海洋塑料碳交易规则，推动制定海洋塑料废弃物碳减排、碳中和、碳交易的"浙江标准"。同时，市场化运作又能让越来越多的公众、企业、政府、环保组织加入蓝色循环项目，打造海洋塑料治理赋能民众和产业链共同富裕的"浙江标准"，推动回收利用塑料产品以高价打开国际交易市场，向全国复制输出这一制度，并向全球推广。蓝景科技目前已与德国、法国、挪威、日本、韩国、柬埔寨等国家就海洋塑料污染治理开展合作，并与相关跨国企业签订了长期购销合同。

4. 深度融合——绿色金融和低碳行动推动可持续发展

绿色金融对于引导资金流向节约资源、技术开发和生态环境保护产业，引导企业生产注重绿色环保和消费者形成绿色消费理念有重要作用。

中国农业银行浙江省分行推出了《海洋ESG行动方案》，围绕"改善海洋生态环境质量"总体目标，创新提出"一片海、一条链、一张卡、一台机、一条路、一个家"的"六个一"方案，支持浙江全域美丽海湾建设，引领产业链上下游共建绿色供应链，打造全国首张海洋回收塑料银行卡，搭建促进废旧物资循环利用的手机银行场景，通过金融和产业的深度融合，广泛动员企业和民众参与海洋环境保护，推动实现可持续发展目标。

"蓝色循环"海洋生态环境治理行动方案涵盖了信贷投放、产业链节能降碳、供应链环保合作等多个方面。农业银行宣布通过优惠利率、

专项规模和绿色通道等措施，支持海洋生态保护和资源回收利用项目，每年新增支持"美丽浙江建设"贷款不少于2000亿元，其中，海洋生态环境治理类贷款投放不少于200亿元，重点支持蓝景科技等"海洋治理领域先锋企业"。

三、浙江"蓝色循环"海洋塑料污染治理模式评述

（一）保护海洋资源和培育海洋新质生产力

"蓝色循环"海洋塑料垃圾治理模式，在当前的科技发展背景下破解了海洋塑料污染困扰全球的大难题，对保护和改善海洋环境、维护生态平衡、合理开发海洋资源有重要作用，为解决全球的海洋塑料污染树立了一个榜样。在当前培育和发展新质生产力促进经济增长的转型时刻，通过"蓝色循环"模式，走依海富国、以海强国、人海和谐、合作共赢的发展道路，深度开发海洋，闯出了一条新路。

（二）开启政企合作新模式

"蓝色循环"项目开创了生态环境治理领域的政企合作新模式，充分发挥政府导向职能，为企业和公众提供动力激励和互动平台，激发企业作为重要环境治理主体的责任和能力，调动公众参与海洋废弃物治理意识，形成持续性规模化效应，从传统的政府出资治理为主，向以政府引领、企业主导、产业联动、公众参与的多元共治可持续治理模式转变。

（三）实现生态共富

"蓝色循环"行动不仅能够有效改善海洋环境，还能为低收入群体提供稳定的收入来源。经国际认证的海洋塑料粒子，平均售价可达原生塑料价格的1.3倍，而以海洋塑料垃圾为原材料生产的产品，则有更

高的附加值。以海洋塑料高值利用溢价、碳交易红利为驱动力，吸收海洋塑料的收集、再生企业及品牌商、认证机构等产业链资源以及国际环保基金，组建"蓝色联盟"公益组织，通过产业价值再分配，实现生态共富。

（四）发展低碳产业

打通塑料回收循环利用全产业链，回收的可再生资源将转化为投资企业的办公用品或生产原料，实现海洋塑料变废为宝、循环利用。依托"物联网+区块链+大数据"联管平台，在收集、再加工、重新制作等环节安装摄像头，对终端产品进行赋码——每个用"蓝色循环"项目回收的海洋塑料制成的产品都有专属二维码，使用者能看到它从海洋垃圾到商品的全生命周期，实现海洋塑料产品全流程技术追溯。联合国际环保组织、科研院校、塑料头部企业共同对加工后的绿色产品进行碳足迹、碳指标认证，推动海洋塑料产品以高价打开国际交易市场。

（五）履行企业的社会责任

蓝景科技的"蓝色循环"治理实践和《海洋 ESG 行动方案》，展示了在建设美丽中国进程中企业的社会责任与环境保护相结合的新模式，为其他企业提供了可借鉴的经验。"蓝色循环"治理模式记录了从海洋废弃物收集到再生的全生命周期过程，相关的大数据可提供给投资企业，作为企业 ESG 评级的重要依据，帮助企业提升市场估值和品牌影响力。随着更多企业和民众的参与，"蓝色循环"行动正在全国推广。相信随着污染治理新模式的不断创新，全社会一定能共同应对气候变化、生物多样性保护、低碳转型、碳边境税及塑料税等挑战，推动经济社会全面绿色转型和高质量发展，为建设美丽中国贡献力量。

第三节
"双碳"目标——推进碳达峰碳中和进程

一、碳达峰碳中和的成就

2020年9月,中国向世界作出庄严承诺:"二氧化碳排放力争于2030年前达到峰值,努力争取2060年前实现碳中和。"中国的碳达峰碳中和,将为中国经济社会发展全面绿色转型和全球气候行动注入强劲动力。

2021年9月,中共中央、国务院印发了《关于完整准确全面贯彻新发展理念做好碳达峰碳中和工作的意见》;2021年10月,国务院印发了《2030年前碳达峰行动方案》,这是中国实现碳达峰、碳中和目标的顶层设计,指明了中国实现"3060"前"双碳"目标的方向和路径。当前,中国已经形成了较为系统完整的碳达峰碳中和"1+N"政策体系。截至2024年11月,中国已与42个发展中国家签署53份气候变化南南合作谅解备忘录,开展了近百个减缓和适应气候变化项目。中国的优质新能源产品供给,有力地促进了全球绿色低碳转型。

围绕"双碳"目标,各地区、各部门、各行业、各企业有力有序有效推进了各项重点工作,在能源、工业、交通、城乡建设、循环经济、生态碳汇、全民行动、减污降碳、技术创新等方面取得了巨大的成就[1]。

---

[1] 参见:生态环境部环境与经济政策研究中心,美国环保协会北京代表处. 中国碳达峰碳中和政策与行动(2023)[R]. 北京,2023.

能源清洁低碳转型 2023年，煤炭消费占一次能源消费总量的比重为55.3%，与十年前相比下降了12.1个百分点，非化石能源占比则从10.2%提高到17.9%；可再生能源新增装机容量3.7亿千瓦，占全国新增发电装机容量的82.7%，其中，新增风电、太阳能发电装机容量分别达到0.76亿千瓦、2.2亿千瓦；可再生能源发电新增装机规模超过全球的一半，累计装机规模占全球的近40%。

工业绿色低碳转型 三次产业比重由2013年的8.9∶44.2∶46.9调整至2023年的6.9∶36.8∶56.3。"十三五"期间，中国累计退出钢铁过剩产能1.5亿多吨，水泥过剩产能3亿吨，地条钢全部出清，电解铝、水泥等行业落后产能基本出清；2012—2022年，中国规模以上工业单位增加值能耗累计下降幅度超过36%；2023年，工业部门电气化率达27.6%；绿色制造体系建设加快，重点行业清洁生产水平持续提升，数字化绿色化融合发展水平不断提升。近十年，中国作为全球清洁能源和低碳转型的主要领航者，推动全球风电和光伏发电成本分别下降超过60%和80%。2023年，新能源汽车产销量分别达到958.7万辆和949.5万辆，新能源汽车产销量占全球比重超过60%，连续9年位居世界第一位。2024年10月，中国在全球电动汽车市场的份额达到76%。2023年生态环保产业营业收入约为2.24万亿元，同比增长约0.9%；2012—2023年，环保产业营业收入年均复合增长率为15.3%。

绿色交通运输体系建设 截至2023年年底，我国新能源汽车保有量达2041万辆，全年新注册登记743万辆；新能源营运汽车规模达到164万辆，其中，新能源公交车约54万辆，新能源出租车约30万辆，新能源城市配送车约80万辆。2024年1—10月，新能源重卡累计销量57074辆。2023年，铁路完成货运总发送量50.35亿吨，比上年增长1.0%；水路完成营业性货运量93.67亿吨，比上年增长9.5%。铁路电气化率从2012年的52.3%上升至2023年的75.2%。截至2023

年年底，充电基础设施累计达859.6万台。2023年，新增公共充电桩92.9万台，新增随车配建私人充电桩245.8万台，高速公路沿线具备充电服务能力的服务区约6000个、充电停车位约3万个，新增换电站1594座，累计建成换电站3567座。

城乡建设绿色发展　截至2023年年底，全国城镇累计建成绿色建筑面积约118.5亿平方米，获得绿色建筑标识的项目累计2.7万余个，2023年新建绿色建筑面积占城镇新建建筑面积的94%。"十四五"以来，我国已累计完成既有建筑节能降碳改造24亿平方米。2023年，建筑部门的电气化率达48.1%。

循环经济体系建设　截至2021年年底，全国75%的国家级园区和50%的省级园区开展了循环化改造，创建了129家国家级园区循环化改造试点，改造了109家国家级生态工业园区和223家国家级绿色园区；推进90家大宗固体废弃物综合利用示范基地和60家骨干企业建设；2023年，典型大宗工业固废综合利用量达22.58亿吨，综合利用率为53.32%，比2012年提高了10.52个百分点；废钢铁、废有色金属、废塑料、废纸、废轮胎、废弃电器电子产品、报废机动车、废旧纺织品、废玻璃、废电池（铅酸电池除外）10个品种再生资源回收总量约为3.76亿吨，比2022年增长1.5%，废钢铁回收量占再生资源回收总量的60%以上。2023年，全国秸秆综合利用率达到88.3%，全国畜禽粪污综合利用率达78.3%，农膜处置率稳定在80%以上，废塑料回收率约30%，电商快件不再二次包装率超过95%，主要城市建立再生回收网点约15万个。

生态系统碳汇能力　截至2023年年底，我国森林覆盖率超过25%，森林蓄积量超过200亿立方米，年碳汇量达到12亿吨以上，人工林面积居世界首位，成为全球增绿最多的国家[1]。2023年，完成造林

---

[1] 我国森林覆盖率已超过25%[N]. 人民日报，2024-11-25（14）.

面积 400 万公顷，其中人工造林面积 133 万公顷，占全部造林面积的 33.4%。种草改良面积 438 万公顷。截至 2023 年年底，全国累计建成高标准农田超过 10 亿亩，东北黑土地保护性耕作实施面积到 2024 年已超过 1.12 亿亩，农业生态系统的固碳增汇能力显著提升。

绿色低碳全民行动 全民节约意识、环保意识、生态意识大幅增强，节约型机关、绿色家庭、绿色学校、绿色社区、绿色出行、绿色商场、绿色建筑等创建行动取得积极进展。2023 年，89.7% 的县级及以上党政机关建成节约型机关，全国公共机构人均综合能耗、单位建筑面积能耗、人均用水量与 2020 年相比分别下降了 3.76%、3.15%、3.72%；全国地级及以上城市居民小区的垃圾分类覆盖率达到 92.6%，97 个城市达到绿色出行创建目标，绿色出行比例达到 70% 以上，绿色出行服务满意率超过 80%，共享骑行得到全社会广泛认同，民营企业 500 强中 84.2% 的企业采取措施推进绿色低碳转型。

绿色低碳科技创新 2016—2022 年，中国绿色低碳专利授权量达到 17.8 万件（占全球绿色低碳专利授权量的 31.9%），年均增速达到 12.5%。截至 2023 年年底，有效发明专利中绿色低碳发明专利所占比重为 4.9%，较 2016 年提高 2.1 个百分点。2023 年，绿色低碳发明专利申请公开量达到 10.1 万件，同比增长 20.1%，占全球总量的一半以上；储能技术发明专利申请公开量达到 3.7 万件，近 5 年年均增长 20.5%，占全球申请公开量的 48.3%；太阳能和氢能方面的发明专利分别达到 0.8 万件和 0.5 万件。2023 年，我国绿色低碳技术的 PCT 国际专利申请公开量超过 5000 件，连续 3 年位居世界首位。氢能、大规模储能等新能源技术研发应用取得新进展，已初步形成了比较完备的新能源技术研发和装备制造产业链；光伏电池转换效率多次刷新世界纪录，低风速、抗台风、超高塔架、超高海拔风电技术居世界前列，初步掌握氢能制备、储运、加氢、燃料电池和系统集成等主要技术和生产工艺；锂离子电池、压缩空气储能等技术达到世界领先水平，超级电容储能、固态电池储能、钛酸锂电池储能等新技术投入工程示范应用，"新能源＋储能"、常规火电配置储能、智能微电网等应用场景不断涌现。开展了千万吨级碳捕集、利用与封存（CCUS）集群全产业链示范项目的前瞻性研究，开工建设了百万吨级 CCUS 示范项目。

减污降碳协同增效 2013—2023 年，二氧化硫、氮氧化物排放量分别下降超过 85%、60% 的同时，碳排放强度下降超 34%。截至 2023 年，我国单位国内生产总值能耗为 0.553 吨标准煤 / 万元，较 2020 年下降 3.3%，十年间，单位国内生产总值能耗累计下降超过 26%。2023 年，全国万元国内生产总值二氧化碳排放与上年持平，全国地级及以上城市细颗粒物（$PM_{2.5}$）平均浓度为 30 微克 / 立方米，较 2019 年下降 16.7%，全国优良天数比率为 85.5%，扣除沙尘异常超标天数后，优良天数占 86.8%。"十一五"以来，我国单位国内生产总值能耗累计降低 43.8%，年均下降 3.1%，能源加工转换效率由 1980 年的 69.5% 提升至 2022 年的 73.2%。

碳市场 全国碳市场第一个履约周期共纳入发电行业重点排放单位 2162 家，年覆盖温室气体排放量约 45 亿吨二氧化碳。2021 年 7 月 16 日，全国碳排放权交易市场正式启动上线交易。全国碳排放权交易市场第二个履约周期的活跃度明显高于第一个履约周期。截至 2023 年年底，全国碳排放权交易市场覆盖的二氧化碳排放量约 51 亿吨，纳入重点排放单位 2257 家。第二个履约周期的成交量、成交额占总数的比值分别比第一个履约周期增长约 19%、89%。2024 年，全国碳市场共运行 242 个交易日，全国碳市场碳排放配额（CEA）的年成交量 1.89 亿吨，年成交额 181.14 亿元，创全国碳市场 2021 年上线交易以来年成交金额新高，CEA 收盘价最低报 69 元 / 吨，最高报 106 元 / 吨。截至 2024 年 12 月 31 日，全国碳市场 CEA 累计成交量 6.3 亿吨，累计成交额 430.33 亿元。截至 2024 年 11 月底，我国累计核发绿色电力证书（以下简称绿证）数量达到 47.56 亿个。其中，风电领域的绿证数量为 19.73 亿个，占 41.48%，太阳能发电的绿证数量为 8.86 亿个，占 18.63%，常规水电和生物质发电的绿证数量分别为 15.24 亿个和 3.67 亿个，占比分别为 32.04% 和 7.72%，其他可再生能源发电的绿证 649 万个，占 0.14%。2024 年 11 月，全国绿证交易量为 5426 万个，其中，随绿电交易绿证数量为 2155 万个。截至 11 月底，全国累计交易绿证 4.39 亿个，随绿电交易绿证数量为 2.16 亿个。

应对气候变化国际合作 积极应对全球气候变化，参与和引领全球气候行动。积极推动《巴黎协定》达成和生效，与国际社会密切合作，形成共识，推进《联合国气候变化框架公约》缔约方会议顺利进行。中国与主要发达国家达成众多双边元首声明，持续开展部长级和工作层的气候变化对话磋商，支持发展中国家提升应对气候变化能力，与联合国环境规划署共同发起成立"一带一路"绿色发展国际联盟，帮助共建国家建设水电、风能、光伏等可再生能源项目，承诺不再新建海外煤电项目，中国对外投资已从大型基础设施建设和石油开采项目转向可再生能源开发和电动汽车工厂建设。设立中国气候变化南南合作基金，并启动开展南南气候合作"十百千"项目。截至 2024 年 11 月，中国已与 42 个发展中国家签署了 53 份气候变化南南合作谅解备忘录，开展了近百个减缓和适应气候变化的项目。

二、上海崇明世界级生态岛碳中和示范区建设

（一）崇明岛打造世界级生态岛建设新范式

崇明岛地处长江入海口，是我国台湾岛、海南岛之后的第三大岛，拥有全球最大的河口冲积岛生态系统，开发强度不足 10%，保留了大面积原生生态空间。生态安全层面，作为长三角城市群的"绿肺"，作为上海最为珍贵、不可替代的生态屏障，崇明拥有上海近 1/5 的陆域面积，承载着全市约 1/3 的森林、1/3 的基本农田、两个核心水源地，提

供了全市约 40% 的生态资源和 50% 的生态服务功能，对维护区域生态安全至关重要。国际责任层面，崇明东滩候鸟栖息地成功列入世界自然遗产名录，长江口中华鲟保护基地等旗舰项目彰显了中国在全球生物多样性保护中的行动力。其独特的自然气候条件和资源禀赋，早在 2001 年就被定位为"生态岛"。2007 年 4 月，时任上海市委书记的习近平同志在崇明调研时指出的"建设崇明生态岛是上海按照中央要求实施的又一个重大发展战略，我们要把崇明建设成为环境和谐优美、资源集约利用、经济社会协调发展的现代化生态岛区，实现崇明跨越式发展"为崇明生态发展道路指明了方向。2016 年，上海市进一步明确了举全市之力支持崇明建设"世界级生态岛"的目标。随着《长江经济带发展规划》和长三角生态绿色一体化国家战略的推进，崇明成为上海市乃至全国实现碳中和的关键试验场。上海市印发了《崇明世界级生态岛发展规划纲要（2021—2035 年）》，提出将崇明世界级生态岛打造成绿色生态"桥头堡"、绿色生产"先行区"、绿色生活"示范地"，成为引领全国、影响全球的国家生态文明名片、长江绿色发展标杆、人民幸福生活典范，向世界展示"人与自然和谐共生"的建设范例。

在扎实推进落实"双碳"目标的过程中，生态建设新优势不断得到厚植，向世界展示绿色发展与中国智慧。这一实践不仅重新定义了现代化内涵，更为全球岛屿型经济体破解生态保护与经济发展矛盾提供了新范式。数据显示，崇明森林覆盖率从 2003 年的 16.8% 上升到

2023年的30.74%。森林面积超过53万亩，超过全上海森林总面积的1/4。2023年冬天，崇明东滩鸟类国家级自然保护区迎来了68只国家一级保护动物东方白鹳，数量创下有记录以来的新高。2024年1月，崇明同时获评"中国天然氧吧"和"中国气候宜居城市（县）"，是对崇明优质气候生态资源综合禀赋的权威认定。2024年7月，上海崇明东滩候鸟栖息地获评为上海首个世界自然遗产地。联合国环境规划署将其誉为"太平洋西岸生态治理典范"，其GEP核算体系、生态修复工法等经验已纳入全球岛屿可持续发展指南，为小型经济体破解"生态—经济"二元困境提供了可复制的中国方案。

（二）崇明生态岛"绿色＋科技"的实践创新之路

1. 生物多样性保育：重塑人鸟共生新范式

上海作为全球特大城市生物多样性保护的典范，其0.06%的国土面积承载着占全国14.3%的鸟类物种，519种鸟类中包含27种国家一级、92种国家二级保护动物。这种生态奇观源于独特的区位优势：崇明东滩作为东亚—澳大利西亚迁飞区的核心枢纽，每年承接百万量级候鸟中转，2024年申遗成功标志着全球候鸟保护网络填补了长江口的关键拼图。上海滩涂湿地形成的"潮沟—草滩—光滩"复合生态系统，为全球1%种群数量的黑脸琵鹭等23种濒危鸟类提供了精准补给。

生态修复工程创造了跨物种保护范式。针对互花米草入侵导致水鸟栖息地丧失70%的危机，崇明实施"刈割—水位调控"生态工法，3年内恢复了300公顷原生海三棱藨草群落，鸻鹬类种群数量回升126%。同步推进的长江大保护战略更使旗舰物种重获生机：青草沙水域构建的"声学＋AI"江豚监测网络，2022年累计监测到15头次江豚活动轨迹，较禁渔前提升400%。这种双轨保护机制形成了特殊的生态价值：全球首个都市型候鸟栖息地认证标准在此诞生，世界自然保护联盟将其纳入"基于自然的解决方案"的典型案例。

　　城市发展与生态保育的协同创新更具启示价值。崇明探索的"三生融合"模式，将生态资产转化为民生福祉：东滩湿地碳汇交易收益反哺社区发展基金，建成的5个生态研学基地带动本地就业；长江口江豚观测点打造成沉浸式生态教育线路，年接待访客超20万人次。这种"保护—增值—共享"的闭环机制，使生态岛建设既维系着大滨鹬跨半球迁徙的古老约定，又创造了单位面积生态产品价值4.2万元/公顷的现代奇迹，为特大型城市突破生态承载力瓶颈提供了中国方案。

2. 生态价值转化：激活绿色经济新动能

　　作为上海最大的农村地区，崇明在生态红线约束下，以打造"长三角农业硅谷"为突破口，将农业科创融入长三角一体化战略，驱动新质生产力发展。通过"一核一带两区"布局，崇明构建了现代农业创新体系：核心区集聚总部园、种业创新中心等平台，吸引涉农头部企业；沿陈海公路打造高科技农业示范带，为科技成果转化提供空间；北部沿江建设设施农业和智慧养殖基地，集成物联网、AI技术实现三产融合。崇明聚焦农业"芯片"，依托基因编辑等前沿技术，破解特色种源难题。万禾智慧羊场运用AI监测实现崇明白山羊精准繁育，目标是3年内从千只扩繁至万只；上海六骥生物建立基因库，联合高校攻关种羊繁殖技术。同时，清水蟹、沙乌头猪等地方品种通过合成生物育种加速创新，"崇明1号"河蟹亲本规格跃升至"7公5母"，辐射全国养殖超5万亩。崇明推动设施农业智能化升级，国兴农研发全生命周期管理系统，实现了"捧着Pad种地"；恒泽企业自研蘑菇采摘机器人出口海外，从卖产品转向卖技术。生态方面，推广"渔光互补"和"稻鳝共养"模式，试点RNA生物农药和有机水溶肥，兼顾增产与环保。陈家镇千亩渔光互补项目年发电超千万度，低碳农业体系助力"双碳"目标。农业硅谷带动产业链价值攀升，半年引入20余家科创企业，6家细分领域龙头企业入驻孵化园。政策上，崇明出台14项扶持措施，筹建10亿元科创基金，联合高校成立产学研联盟。中兴镇规划10公里科技农业带，引入近6亿元项目，年产值预计达4.87亿元，提供千个就业岗位，农户年均增收超万元。崇明优质农产品通过"1小时供应圈"直供上海，白山羊、有机蔬菜等供不应求，乡村民宿与文旅产业同步崛起。2023年，中兴镇包揽全市26%的五星级民宿，生态经济反哺村容升级，绘就宜居宜业和美乡村新图景。

新型业态的兴起重构了乡村价值空间。庙镇通过活化工业遗产打造的515咖啡艺术中心颇具代表性：保留轧钢厂原址工业风格的同时，引入年轻艺术家创作手绘壁画，将临河旧厂房转变为融合咖啡文化、艺术展示的公共空间。这种"空间再生"模式与崇明超过1000家备案乡村民宿形成呼应，推动旅游产业从观光向过夜经济升级。数据显示，2018—2022年，崇明岛内人均可支配收入年均增长9.6%，人口预期寿命提升至83.46岁，印证了生态优势向民生福祉的持续转化。

制度创新与技术赋能构成双重驱动。作为全国首个生态产品总值（GEP）核算体系试点区，崇明建立了"双碳"智慧管理平台，实现了生态资产数字化，其探索的碳汇交易机制已覆盖20万亩林地。在绿华镇实施的"渔光互补"项目，年减排二氧化碳9.9万吨，中兴镇10万吨级CCUS碳捕集工程更达到国际领先水平。这种"自然修复＋科技赋能"的协同模式，使生态岛建设既保持了 30% 的森林覆盖率、9.9 万吨年固碳量的自然基底，又创造了每平方千米国内生产总值增速高于全市均值 2.3 个百分点的发展奇迹，为超大城市生态化转型提供了可复制的中国方案。

3. 能源结构转变：打造节能减碳新范式

崇明岛能源体系正经历系统性变革。自 2012 年启动燃煤机组关停计划以来，岛内清洁能源装机容量突破 80 万千瓦，形成"风光储生"多能互补格局。通过实施建筑光伏一体化工程，新增分布式光伏装机 120 兆瓦；创新开发的"猪—沼—肥"循环模式，年处理农业废弃物 20 万吨，生产生物质天然气 3000 万立方米。特别值得关注的是，崇明构建的"源网荷储"智慧能源系统，实现可再生能源消纳率 98.7%，推动单位国内生产总值能耗下降 18.6%，为超大城市近郊区能源转型提供可复制的技术路径。绿华镇华星村则创新实施屋顶光伏工程，14 户试点家庭年均发电 4000 度，既降低了用电成本又获得了额外收益，成为碳中和实践的微观样本。璜叶小镇 1300 亩"渔光互补"项目采用立体化生态农业模式，上层铺设的光伏板年发电量达 1.5 亿度，下层水域同步开展加州鲈鱼、南美白对虾等特种水产养殖，形成"板上发电、板间种植、板下养鱼"的复合生产系统。该项目的创新实践既实现了清洁能源供应，又拓展了生态农业空间，年减排二氧化碳 9.9 万吨，单位土地产出效益提升 3.2 倍。

在长兴岛船舶产业集聚区，江南造船等龙头企业正加速推进"三化融合"战略转型。全球首艘安装碳捕集封存装置的海上浮式生产储油船成功交付，标志着船舶制造技术实现从"传统制造"向"低碳智造"的跨越。该船搭载的 CCUS 系统可年减排二氧化碳 23 万吨，相当于 11 万亩森林的碳汇能力，其创新实践为海洋装备产业绿色升级提供了标杆样本。通过构建"交大实验室 + 龙头企业 + 产业链"协同创新体系，长兴岛已突破液化天然气（LNG）船薄膜型围护系统等 32 项关键技术，推动船舶海工产业研发投入强度提升至 4.2%，显著高于行业平均水平。

4. 体旅融合创新：构建生态消费新场景

生态型体育消费已成为崇明体旅融合发展的核心引擎。依托森林覆盖率超 30% 的生态基底，崇明构建起"顶级 IP 矩阵 + 稀缺性场景"的双轮驱动模式：一方面，环崇明岛国际自盟女子公路世界巡回赛、三人篮球大师赛等国际 A 类赛事形成强磁场。其中，2024 年自行车赛事吸引了 18 支国际车队穿越 17 个乡镇、349 公里赛道，串联长江大桥、明珠湖等生态地标，创造"赛事流量转化生态价值"的示范样本。另一方面，横沙岛越野卡丁车基地、瀛东桨板运动等 12 类特色户外项目填补了市场空白，通过"体育 + 采摘 + 民宿"的产业链联动，使卡丁车玩家日均柑橘采摘量提升 40%，形成生态溢价转化新范式。赛事经济带动了基础设施升级，2023 年新增专业自行车绿道 58 千米，配套租赁点单日最高服务量突破 300 人次。更具启示性的是商业模式创新——长兴岛郊野公园通过植入路亚钓等 6 项轻量化运动，使游客滞留时间延长 2.1 小时，二次消费占比提升至 37%；横沙卡丁车基地与 23 家民宿建立了"运动套餐"合作，推动客房单价上浮 25%。"场景再造"战略使崇明体育旅游收入 3 年复合增长率达 29%，远超传统观光游 12% 的增速。

制度设计持续释放发展势能。作为上海首个全域体育旅游示范区，崇明创新出台了《户外运动空间复合利用导则》，将 43% 的生态廊道转化为多功能运动空间。更值得关注的是价值链延伸机制：通过赛事版权开发衍生出"骑行护照"等 12 类文创产品，自行车赛直播权交易额突破千万元；依托长三角体育产业联盟，与浙江莫干山、江苏天目湖共建"生态赛道共同体"，实现客流共享与技术标准输出。这种"生态资产—体育 IP—产业增值"的良性循环，为超大城市近郊的绿色发展提供了可量化的实践路径。

三、上海崇明世界级生态岛碳中和示范区建设评述

（一）顶层设计与政策框架：以生态立岛为核心理念的系统性规划

崇明世界级生态岛碳中和示范区的建设，根植于国家"双碳"目标与长江经济带生态保护的宏观布局。其政策框架以《崇明世界级生态岛发展规划纲要（2021—2035 年)》为核心，明确将崇明、长兴、横沙三岛分别定位为"碳中和岛""低碳岛"和"零碳岛"，形成差异化功能分工。这一规划不仅强调生态保护与经济发展的协同，更通过《促进崇明世界级生态岛建设发展专项支持政策》等构建了"财政补贴 + 制度创新 + 技术试点"三位一体的政策支撑体系。在制度设计上，崇明率先建立生态产品总值（GEP）核算体系，将滩涂、森林、河湖等 6 类生态系统的物质产品与服务功能货币化，并开发了"双碳"智慧管理平台，实现了碳排放全生命周期监测。这种生态资产数字化路径，不仅为生态补偿机制提供了科学依据，更通过碳汇交易市场将生态价值转化为经济收益，形成了"保护—增值—共享"的闭环机制。此外，崇明作为全国首个区级温室气体清单编制试点，其经验已被纳入长三角生态绿色一体化发展标准体系，显示出政策设计的可复制性与区域辐射力。

（二）生态修复与低碳转型：从被动治理到主动增值的范式突破

崇明的碳中和实践，本质上是生态修复与产业升级的双轨协同。在生态修复层面，通过实施"刈割—水位调控"工法，3 年内清除 95% 的入侵物种互花米草，恢复 300 公顷原生湿地，使鸻鹬类种群数量回升 126%。长江禁渔政策的严格执行，则使青草沙水域长江江豚的监测频次提升 400%，生物多样性恢复成为生态系统的"自然碳汇放大器"。

在低碳产业转型方面，崇明构建了"2+3+N"生态产业体系：以都市现代绿色农业和海洋装备为主导产业，以旅游业、体育产业、健

康服务业为优势产业，并培育氢能、CCUS 等新兴业态。例如，长兴岛 10 万吨级燃煤电厂 CCUS 项目实现全周期碳捕集，年封存二氧化碳达 10 万吨；"渔光互补"项目将光伏发电与水产养殖结合，年减排 9.9 万吨二氧化碳，同时提升单位面积产值 30%。这种"空间复合利用"模式，使崇明新能源发电占比达 31%，远超上海市平均水平。

更值得关注的是生态价值转化机制，通过"生态＋文旅"融合，崇明将东滩湿地、自行车赛道等生态资产转化为体旅 IP。2023 年体育旅游收入增速达 29%，民宿过夜经济贡献率提升至 42%。实践表明，生态保护已从成本中心转向价值创造中心，实现了"绿水青山"与"金山银山"的动态平衡。

（三）科技创新与区域协同：驱动碳中和进程的"双引擎"

崇明的碳中和实践高度依赖科技创新与区域协同两大引擎。在技术层面，《推进崇明世界级生态岛建设科技创新实施办法》将高新技术企业认定资助从 5 万元提升至 30 万元，并筹建长江口生态研究院，推动"碳中和联盟"构建"创新链—产业链—资金链"协同网络。数字技术的深度应用尤为突出：依托卫星遥感与物联网技术，崇明建立"声学＋AI"江豚监测系统，实现生物多样性智慧化管理；农业方面，"无人农场"通过智能农机与数字孪生技术，使水稻种植碳排放降低 20%。

区域协同体现了跨省生态治理与市场联动。崇明与浙江天目湖、江苏莫干山共建"生态赛道共同体"，实现长三角碳汇交易市场互联互通。在长江经济带层面，上海通过"联合河长制"推动太浦河近零碳示范区建设，其光伏发电年减碳 2500 吨，并为沿江城市提供"上海方案"式的制度输出。这种"点—线—面"协同模式，不仅破解了生态治理的行政壁垒，更通过产业链分工（如长兴岛海装产业集群与武汉、重庆航运中心联动）提升了区域低碳竞争力。

中 篇

生态经济化

第四章

生态资源利用：合理开发利用二十载

　　自然资源是人类生存与发展的物质基础，合理开发利用是推动可持续发展的必然选择。20年来，在"两山"理念指引下，中国坚持生态优先、绿色发展，探索资源高效利用之路，为子孙后代留下可持续的资源财富。可再生资源开发注重循环利用与生态平衡，不可再生资源开发则强调节约集约性，海洋资源关乎蓝色国土的可持续发展。只有以科学合理的方式开发利用自然资源，才能实现人与自然和谐共生。

第一节
重复利用——可再生资源的开发利用

一、可再生资源合理开发利用的成就

（一）"十一五"时期可再生资源的合理开发利用

水资源 2010年，全年水资源总量28470亿立方米，全年平均降水量682毫米，年末全国422座大型水库蓄水总量2091亿立方米，全年总用水量5990亿立方米，万元国内生产总值用水量190.6立方米，万元工业增加值用水量105立方米[①]。"十一五"时期，新建和加固堤防17080千米，长江下游河势控制、黄河堤防建设稳步推进，一批重点水利枢纽建成投入运行，一批水利枢纽工程开工建设，洞庭湖、鄱阳湖综合治理顺利实施，开展了1000余条中小河流重点河段治理和103个县的山洪灾害防治试点建设，如期完成专项规划内6240座大中型及重点小型、东部1116座重点小型病险水库除险加固任务，启动实施新一轮小型病险水库除险加固；新增年供水能力285亿立方米；累计解决了2.1亿农村人口的饮水安全问题，对全国434个大型灌区和216处中型灌区进行续建配套节水改造，启动实施了850个小型农田水利重点县建设，新增小水电装机容量2185万千瓦，建成432个水电农村电

---

① 中华人民共和国2010年国民经济和社会发展统计公报[EB/OL].（2011-02-28）[2024-12-28]. https://www.gov.cn/gzdt/2011-02/28/content_1812697.htm.

气化县；单位工业增加值用水量提前实现"十一五"规划纲要确定的 5 年降低 30% 的目标，农田灌溉水有效利用系数由 0.45 提高到 0.50，开展了 100 个国家级和 200 个省级节水型社会建设试点；完成水土流失综合治理面积 23 万平方千米，治理小流域 2 万多条，实施水土保持生态修复 22 万平方千米，保障了黄河干流自 1999 年以来连续 12 年不断流；水电建设规模达到了空前的水平，5 年新增装机容量接近 1910 年中国第一座水电站兴建以来前 95 年的总和，水电总装机容量突破 2 亿千瓦[①]。

森林资源 第七次森林资源清查结果显示，全国森林面积 19545.22 万公顷，森林覆盖率 20.36%，活立木总蓄积量 149.13 亿立方米，森林蓄积量 137.21 亿立方米，人工林保存面积 6168.84 万公顷。"十一五"时期，共完成荒山荒地造林 2465.84 万公顷，累计植树 117.2 亿株，城市建成区绿化覆盖面积已达 2035 万亩，建成区绿化覆盖率 37.37%，城市人均拥有公园绿地面积 9.71 平方米，比"十五"末增加 2.32 平方米。国家林业重点工程加快推进，全国共完成造林面积 1698.59 万公顷，占全部造林面积的 68.88%。截至 2010 年年底，林业系统自然保护区已达 2035 处，总面积 18.53 亿亩，约占国土面积的 12.9%。"十一五"时期，全国建立各级湿地自然保护区 550 多处、国家湿地公园 100 处、地方湿地公园 120 多处、国际重要湿地 37 处，使 50.3% 的自然湿地受到了较为有效的保护。"十一五"时期，林业产业总产值达到 7.60 万亿元，累计生产木材 36049.54 万立方米，累计生产竹材 66.6 亿根，累计生产人造板 51098.01 万立方米，经济林产品产量累计完成 5.88 亿吨。"十五"末，经济林产品产量增长 45.69%，全国年人均拥有经济林产品 90 千克[②]。

---

① 水利发展规划（2011—2015 年）[EB/OL].（2012-06-26）[2024-12-28]. https://www.nea.gov.cn/131677331_31n.pdf.

② "十一五"期间林业活力全面迸发 发展亮点纷呈[EB/OL].（2011-01-17）[2024-12-28]. https://www.gov.cn/gzdt/2011-01/17/content_1786507.htm.

太阳能 "十一五"期间，光伏电池制造产业基本形成，多元化国内市场快速启动，产业服务体系日渐完善。2010年光伏电池产量达1000万千瓦，占全球市场份额的50%以上；到2010年年底，全国累计光伏电池安装量总计86万千瓦，其中，大型并网光伏电站容量共计45万千瓦，与建筑结合安装的光伏发电系统容量共计26万千瓦[①]。

风能 "十一五"期间，我国初步形成了完整的风电产业链。2010年新增装机容量前五名的风电整机制造企业当年市场份额占全国的70%以上，截至2010年年底，全国已建成风电场800多个，风电总装机容量4470万千瓦，首个海上项目上海东海大桥风电场安装了34台国产3.0兆瓦风电机组，于2010年6月全部实现并网发电[②]。

地热能 我国地热资源开发利用始于20世纪70年代初，已经形成了以取暖、水产养殖、浴疗、农业、医药等直接利用方式和以发电为主的地热资源综合开发利用模式。地热能开发利用形成了以西藏羊八井为代表的地热发电，以天津、西安、北京为代表的地热供暖，以重庆为代表的地表水水源热泵供热（制冷），以大连为代表的海水源热泵供热（制冷），以东南沿海为代表的疗养与旅游，以华北平原为代表的种植和养殖的开发利用格局。截至2009年6月，我国应用浅层地热能供暖（制冷）的建筑项目共2236个，建筑面积近8000万平方米，其中，80%集中在京津冀辽等华北和东北南部地区。

（二）"十二五"时期可再生资源的合理开发利用

水资源 2015年，全年水资源总量28306亿立方米，全年平均降水量644毫米，年末全国监测的614座大型水库蓄水总量3645亿立

---

① 太阳能发电发展"十二五"规划[EB/OL].（2012-09-12）[2024-12-28]. https://zfxxgk.nea.gov.cn/auto87/201209/P020120912536329466033.pdf.

② 风力发电科技发展"十二五"专项规划[EB/OL].（2012-04-26）[2024-12-28]. https://www.nea.gov.cn/2012-04/26/c_131552045.htm.

方米，全年总用水量 6180 亿立方米，万元国内生产总值用水量 104 立方米，万元工业增加值用水量 58 立方米。2015 年年末，水电装机容量 31937 万千瓦[①]。"十二五"时期，解决农村饮水安全人口 3.45 亿人，水利工程新增年供水能力 380 亿立方米，新增农田有效灌溉面积 7500 万亩，新增高效节水灌溉面积 1.2 亿亩，单位工业增加值用水量降低 35%，新增水土流失综合治理面积 26.6 万平方千米，新增小水电装机容量 1400 万千瓦。截至 2015 年年末，农田灌溉水有效利用系数为 0.532。重大水利工程已开工 85 项，实施了 156 条主要支流和 4500 多条中小河流重要河段治理，开展了 105 个全国水生态文明城市建设试点工作[②]。

森林资源 "十二五"规划主要任务和约束性指标全面完成，全国森林覆盖率顺利完成 21.66% 的目标，森林蓄积量超额完成任务达到 151 亿立方米，全国湿地面积 5360 万公顷，完成沙化土地治理面积 1000 万公顷，林业棚户区改造基本建成 167 万户，惠及林区 500 万人口，林业自然保护区达到 2189 处，森林公园、湿地公园、沙漠公园达 4300 多个，2015 年林业旅游与休闲人数达到 23 亿人次，林业产业产值达 5.94 万亿元[③]。5 年来，完成退耕还林还草任务 1500 万亩，三北防护林工程完成造林 4974 万亩，长江、珠江、沿海防护林工程及太行山绿化工程完成造林 3048 万亩，石漠化治理和京津风沙源治理等工程分别完成林业任务 2113 万亩和 3200 万亩。建设国家储备林 2990 万亩。

太阳能 "十二五"时期，我国光伏产业政策体系逐步完善，光伏技术取得显著进步，市场规模快速扩大；太阳能热发电技术和装备实现突破，产业链初步形成；太阳能热利用持续稳定发展，并向供暖、

---

① 中华人民共和国 2015 年国民经济和社会发展统计公报 [EB/OL]．（2016-02-29）[2024-12-28]．https://www.gov.cn/xinwen/2016-02/29/content_5047274.htm．

② 水利改革发展"十三五"规划 [EB/OL]．（2016-12-27）[2024-12-28]．https://www.gov.cn/xinwen/2016-12/27/content_5153465.htm．

③ 林业发展"十三五"规划 [EB/OL]．（2016-05-23）[2024-12-28]．https://www.forestry.gov.cn/main/3957/20160523/875431.html．

制冷及工农业供热等领域扩展。全国光伏发电累计装机规模从2010年的86万千瓦增长到2015年的4318万千瓦，2015年新增装机规模1513万千瓦；"十二五"时期我国光伏制造规模的复合增长率超过33%，年产值达到3000亿元；2015年多晶硅产量占全球市场份额的48%，光伏组件产量占全球市场份额的70%；"十二五"期间光伏发电成本总体降幅超过60%；截至2015年年底，全国太阳能集热面积保有量达到4.4亿平方米，年生产能力和应用规模均占全球70%以上[①]。

风能 "十二五"期间，全国风电装机规模快速增长，开发布局不断优化，技术水平显著提升，政策体系逐步完善。风电新增装机规模连续5年领跑全球，累计新增9800万千瓦，占同期全国新增装机规模的18%。到2015年年底，全国风电并网装机规模达到1.29亿千瓦，年发电量1863亿千瓦时，占全国总发电量的3.3%，成为继煤电、水电之后的第三大电源。风电全产业链基本实现国产化，风电设备的技术水平和可靠性基本达到世界先进水平，在满足国内市场的同时出口到28个国家和地区[②]。

地热能 截至2015年年底，全国浅层地热能供暖（制冷）面积达到3.92亿平方米，全国水热型地热能供暖面积达到1.02亿平方米。地热能年利用量约2000万吨标准煤。2014年年底，我国地热发电总装机容量为27.28兆瓦，排名世界第18位[③]。

（三）"十三五"时期可再生资源的合理开发利用

水资源 2020年，全国水资源总量31605.2亿立方米，全国平均

---

① 太阳能发展"十三五"规划[EB/OL].（2016-12-08）[2024-12-28]. https://zfxxgk.nea.gov.cn/auto87/201612/t20161216_2358.htm.
② 风电发展"十三五"规划[EB/OL].（2016-11-30）[2024-12-28]. https://www.gov.cn/xinwen/2016-11/30/5140637/files/2bf9f0e12d00443fb99aea2753a5de5a.pdf.
③ 地热能开发利用"十三五"规划[EB/OL].（2017-02-04）[2024-12-28]. https://www.ndrc.gov.cn/xxgk/zcfb/ghwb/201702/W020190905497910773317.pdf.

降水量 695 毫米，全国用水总量 5812.9 亿立方米，万元国内生产总值用水量 57.2 立方米，万元工业增加值用水量 32.9 立方米，万元国内生产总值用水量和万元工业增加值用水量比 2015 年分别下降 28.0% 和 39.6%[①]。"十三五"时期，我国的治水管水思路发生了深刻转变，水旱灾害防御能力持续提升，水资源节约集约利用水平不断提高，水生态环境状况持续改善，水利扶贫攻坚和水库移民工作取得了显著成效。新增水土流失综合治理面积 30 万平方千米，修复减脱水河道 9 万多千米，治理江河 1.71 万千米，新增堤防 6300 多千米，新增恢复改善贫困地区灌溉面积 8029 万亩，治理水土流失面积 6.35 万平方千米，完成 52 条跨省江河水量分配，制定 282 条重点河湖生态流量保障目标[②]。

森林资源 "十三五"规划的主要任务全面完成，约束性指标顺利实现，森林覆盖率达到 23.04%，森林蓄积量达到 175.6 亿立方米，草原综合植被盖度达到 56.1%，湿地保护率达到 52%，治理沙化土地 1.5 亿亩。完成造林种草 7.48 亿亩，新增国家森林城市 98 个。新增世界自然遗产 4 项、世界地质公园 8 处，300 多种濒危野生动植物种群数量稳中有升，19.44 亿亩天然乔木林得到休养生息，年均森林火灾受害率控制在 0.9‰以下。林草产业总产值超过 8 万亿元，林产品对外贸易额达到 1600 亿美元，组建 2.3 万个扶贫造林种草专业合作社[③]。"十三五"期间，退耕还林每年涵养水源 385.23 亿立方米、固土 6.34 亿吨、固碳 0.49 亿吨、释氧 1.17 亿吨、吸收污染物 314.83 万吨、滞尘 4.76 亿吨、防风固沙 7.12 亿吨，每年产生的生态效益总价值量达 1.48 万亿

---

① 水利部. 2020 年度《中国水资源公报》[R]. 北京，2021.
② "十四五"水安全保障规划[EB/OL].（2022-01-12）[2024-12-28]. https://www.gov.cn/xinwen/2022-01/12/content_5667779.htm.
③ 国家林业和草原局，国家发展和改革委员会. "十四五"林业草原保护发展规划纲要[R]. 北京，2021.

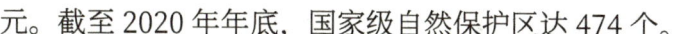

元。截至 2020 年年底，国家级自然保护区达 474 个。

太阳能 截至 2020 年年末，并网太阳能发电装机容量 25343 万千瓦。光伏制造端的多晶硅、硅片、电池片、组件四个主要环节产量占全球产量的比例均超过 2/3，基本实现全产业链国产化。多晶硅价格下降了 24.9%，硅片、电池片、组件价格均下降了 50% 以上，光伏系统价格下降了 47.2%。单晶电池量产平均转换效率提升至 22.8%。在太阳能热发电行业主导的 3 项国际标准，引领全球产业发展。"十三五"期间，建成 100 个分布式光伏应用示范区，截至 2019 年年底，累计装机容量 42 万千瓦，占全球的 6%。"十三五"期间，建成的光伏扶贫电站累计发电 2636 万千瓦时，惠及 6 万个贫困村、415 万贫困户。

风能 "十三五"期间，我国风电累计发电 17330 亿千瓦时，约减排二氧化碳 17.28 亿吨。截至 2020 年年底，全国累计并网风电装机容量达 28153 万千瓦，占全国电源总装机容量的 12.8%，占非化石电源装机容量的 28.6%。2019 年，我国陆上风电平均安装成本、平准化度电成本分别比 2015 年下降了 13%、30%。全国风电平均利用小时数由 2015 年的 1728 小时提高到 2020 年的 2097 小时。"十三五"时期，风电发展重心加速向中东南部地区转移，风电设备还出口到 34 个国家和地区，2019 年的国际市场占有率达 23.72%。

地热能 截至 2020 年年底，我国地热直接利用规模达 40.6 吉瓦，占全球的 38%。我国地热能供热（制冷）面积累计达 13.9 亿平方米，近 5 年年均增长率约 23%，一些城市新区、县城利用地热能已经实现 100% 清洁供暖。

（四）"十四五"以来可再生资源的合理开发利用

水资源 2023 年，全国水资源总量为 25782.5 亿立方米，全国平均年降水量为 642.8 毫米，全国用水总量为 5906.5 亿立方米，万元国内生产总值用水量为 46.9 立方米，万元工业增加值用水量 24.3 立方米①。2024 年，实施水利项目 4.7 万个，全国农村自来水普及率达 94%，规模化供水工程覆盖农村人口比例达 65%，完成 191 座中型水库、3651 座小型水库除险加固主体工程建设，实施 143 条主要支流和 1256 条中小河流系统治理，推进实施 1891 条重点山洪沟防洪治理，对 1300 多个灌区实施现代化建设改造，新建成各具特色的幸福河湖 680 多条。截至目前，79 条河流中有 74 条实现了全线贯通，9 个湖泊的水位和水面面积得到有效保障。

森林资源 截至 2023 年年底，我国森林覆盖率超过 25%，森林蓄积量超过 200 亿立方米，年碳汇量超过 12 亿吨，全年完成造林面积 400 万公顷，人工林面积居世界首位，成为全球增绿最多的国家，林草产业总产值达 9.28 万亿元，以经济林为主的森林食物产量为 2.26 亿吨，治理沙化石漠化土地 2857 万亩，建成国家森林城市 219 个、国家公园 5 个，全年新增水土流失治理面积 6.3 万平方千米。

太阳能 2023 年，我国太阳能发电量占总发电量的比重较 2014 年提高 5.77 个百分点，太阳能累计装机量 10 年复合增长 44%，多晶硅、硅片、太阳能电池片、太阳能组件产量 10 年复合增速分别达 32.8%、35.6%、36%、33.7%，成本优势显著，专利申请量全球第一。截至 2024 年 11 月底，太阳能发电装机容量约 8.2 亿千瓦，同比增长 46.7%；2024 年 1—7 月，全国光伏平均利用率 97.1%。当前，我国太阳能并网发电占总装机比重约 1/4，成功超越风电及水电装机规模，正式成为我国第二大电源。东部和西部地区合计占比接近 3/4，东部沿海地区的太阳能电站主要以分布式为主，西部地区以集中式光伏电站为主。

风能 2023 年上半年，全国风电发电量 4628 亿千瓦时，占比达 10.7%，较 2020 年增加 4.6 个百分点；全国风电新增并网装机规模

---

① 水利部. 2023 年度《中国水资源公报》[R]. 北京，2024.

2299万千瓦，同比增长77.7%，在全部新增电源装机中占比16.3%；截至2024年11月底，风电装机容量约4.9亿千瓦，同比增长19.2%，2024年1—7月全国风电平均利用率为96.3%。"十四五"期末，风电累计装机规模有望达到6亿千瓦左右。"十四五"以来，全国风电平均利用率一直保持在96%～97%，2022年全国风电平均等效利用小时数达到2259小时。截至2022年年底，风电机组累计出口容量达1193万千瓦，风电设备出口到49个国家和地区；全国分散式风电累计装机容量达1344万千瓦，同比增长34.9%，主要集中在河南、陕西、山西等省份。

地热能 截至2022年年底，我国地热能直接利用能力折合为100.2吉瓦，地热发电装机容量约53.45兆瓦；初步核算2023年地热能直接利用能力折合约110.22吉瓦，地热能发电利用装机容量约61.47兆瓦，地热供暖（制冷）面积约16.5亿平方米。《关于促进地热能开发利用的若干意见》提出，到2025年，全国地热能发电装机容量比2020年翻一番，预计达90.72兆瓦，到2035年，地热能发电装机容量再比2025年翻一番，有望达181.44兆瓦。

二、长江干流"水电梯级调度"多维度利用水资源

（一）"水电梯级调度"下水资源多维度再生利用面临的问题

长江流域在我国水资源战略布局中举足轻重，其丰富的水资源支撑着区域发展，干流梯级水电站群作用关键。在生态文明建设背景下，长江干流水资源科学调度是可持续发展的核心。流域面临诸多复杂问题，联合调度势在必行。

调度协调存在障碍 长江干流梯级水电站的运营管理呈现出多元主体和多部门交叉的复杂局面。不同的开发主体基于自身经济利益考量，在发电效益追求、运行模式选择等方面存在显著差异。部分电站

为实现自身发电收益的最大化，倾向于维持较高水位运行，以获取更大的发电水头。然而，上下游航运需求和防洪安全要求可能需要采取不同的水位调控策略。这种多元利益诉求的分歧与冲突，使各地在推行统一调度时面临巨大的协调障碍。由于缺乏高效统一的协调机制，各电站之间难以形成协调一致的调度行动，这严重制约了水资源多维度再生利用的整体效能发挥。

生态影响评估还有短板 尽管在当前的水电梯级调度实践中，生态环境保护意识日益增强，但生态影响评估工作仍存在诸多亟待解决的问题。一方面，在珍稀水生生物的保护方面，现有评估体系未能充分考虑大坝建设与调度对其栖息地造成的长期、深层次破坏以及洄游通道阻断的持续性影响。以中华鲟为例，作为长江流域特有的珍稀物种，其繁殖习性高度依赖特定的自然水文条件和河道环境。梯级水电站的建设与运行改变了原有的水流形态、水温节律等关键因素，严重干扰了中华鲟的繁殖活动。目前的生态影响评估往往局限于短期观测数据和表面现象分析，缺乏对物种种群动态变化的长期跟踪和系统性研究，难以准确预测其未来的生存与发展趋势。另一方面，现有工作对河流生态系统整体结构和功能的评估同样存在深度不足的问题。水库蓄水引发的一系列物理、化学和生物变化，如水温分层现象导致的水体垂直交换减弱、水质成分改变以及水生生物群落结构调整等，这些变化之间相互关联、相互影响，形成了复杂的生态连锁反应。但当前的评估方法和技术手段尚无法全面、深入地解析这些复杂过程，使人们对生态系统潜在风险的认识和预警能力有限。

水资源监测体系存在缺陷 精确、全面的水资源监测数据是实现科学合理的水电梯级调度以及水资源多维度再生利用的基石。现阶段长江干流的水资源监测体系存在诸多薄弱环节。首先，监测站点的空间布局不够合理，部分偏远地区和支流区域的监测站点分布稀疏，无法及时、准确地捕捉水资源在时空维度上的动态变化特征。这使监测站点在面对局部地区水资源的突发变化或特殊水文事件时，难以获取完整的数据支持，从而影响调度决策的科学性和及时性。其次，监测技术手段相对滞后，部分传统监测设备在测量精度、数据传输实时性以及对复杂环境适应性等方面存在明显不足。特别是对于一些与水资源多维度再生利用密切相关的关键指标，如污染物通量和生态流量等，现有技术难以满足高精度、高频次的监测需求。这种数据获取的局限性导致调度决策过程中对水资源实际状况的把握不够精准，容易造成调度方案与实际水资源情况的脱节，进而影响水资源的综合利用效果。

公众参与机制尚待改善 水资源多维度再生利用作为一项涉及社会广泛利益的公共事务，理应充分吸纳公众的意见和建议。然而，在当前长江干流水电梯级调度的决策过程中，公众参与程度普遍较低。一方面，由于相关信息传播渠道有限且缺乏系统性，普通民众对水电梯级调度的目标、原理、具体操作方式以及可能对生活环境和社会经济产生的影响了解甚少。这种信息不对称使公众在面对复杂议题时，难以形成清晰的认知和判断。另一方面，公众参与决策的制度性渠道尚不健全，缺乏规范、有效的意见收集和反馈机制。在重大调度决策制定过程中，公众的合理诉求难以全部在决策过程中得到充分体现和重视，这种状况不仅削弱了公众对水资源管理事务的参与热情，也不利于凝聚社会共识，形成全社会共同参与、共同支持水资源多维度再生利用的良好氛围。

（二）长江干流"水电梯级调度"多维度利用水资源的措施

新中国成立后，长江流域水库群规模大、调节能力强，三峡水库是联合调度核心。如今参与联合调度的工程较多，调度目标不断拓展，相关部门建立机制、出台办法，成效显著。2023年10月，习近平总书记强调建设安澜长江，为水库群联合调度指明了方向，助力流域可持续发展。三峡集团统一管理葛洲坝、三峡等6座干流水利枢纽，开展"六库联调"。依托自主系统高效监测预报，调度范围拓展，在能源战略等方面发挥重要作用，且迈向"智慧梯调"，业务向金沙江流域延伸。

1. 构建统一协调架构

为破解长江干流"水电梯级调度"协调难题，应建立一个具有权威性、综合性的统一调度管理机构，整合各方资源，制定涵盖全流域的统一调度规则和总体目标。在具体运作过程中，应建立公平合理的利益共享与补偿机制，以平衡不同开发主体之间的利益关系。例如，对于那些因服从整体调度安排而牺牲部分自身发电效益的电站，统一调度管理机构可通过财政补贴、税收优惠、电量指标奖励等多种方式给予这些电站相应的经济补偿。同时，在政策层面为其提供诸如优先参与电力市场交易、项目审批绿色通道等支持，以激励各电站积极配合统一调度，确保水资源多维度再生利用目标的顺利实现。

2. 深化生态影响评估与修复

为完善生态影响评估制度，弥补现有不足，应构建一套科学、全面、动态的评估体系。引入生态学、水文学等多学科的专业团队，开展长期、系统的生态监测与评估工作。针对珍稀水生生物保护，设立专项监测项目，利用先进的追踪技术、声学监测设备以及基因分析手段，精准掌握其种群数量、分布范围、洄游路线以及繁殖状况等关键信息的动态变化。同时，加大生态修复的投入力度，综合运用工程与生态环境保护措施来改善水生生物的栖息环境。例如，在大坝建设时同步规划和建设鱼道、鱼闸等过鱼设施，结合生态调度技术模拟自然水流助鱼类过坝。此外，投放人工鱼礁提供栖息觅食地，开展增殖放流活动，补充珍稀鱼类种群数量。最后，科学进行生态调度，保障河流生态流量，维持基本生态功能，促进生态系统的自我修复和良性发展。

3. 完善水资源监测网络

为提升水资源监测的精度和广度，加大对长江干流水资源监测体系建设的资金和技术投入。首先，基于流域水资源分布特征和调度管理需求，优化监测站点布局，加密重点区域（如生态敏感区、水源保护区、大型水利枢纽上下游等）和关键节点（如支流与干流交会处、水文特征变化显著区域等）的监测站点，确保能够全面、实时地捕捉水资源的时空变化信息。其次，积极引进和应用先进的监测技术与设备，如高精度水质传感器、多普勒流速仪、卫星遥感监测系统、无人机监测平台等，以提高监测数据的准确性、可靠性和实时性。同时，依托现代信息技术，构建水资源大数据平台，实现各类监测数据的集成整合、共享交换和深度分析。借助大数据分析、人工智能和机器学习等前沿技术手段，对水资源的变化趋势进行精准预测和智能预警，从而为"水电梯级调度"决策提供全方位、多层次的数据支持和科学依据。

4. 拓展公众参与途径

为提高公众在长江干流"水电梯级调度"中的参与度，加强宣传教育，拓宽信息传播渠道，提升公众对水资源多维度再生利用的认知水平和参与意识，各方应通过电视、广播、报纸、网络新媒体等多种媒体平台，开展形式多样、内容丰富的科普宣传活动，向公众普及"水电梯级调度"的基本知识、重要意义以及对社会经济和生态环境的影响；制作专题纪录片、公益广告、科普文章等宣传资料，深入浅出地解读相关政策法规和技术原理，增强公众对这一复杂议题的理解和关注；建立健全公众参与决策的长效机制，拓宽公众意见表达渠道。除了传统的问卷调查、听证会和座谈会等形式外，充分利用互联网技术，搭建在线参与平台，如官方网站留言板、社交媒体互动群组和移动应用程序等，方便公众随时随地表达意见和建议。在决策过程中，认真梳理、分析和研究公众反馈的信息，将合理的意见和建议充分纳入决策考量范围，并及时向公众反馈决策结果和意见采纳情况，形成政府、企业与公众之间的良性互动，共同推动长江干流水资源的科学管理和可持续利用。

5. 完善基础建设与机制

建设水情遥测系统，为预测预报提供数据支撑；开发水资源综合利用决策支持系统，为调度提供多种方案，从而提升水资源管理的基础能力；攻克调度模型难题，提升预测预报能力，并搭建科技创新平台推动技术创新；在汛前开展遥测站点的巡检与维护，修订预报会商制度，组织防汛演习演练以提升实战能力；践行生态与通航保障，优化电站泄洪方式，并配合升船机试航等措施，实现良性循环；修订预警管理制度，对电站及施工现场进行滚动监测预报，以保障施工安全；强化流域水工程的统一联合调度，完善联合调度机制，深化关键技术研究，提升调度现代化水平，保障水资源可持续利用。

三、长江干流"水电梯级调度"多维度利用水资源评述

（一）发电效益显著提升

通过实施科学精细的"水电梯级调度"策略，长江干流各水电站实现了联合优化运行，显著提高了水能资源的利用效率。各电站依据上下游水位、流量和来水预测等实时数据，运用先进的优化算法和智能控制系统，动态调整机组出力，有效减少了弃水现象，大幅增加了发电量。以三峡—葛洲坝梯级电站为例，经过多年的调度实践优化，该电站多年平均发电量比传统调度模式的发电量有了显著增长。通过实时掌握流域电站的运行状况，精准预测市场供需，合理规划发电策

略，在枯水期实现了发电量的增长。例如，2020年1—4月，大渡河公司的发电量同比上升。汛期则依靠先进的径流预报技术，提高预报精度和延长预见期，进一步增加了发电量。整体而言，梯级电站协同产生的发电效益超过单电站之和，多个时段发电量创造新高。例如，5年中部分梯级电站年均发电量超设计值，2024年汛期部分梯级电站高峰出力和单日最大发电量均有重大突破。这不仅为国家能源供应提供了大量清洁、稳定的电能，有力支撑了国民经济的快速发展，而且在一定程度上缓解了我国对传统化石能源的依赖，推动了能源结构的优化升级。

（二）防洪减灾能力增强

在汛期，长江干流的"水电梯级调度"发挥了强大的防洪减灾作用。通过联合调度各水库，依据洪水预报模型和实时监测数据，科学地提前腾出库容，有序拦蓄洪水，有效削减洪峰流量，显著减轻了中下游地区的防洪压力。在近年多次遭遇特大洪水的严峻考验中，长江干流梯级水电站紧密协同，精准调度，成功拦截了大量洪水，如成功应对长江2020年第5号洪水，保障了中下游地区数百万人口的生命财产安全以及武汉、南京等重要城市的正常运转，为维护社会稳定和经济发展作出了巨大贡献。此外，梯级水库群拦蓄大量洪水、削减洪峰，三峡建库后累计拦蓄近2000亿立方米，有效降低了中下游洪峰水位，减少了灾害损失，保障了包括成昆铁路、荆江河段等在内的重要设施和区域的防洪安全，多次避免了荆江分洪区启用及大量人口转移。

（三）航运条件显著改善

"水电梯级调度"的实施可以合理调节水库的下泄流量，又能在枯水期确保航道的基本水深要求，有效改善了航运条件。同时，船闸调度管理系统不断优化升级，采用智能化控制技术，实现了船舶通行的高效有序调度，大幅提高了船舶的过闸效率。近年来，长江干线部分关键航段的通航能力显著提升，万吨级船队的通航里程进一步延长，内河航运的运输成本明显降低，有力促进了长江流域内的物资流通和区域经济一体化发展，带动了沿线产业的集聚和贸易的繁荣。例如，自三峡船闸通航以来，货运量持续增长，累计货运量近17亿吨，近年来全年累计通过量稳定超过1.5亿吨。向家坝升船机过货量表现出色，连续5年超出设计标准，有力地推动了长江航运事业的发展。

（四）水资源综合利用水平提升

在灌溉季节合理调配水资源，确保了沿江地区大规模农田的灌溉需求，有力保障了农业生产的稳定和粮食安全。优化水库调度运行方式，改善了局部地区的水环境质量，增强了水体的自净能力，减少了水污染风险。在一些水资源短缺的地区，水库的适时补水有效缓解了当地水资源的供需矛盾，为城乡居民的生活用水和工业生产用水提供了可靠保障，促进了区域经济社会的协调可持续发展。乌东德、白鹤滩等水电站的建成投运扩大了联合调度范围，提高了水资源利用率。这不仅有力支持了国家"西电东送"能源战略和长江大保护行动，还促进了长江经济带的发展以及国家生态文明建设。

（五）生态保护取得积极进展

在珍稀水生生物保护方面，通过实施生态调度和建设生态保护设施，部分珍稀物种的生存环境得到了显著优化，种群数量呈现企稳回升的积极态势。例如，中华鲟等珍稀鱼类的栖息地生态环境有所改善，其繁殖活动得到了有效恢复，幼鱼资源量也有所增加。同时，河流生态系统的整体结构和功能也逐渐恢复，水生植被覆盖面积扩大，生物多样性指数上升，生态系统的稳定性和抗干扰能力得到增强，为长江流域生态安全屏障的构建奠定了坚实基础。积极开展生态调度试验，极大促进了鱼类繁殖，多个断面的鱼类产卵量屡创新高，如葛洲坝下游及三峡生态调度期间的鱼类产卵规模可观。此外，梯级水库持续为长江中下游补水，显著改善了水生态系统的健康状况，补水总量和时长都达到较高水平，有效避免了对鱼类生存环境的不利影响，对维护长江生态平衡发挥了重要作用。

第二节

有限利用——不可再生资源的开发利用

一、不可再生资源合理开发利用的成就

（一）"十一五"时期的不可再生资源的合理开发利用

矿产资源 "十一五"期间，煤炭、钢、铜、铝、铅、锌、镍、

锡、锑、汞、镉、铋、水泥等产量和消费量均居世界第一位。我国煤炭产量增长28%，原油增长10%，天然气增长65%，铁矿石增长82%，粗钢增长50%，十种有色金属增长61%。矿产资源总体查明率平均仅为36%，铁、铝土矿查明率分别为27%、19%。新发现矿产地2839处，多数重要矿产查明资源储量有新的增长，石油剩余技术可采储量增长14.9%，天然气增长25.9%，煤炭查明资源储量增长15.6%，铁矿增长19.7%，铜矿增长14.1%。全国已有31个省（区、市）建立了矿山地质环境治理恢复保证金制度，恢复矿山土地面积约49.6万公顷，治理矿山地质灾害5195处，治理已破坏的地形地貌景观2527处[1]。2010年，我国的原煤产量达32.4亿吨，原油2.03亿吨，天然气967.6亿立方米，发电量42065.4亿千瓦时，粗钢62695.9万吨，钢材79775.5万吨，十种有色金属3092.6万吨。

土地资源 "十一五"期间，我国保持了耕地面积的基本稳定，建成高产稳产基本农田超过1066.7万公顷（1.6亿亩），复垦了15%的工矿废弃地。2006年以来，实际复垦还耕面积9.9万公顷（148.5万亩），实际建新占用耕地面积7.6万公顷（114万亩）。2010年，全国国有建设用地供应总量42.8万公顷，其中，工矿仓储用地15.3万公顷，商服用地3.9万公顷，住宅用地11.4万公顷，基础设施等其他用地12.2万公顷。

（二）"十二五"时期的不可再生资源的合理开发利用

矿产资源 "十二五"期间，石油新增探明地质储量61.3亿吨，天然气3.92万亿立方米，页岩气累计探明地质储量5441亿立方米。"十二五"期末，石油剩余技术可采储量35亿吨，天然气5.2万亿立方米，煤炭查明资源储量1.57万亿吨，铁矿850.8亿吨，铜矿9910万吨，钨矿958.8万吨，金矿1.16万吨，钾盐10.8亿吨。"十二五"

---

[1] 国土资源部. 中国矿产资源报告·2011 [R]. 北京，2011.

期间，原煤产量192亿吨，原油产量10.5亿吨，天然气产量5941亿立方米，铁矿石产量68亿吨，粗钢产量38.5亿吨，铜、铝、铅、锌、镍、锡、锑、汞、镉、铋这十种有色金属总产量2.1亿吨，黄金产量2100吨，水泥产量115.7亿吨。截至2015年年底，矿山地质环境治理恢复面积约81万公顷，治理率为26.7%，191家矿山企业作为试点单位通过国家级绿色矿山试点单位评估[①]。

土地资源 "十二五"时期，大规模开展高标准农田建设，全国整理农用地5.3亿亩，建成高标准农田4.03亿亩，补充耕地2767万亩，补充耕地的70%来源于土地整理复垦，共整理农村闲置、散乱、粗放建设用地233.7万亩，复垦历史遗留工矿废弃地936.6万亩，改造开发城镇低效用地150万亩，100个国家扶贫开发工作重点县被纳入全国500个高标准农田建设示范县范围，加强了农田基础设施建设，土地复垦率提高了12.5%[②]。2015年，全国国有建设用地供应总量53万公顷，其中，工矿仓储用地12万公顷，房地产用地12万公顷，基础设施等其他用地29万公顷。

（三）"十三五"时期的不可再生资源的合理开发利用

矿产资源 截至2020年年底，已发现矿产173种，其中能源矿产13种，金属矿产59种，非金属矿产95种，水气矿产6种。煤炭储量为1622.88亿吨；石油剩余探明技术可采储量36.19亿吨，天然气62665.78亿立方米，煤层气3315.54亿立方米，页岩气4026.17亿立方米；铁矿石储量108.78亿吨，锰矿石21295.69万吨，铜矿2701.3万吨，金矿1927.37吨。2020年，煤炭产量为39.0亿吨，石油1.95

---

① 国土资源部. 中国矿产资源报告·2016 [M]. 北京：地质出版社，2016: 1-2.
② 全国土地整治规划（2016—2020年）[EB/OL]. (2017-05-17) [2024-12-28]. https://www.ndrc.gov.cn/fggz/fzzlgh/gjjzxgh/201705/t20170517_1196769_ext.html.

亿吨，天然气 1925 亿立方米，铁矿石 8.7 亿吨，粗钢 10.65 亿吨，十种有色金属 6167.98 万吨，铜精矿 167.3 万吨，铅精矿 132.9 万吨，锌精矿 276.9 万吨，磷矿石 8893.3 万吨，水泥 24 亿吨。矿产资源开发（非油气）全员劳动生产率提升至 2120 吨/（人·年）。2020 年，全国新增矿山恢复治理面积约 4.16 万公顷。全国绿色矿山共有 1249 家[①]。"十三五"期间，新发现 8 个亿吨级油田、5 个千亿立方米天然气田、5 个千亿立方米页岩气田、311 个大中型矿产地，锰、锂、石墨等矿产已探明储量有较大幅度增长。青海共和盆地干热岩、京津冀地热、北方砂岩型铀矿等清洁能源勘查取得重要进展。页岩气形成了涪陵和川南 2 个万亿立方米大气田，年产量约 200 亿立方米，页岩油在鄂尔多斯盆地发现了储量规模超 10 亿吨的庆城大油田。

土地资源 "十三五"时期，完成了 2020 年 18.65 亿亩耕地保有量任务。年均治理沙化土地面积约 3000 万亩，共治理修复了历史遗留的废弃矿山 400 多万亩。2020 年，全国国有建设用地供应总量 65.8 万公顷，其中，工矿仓储用地 16.7 万公顷，房地产用地 15.5 万公顷，基础设施用地 33.7 万公顷。

（四）"十四五"以来的不可再生资源的合理开发利用

矿产资源 截至 2023 年年底，我国已发现 173 种矿产，其中，能源矿产 13 种，金属矿产 59 种，非金属矿产 95 种，水气矿产 6 种。油气和非油气矿产地质勘查投资均连续 3 年实现正增长，2023 年新发现矿产地 124 处。2023 年，我国油气勘查在塔里木、准噶尔、渤海湾等大型含油气盆地的"新层系、新类型和新区带"获得重大突破。非油气矿产勘探中，煤、铜、金、锂、磷等的勘探取得重大进展。2023 年，煤炭储量为 2185.7 亿吨；石油剩余探明技术可采储量 38.51 亿吨，天

[①] 自然资源部. 中国矿产资源报告·2021 [M]. 北京: 地质出版社, 2021: Ⅰ, 4, 5, 13, 16, 18, 19.

然气 67424.52 亿立方米；铁矿石储量 169.17 亿吨，锰矿石 26129.79 万吨，铜矿 4064.79 万吨，金矿 3203.77 吨。2023 年，煤炭产量为 47.1 亿吨，石油 2.09 亿吨，天然气 2324.3 亿立方米，铁矿石 9.9 亿吨，粗钢 10.02 亿吨，铜精矿 161.9 万吨，铅精矿 161.4 万吨，锌精矿 296.5 万吨，十种有色金属 7469.8 万吨。截至 2023 年年底，共建成国家级绿色矿山 1074 座[①]。2023 年，全国新发现 4 个亿吨级油田和 4 个千亿立方米级气田，钨、钼、锑、晶质石墨、磷矿等矿产的优势地位得到进一步巩固，锂、钴、镍等矿产取得重大找矿突破。2024 年，我国重要矿产资源开发再创新高，全年煤炭产量约 47.6 亿吨，全年原油产量约 2.12 亿吨，全年天然气产量约 2450 亿立方米，铁矿石产量持续增长，十种有色金属产量再创新高。

土地资源 2022 年，全国国土变更调查成果显示，全国共有耕地 12758 万公顷，园地 2011.3 万公顷，林地 28354.6 万公顷，草地 26428.5 万公顷，湿地 2356.9 万公顷，城镇村及工矿用地 3596.8 万公顷，交通运输用地 1018.6 万公顷，水域及水利设施用地 3629.6 万公顷。2023 年，耕地和永久基本农田面积分别保持在 18.65 亿亩和 15.46 亿亩以上；全年全国国有建设用地供应总量 74.9 万公顷，其中，工矿仓储用地 17.5 万公顷，房地产用地 8.4 万公顷，基础设施用地 49 万公顷；完成全域土地综合整治 25.2 万公顷，实现新增耕地 3.1 万公顷，减少建设用地 0.8 万公顷。

二、福建木兰溪流域的综合治理及全域土地综合整治

（一）木兰溪治理的生动实践

木兰溪是福建省东部独流入海的重要河流，是莆田市的母亲河。

[①] 自然资源部. 中国矿产资源报告·2024 [M]. 北京：地质出版社，2024：Ⅰ，5，6，15，24.

它承载着千年的水利历史，宋代木兰陂的修筑，让兴化平原从沧海变为桑田，孕育了灿烂的莆阳文化。但木兰溪上下游落差大，下游平原排水不畅且设防标准低，导致水患频发。新中国成立后，虽多次进行规划治理，但成效不佳。直至1999年，习近平同志亲自擘画并推动木兰溪综合治理，经过20多年的接力整治，木兰溪实现了从水患之河到造福人民的生命之河、安全之河、生态之河、发展之河的转变，成为新中国水利史上"变害为利、造福人民"的成功范例，为当代治水提供了宝贵的木兰溪样本[1]。

2021年，"木兰溪综合治理"被写入《"十四五"规划和2035年远景目标纲要》，标志着木兰溪流域治理进入新的历史阶段。依据自然资源部开展全域土地综合整治试点工作的政策要求，莆田市在木兰溪南岸的新度镇和黄石镇开展全域土地综合整治和生态修复试点工作。木兰溪南岸全域土地综合整治试点涵盖荔城区的新度镇、黄石镇，涉及20个村，总面积达5.5万亩。该区域是莆田传统农耕精华灌区，也是木兰陂世界灌溉工程遗产的主要遗存区，拥有悠久的治水整土历史

---

[1] 一张蓝图绘到底　绿色发展惠民生[EB/OL].(2019-07-18) [2025-03-28]. https://www.12371.cn/2019/07/18/ARTI1563442107287123.shtml.

和深厚的生态文化底蕴。该区域第一产业以水稻和荔枝种植为主，第二产业涵盖鞋材加工贸易、饲料生产、机械配件等，经济基础较好。新渡镇被誉为"中国禽苗之乡"，黄石镇在2021年入选"全国综合实力千强镇"。近年来，新度镇和黄石镇受村庄无序建设、人口老龄化以及就业非农化等因素的影响，暴露出一系列问题。耕地碎片化严重，撂荒现象突出，村居布局杂乱，公共服务和基础设施匮乏，农田生态退化，水污染等环境问题未得到解决，与北岸形成鲜明反差，城乡空间不协调[①]。

为实现新时期高质量发展目标，《莆田市国土空间总体规划（2021—2035年）》提出，依托木兰溪传统精华灌区推进耕地和永久基本农田集中布局，打造生态绿心和木兰溪生态文旅带，以实现保护资源生态、改善乡居环境、振兴乡村产业、控制城市蔓延的多赢局面。要达成这一目标，迫切需要对区域内的山水林田湖草沙进行全要素综合整治和配置优化，构建有利于高质量发展的空间基底。基于此，莆田市积极申报并成功入选全域土地综合整治国家级试点，在木兰溪南岸新度镇和黄石镇开展全域整治，实施了农用地整理、建设用地整理、乡村生态治理修复、乡村历史文化保护、产业融合发展五大工程。整治后，两个镇的耕地质量等别分别平均提升0.1等、0.3等，农业种植效益预计提高三成以上，耕地布局将从分散零碎转变为集中连片。2024年9月10日，两个镇的试点入选自然资源部全域土地综合整治第二批典型案例，成为福建省首个入选试点，为区域发展注入了新的活力[②]。

---

① 美丽蝶变展新颜——看木兰溪南岸全域土地综合整治和生态修复"莆田样板"[EB/OL]．（2022-03-22）[2025-03-28]．https://www.putian.gov.cn/zwgk/ptdt/ptyw/202203/t20220322_1712925.htm．

② 木兰溪南岸全域土地综合整治试点入选[EB/OL]．（2024-09-13）[2025-03-28]．http://fujian.gov.cn/zwgk/ztzl/sxzygwzxsgzx/flsxkmh/202409/t20240913_6517496.htm．

（二）木兰溪综合治理的主要做法

1. 夯实基础，提高生态产品价值

在全国范围内，莆田市率先开启"防洪保安、生态治理、文化景观"三位一体的创新治理模式，力求达成"人水和谐、产城融合"的理想目标。

划定高压线　坚持零容忍　莆田市精心制定《木兰溪全流域治理生态提升规划》，科学划定河道岸线、蓝线等关键保护控制线，并在全国率先分级确界竖桩，以此明确各乡镇交接断面的责任归属。在产业管控方面，严格实施主要流域全面禁止新建水电站、石材加工、矿山开采等项目的规定。同时，全面搬迁畜禽养殖场与排污企业，针对畜禽养殖污染问题，大力推进整治工作，从源头上减少了对木兰溪流域的污染。

深化河湖管护机制　实行流域双河长制度，对存在问题的河道进行重点督导。莆田市在全国率先开创外企认养河道的先例，为社会力量参与河道治理提供了新路径。同时，率先实行河长日制度，将每个月 20 日设定为河长日，以此规范河长常态化履职。此外，建立"智慧河流"平台，利用现代信息技术推进河务监管的网格化、信息化。据莆田市水利局相关报道，通过"智慧河流"平台，实现了对河道水质、水位等数据的实时监测，大大提高了河道管理效率。

建立法治化护航防线　出台了一系列具有针对性的法规，如《东圳库区水环境保护条例》《湄洲岛保护条例》《木兰溪保护条例》等。建立"部门协作＋区域联动"生态护河机制，实现"协同预防、快查快办"的高效治理模式。公检法、农林水、环保等多部门联动执法，在全国率先同步设立了市法院、市检察院服务河长制工作站和河道警长。据莆田市中级人民法院发布的信息，自设立服务河长制工作站以来，处理了多起涉及木兰溪流域生态保护的案件，有力地打击了破坏

生态环境的违法行为。

践行"两山"理念 莆田市出台木兰溪流域"两山"基地建设实施方案,探索出极具成效的"绿水青山就是金山银山"实践路径。在上游地区,构建生态补偿机制,下游区域积极为上游的生态保护工作提供支持,激励上游地区持续加大生态保护力度。在"壶兰耕读"区域,深入挖掘当地独特的农耕文化、民俗文化等特色资源,全力打造区域公共品牌,推出一系列特色农产品和乡村旅游产品。木兰溪流域凭借在"两山"转化方面的卓越实践,荣获全国"绿水青山就是金山银山"实践创新基地称号,成为国内首个以流域为单元创建"两山"基地的范例。

2. 多点发力,实施生态修复和保护补偿

推进蓝色海湾整治 自然岸滩整治及修复、海岸带生态修复、湿地生态修复等一系列措施,有效提升了海岸线的稳定性和入海口水质。在湿地保护方面,设计严格的保护区、缓冲区,以此保护湿地动植物的自然栖息环境,维持滩涂生态系统的完整性。突出滨海湿地的自然特征,优化生态系统,构建合理的空间体系,以实现"绿色生态"与"蓝色经济"之间的平衡。根据《莆田市蓝色海湾整治行动项目实施方案》,项目实施后,木兰溪入海口的红树林面积从原来的基础上增加至1430亩,红树林防风消浪、净化海水等生态功能得到有效发挥。

实施流域生态补偿 按照《木兰溪流域生态补偿办法》,主要针对木兰溪流域下游地区(以木兰陂为界)的荔城区、涵江区、秀屿区,市级财政按照上年度市财政总收入3‰的比例,积极筹集资金,并努力争取中央、省级财政专项资金,用于补助上游地区仙游县、城厢区的水生态环境保护工作。这一机制使当地财政每年可筹集约6000万元补偿金,有效推动了上下游地区在生态保护方面的协同发展。

保护城市"绿心" 依托发达的南北洋水系,在莆田市主城区内保

留一片面积达 65 平方千米的生态绿心保护体系。其中，重点保护荔枝林 6000 亩，并建成荔枝林景观带 11 条，形成了城市的"绿肺"。该区域水面率超过 15%，生态绿心保护修复项目荣获"中国人居环境范例奖"。生态绿心的保护不仅改善了城市生态环境，还提升了城市的宜居品质，为市民提供了更多亲近自然的空间。

3. 重点突破，推动可持续经营开发

全面推进木兰溪流域可持续的综合开发，为提升人居环境和实现生态产品价值筑牢基础。

推进木兰溪南岸全域土地综合整治试点项目建设　将木兰溪南岸生态建设纳入土地整治提升的重点区域，统筹山水林田湖草系统治理。对南岸邻河侧无序的村庄建设用地、零散废弃工业厂房用地进行集中复垦，并将复垦后的土地全部划入永久基本农田，作为"万亩方"生态廊道予以严格保护，致力于打造木兰溪生态治理的样板区域。逐步

构建起"农田集中连片、乡村集聚美丽、产业融合发展"的新格局。木兰溪南岸全域土地综合整治试点项目实施后，土地利用效率显著提高，生态环境得到极大改善。

推进兰溪绶溪片区生态环境导向（EOD）开发项目 木兰溪绶溪片区项目成功入选第二批生态环境导向的开发（EOD）模式试点项目名单。该项目将荔枝林保护、内河整治、文化传承、经营性产业开发等进行系统集成和一体化推进，精心打造"山水林田湖草城"有机融合的"城市客厅"，实现产业收益对生态环境治理的有效反哺。兰溪绶溪片区在开发过程中，注重生态与产业的协同发展，吸引了众多企业投资，带动了当地经济发展，同时提升了区域生态环境质量[①]。

三、福建木兰溪流域的综合治理及全域土地综合整治评述

（一）优化资源利用，驱动产业升级

木兰溪流域借助空间腾挪、集中安置、产业集聚等建设用地整治行动，极大地提升了建设用地的承载能力与利用效率，盘活低效用地 1416 亩，腾退建设用地 997 亩，为新产业新业态项目发展提供用地 304 亩。产业集聚促使各类产业向特定园区汇聚，形成产业集群效应，有力提升了产业竞争力。绿满山水百业兴，木兰溪两岸产业串珠成链，沿岸布局 13 条重点产业链，推动经济结构向绿色低碳转型。鞋服、食品、工艺美术等传统产业焕发新生机，新型功能材料产业集群规模不断扩大，电子信息、高端装备等新兴产业蓬勃发展。2023 年，莆田市地区生产总值实际完成 3070.73 亿元，同比增长 3.6%。其中，第一产业增加值 149.94 亿元，增长 3.5%；第二产业增加值 1503.32 亿元，

---

① 福建生态产品价值实现机制典型经验之莆田市木兰溪治理：生态产品价值实现机制的探索实践 [EB/OL]. （2024-08-16）[2025-03-28]. https://fgw.fujian.gov.cn/zwgk/xwdt/sxdt/202408/ t20240816_6503087.htm.

增长 2.9%；第三产业增加值 1417.47 亿元，增长 4.4%。

（二）推进水旅融合，激活绿色经济

木兰溪全域治理激发了城市发展动能，提高"含绿量"，提升增长"含金量"，木兰溪南岸绿色、生态、品牌农业以及观光、旅游农业以全域治理为发展契机，聚焦"水＋文旅"融合发展，聚力打造"水利＋文旅"融合示范带。发挥"壶山兰水"的景观格局、"荔林水乡"的地域特色、"河网密集"的水系特点、"山海相连"的地理特征优势，以木兰溪水脉串联起莆田历史文脉，开通了绶溪公园至白塘湖、玉湖的水上巴士生态旅游航线。将自然美景转化为推动地方经济社会发展的新动力，进一步彰显了木兰溪生态绿色经济品牌形象。莆田市接待旅游总人数从 2005 年的 319.07 万人次增加到 2023 年的 2980.19 万人次，旅游总收入从 2005 年的 24.93 亿元增加到 2023 年的 229.44 亿元[①]。

（三）完善绿色金融，助力持续发展

2024 年莆田市出台了《发展绿色金融支持碳达峰碳中和行动的"木兰方案"》，在全省率先推动碳减排支持工具落地实施。截至 2023 年，全市碳减排支持工具发放金额居全省第三位，支持煤炭清洁高效利用专项再贷款发放金额居全省第二位，绿色信贷余额 173.8 亿元，增长 34.1%。利用莆惠金服平台，建立绿色金融专区，并对企业履行社会责任的情况进行评估。目前，该平台已经上线 12 款绿色信贷产品，1000 多家企业参与评估。通过评估的企业在绿色金融支持方面可享受更多优惠政策，进一步推动了全市绿色产业的蓬勃发展，为木兰溪流域乃至全市的可持续发展筑牢了金融支撑，形成了绿色金融与实体经济相

---

① 倡导"生态＋"理念 莆田木兰溪流域实现生态与产业深度融合 [EB/OL]. (2024-12-27) [2025-03-28]. https://local.cctv.com/2024/12/27/ARTI05Eubc21YWEXSDPdjkFN241227.shtml.

互促进的良好局面。

（四）重构生态体系，增强生态韧性

木兰溪治理通过水环境综合治理、河道综合整治以及生态农田建设等一系列举措，全方位改善了河道防洪排涝能力与水环境质量，逐步恢复了木兰溪的水生态功能，主要断面水质达标情况显著好转，氨氮、化学需氧量等污染物浓度大幅降低。区域生态景观格局焕然一新，木兰溪沿岸的鸟类等生物种类明显增多，生态韧性显著增强，生态系统朝着更加平衡、稳定的方向持续迈进。为其他地区的生态建设提供了可借鉴的经验，在改善水生态环境、推动生态系统良性循环方面，为不同区域的生态治理提供了有益的思路和实践范例，助力各地在生态保护与发展的道路上找到合适的方向。

（五）重大项目落地，推广成功经验

木兰溪下游水生态修复与治理项目入选全国重点流域水生态修复综合治理示范项目，通过湿地修复、河道生态化改造等工程，极大地改善了下游地区的水生态环境，提升了区域生物多样性，优化了水质。木兰溪全流域国土绿化项目入选全国试点，在全流域范围内广泛开展植树造林活动，显著增加了森林覆盖面积，为全国流域绿化工作提供了优秀范例。木兰溪防洪工程获评国家水土保持示范工程，通过科学规划和建设防洪堤、水闸等设施，在提升防洪能力的同时，有效减少了水土流失。木兰溪全流域系统治理经验被列入国家发展改革委印发的相关清单，向全国推广其成功治理模式，为其他地区的流域治理提供了重要参考，有力推动了全国流域治理水平的提升[①]。

[①] 福建生态产品价值实现机制典型经验之莆田市木兰溪治理：生态产品价值实现机制的探索实践[EB/OL].（2024-08-16）[2025-02-28]. https://fgw.fujian.gov.cn/zwgk/xwdt/sxdt/202408/t20240816_6503087.htm.

第三节

深化利用——合理开发利用海洋资源

一、海洋资源合理开发利用的成就

（一）"十一五"时期海洋资源的合理开发利用

"十一五"期间，我国海洋经济年均增长 13.5%，持续高于同期国民经济增速。2010 年，全国海洋生产总值 38439 亿元，比"十五"期末翻了一番多，占国内生产总值的 9.7%。海洋产业增加值 22370 亿元，海洋相关产业增加值 16069 亿元；海洋第一产业增加值 2067 亿元，第二产业增加值 18114 亿元，第三产业增加值 18258 亿元。沿海地区增长极不断涌现，环渤海、长江三角洲和珠江三角洲地区海洋经济规模不断扩大，2010 年三大区域海洋生产总值占全国海洋生产总值的比重达 88%。海上风能发电技术进入商业化运行阶段，潮流能、波浪能发电技术进入示范运行阶段，海水提取钾、溴、镁技术进入工业化试验阶段。以海洋高技术为支撑的海洋新兴产业快速发展，年均增速超过 20%。2010 年，海水利用业增加值近 9 亿元，比"十五"期末翻了一番多；海洋可再生能源产业增加值近 40 亿元，比"十五"期末翻了三番多，一批新型服务业态加快发展。2010 年，沿海港口千吨级以上泊位通过能力超过 55 亿吨，深水泊位 1774 个，较"十五"期末分别新增 30 亿吨和 661 个。截至 2010 年年底，超过亿吨的港口 20 余

个，货物吞吐量连续7年保持世界第一；海洋油气生产跨入大国行列，2010年海洋油气产量超过5000万吨油当量；2010年造船工业的造船完工量、手持订单量、新承接订单量均居世界第一，船舶出口覆盖全球169个国家和地区[①]。

（二）"十二五"时期海洋资源的合理开发利用

"十二五"期间，我国海洋经济年均增长8.1%。2015年，全国海洋生产总值64669亿元，比"十一五"期末增长了65.5%，占国内生产总值比重达9.4%；全国海洋产业增加值38991亿元，海洋相关产业增加值25678亿元，其中，海洋第一产业增加值3292亿元，第二产业增加值27492亿元，第三产业增加值33885亿元，海洋经济三次产业结构为5.1∶42.5∶52.4。"十二五"期间，北部、东部和南部3个海洋经济圈基本形成，传统海洋产业加快转型升级，新兴海洋产业保持较快发展，年均增速达19%，滨海旅游业年均增速15.4%。一批海洋关键技术取得重大突破，海洋科技成果转化率超过50%，兆瓦级海洋潮流能装备正式并网发电。"一带一路"建设顺利实施，我国与共建"21世纪海上丝绸之路"国家在基础设施建设、经贸合作、环境保护、人文交流、防灾减灾等领域展开了务实合作[②]。

（三）"十三五"时期海洋资源的合理开发利用

"十三五"期间，我国海洋经济年均增长4.26%。2020年全国海洋生产总值80010亿元，比"十二五"期末增长了约24%，占国内生产总值比重达7.8%。其中，海洋第一产业增加值3896亿元，第二产

---

① 国务院关于印发全国海洋经济发展"十二五"规划的通知[EB/OL].（2013-01-17）[2025-02-28]. https://www.gov.cn/zhengce/zhengceku/2013-01/17/content_2572.htm.

② 全国海洋经济发展"十三五"规划[EB/OL].（2017-05-04）[2025-02-28]. https://zfxxgk.ndrc.gov.cn/web/iteminfo.jsp?id=419.

"两山"理念践行二十载：中国之答

业增加值 26741 亿元，第三产业增加值 49373 亿元。滨海旅游业受疫情影响较大，海洋油气业、海洋渔业、海洋交通运输业、海洋工程建筑业、海洋船舶工业等海洋产业快速复苏，产业增加值实现正增长，增速分别为 7.2%、3.1%、2.2%、1.5%、0.9%。截至 2020 年年底，管辖海域的 11 个油气开发新项目投产。2019 年 9 月底，海上风电行业实现累计并网容量 503.54 万千瓦，提前 15 个月完成"十三五"时期的装机规模目标。2019 年新增装机规模 250 万千瓦，是 2015 年新增容量的近 7 倍，占全球海上风电年度新增装机规模的约 40%。2020 年，全国海上风电新增装机容量 306 万千瓦，比上年增长 54.5%。新增国家级海洋牧场示范区 26 个，累计达 136 个。海洋资源利用和开发中科技元素更加耀眼，数字赋能产业转型不断升级，海洋领域新业态新模式不断涌现。

（四）"十四五"以来海洋资源的合理开发利用

"十四五"以来，我国海洋经济年均增长 5.4%。2023 年，全国海洋生产总值 99097 亿元，比"十三五"期末增长了约 24%，占国内生产总值的比重达 7.9%；海洋第一产业增加值 4622 亿元，第二产业增加值 35506 亿元，第三产业增加值 58968 亿元，分别占海洋生产总值的 4.7%、35.8% 和 59.5%。截至 2023 年年底，海上风电累计装机容量达到 3769 万千瓦，占全球比重约 50%，连续 4 年全球排名第一。

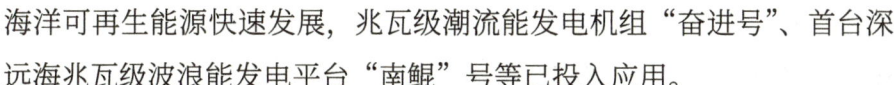

海洋可再生能源快速发展，兆瓦级潮流能发电机组"奋进号"、首台深远海兆瓦级波浪能发电平台"南鲲"号等已投入应用。

2024年，全国海洋生产总值105438亿元，比上年增长5.9%，增速比国内生产总值高0.9个百分点，占国内生产总值的7.8%；海洋第一产业增加值4885亿元，第二产业增加值37704亿元，第三产业增加值62849亿元，分别占海洋生产总值的4.6%、35.8%和59.6%。2024年海洋原油新增产量占全国原油新增产量的比重保持在60%以上；海上风电累计并网装机容量，全球占比超过50%。2024年海水淡化产量预计超过4亿吨，工业冷却海水用量超过1800亿吨；海洋水产品总量稳定增长，连续35年位列全球第一，成为名副其实的"蓝色粮仓"；船舶和海工装备市场份额占全球50%以上，海运量和集装箱吞吐量均超过全球的1/3，为全球经济增长提供了重要动力。海洋科技水平明显提升，海洋科技加速向智能化、无人化和数字化转变。

二、珠海"海上风电+牧场"模式

（一）珠海"海上风电+牧场"打造产业引擎

珠海市拥有227.26千米的绵长海岸线，262个大小岛屿星罗棋布，享有"百岛之市"的美誉，海域面积达9348平方千米。依托无可比拟的先天条件，珠海市坚持"统筹海洋经济发展与生态保护"和"培育海洋新质生产力"，加强陆海统筹、山海互济，探索"海上风电+海洋牧场"模式，依海而生、向海而兴，以"蓝色动能"驱动高质量发展新引擎，为开发蓝色资源、发展海洋经济提供了新路径。

发挥独特海洋资源优势　丰富的风能资源使珠海成为海上风电开发的理想之地，海风稳定且风力强劲，为大规模风电设施的高效运转提供了坚实保障。而广阔的海域空间，为海洋牧场的建设预留了充足空间，能容纳大规模的养殖设施布局与海洋生态修复工程的开展。在海洋牧场建设方面，珠海海域的生态环境多样，适合多种海洋生物栖息繁衍，将海上风电与海洋牧场相结合，能够充分挖掘和利用这些丰富的海洋资源，实现资源价值的最大化。

契合能源转型与绿色发展需求 随着全球对环境保护和应对气候变化重视程度的不断提升，珠海作为经济较为发达的沿海城市，迫切需要调整能源结构，减少对传统化石能源的依赖。珠海本地化石能源资源匮乏，能源供应对外依存度较高，这不仅增加了能源供应的成本，还对能源安全构成一定威胁。海上风电作为清洁、可再生能源，成为珠海能源转型的关键着力点。发展海上风电，可有效减少碳排放，改善空气质量，助力珠海实现绿色发展目标。将海上风电与海洋牧场融合，海上风电产生的电力可满足海洋牧场养殖设施的用电需求，拓展了风电的应用场景，提高了能源利用效率。同时，海洋牧场的发展也为海上风电产业带来新的经济增长点，二者相辅相成，共同推动珠海能源产业向绿色、可持续方向迈进。

破解渔业发展瓶颈 珠海传统渔业长期面临过度捕捞导致的渔业资源衰退问题。在近岸海域，由于多年的高强度捕捞，许多传统经济鱼类的种群数量急剧减少，渔业产量大幅下降。近岸养殖模式较为粗放，养殖设施简陋，大量养殖废水未经有效处理直接排入大海，导致海水富营养化，赤潮等海洋生态灾害频繁发生，严重破坏了海洋生态环境。海洋牧场作为现代化渔业发展模式，通过投放人工鱼礁、增殖放流等措施，能够改善海洋生态环境，增殖渔业资源。但海洋牧场建设成本高、运营管理难度大，海上风电与之融合后，可为海洋牧场提供稳定的电力支持。此外，海上风电场区域相对开阔，为海洋牧场提供了更广阔的养殖空间，缓解了近岸养殖空间不足的困境，促进了珠海渔业产业的转型升级。

响应政策支持与创新驱动 在国家"双碳"目标框架下，海上风电被赋予能源转型主力军的使命,《海洋牧场创新试点实施方案》提出构建"风电+牧场"的立体开发模式,实现风能资源与海洋渔业资源的深度融合与协同发展,为海洋经济的高质量发展指明了方向。珠海作为全国首个海洋综合管理试验区,要充分发挥政策优势,率先突破海域使用权立体分层确权制度,"生态补偿+用海置换"机制不仅有效解决了海上风电项目与海洋渔业资源之间的冲突问题,还为全国海洋资源的集约开发提供了宝贵的制度样本。

(二)"海上风电+牧场"开发模式

1. 资源整合——克服海域资源"利用难"

空间资源统筹 珠海对海上风电场与海洋牧场实施了一体化规划布局,在选址海上风电场时,珠海全面考虑了海洋生态环境、渔业资源分布及海域地理特征,以确保风机布局既能避免干扰海洋生物的迁徙与栖息,又能为海洋牧场提供充足的养殖设施安置空间。在金湾区三灶镇南侧约14千米的海域,珠海金湾海洋牧场示范项目与周边海上风电场协同建设,风机基础被设计为人工鱼礁,吸引海洋生物附着,同时在风机间隙区域设置了高密度聚乙烯(HDPE)重力式网箱等养殖设施,实现了海域空间的高效利用,有效改变了海上风电与渔业资源利用的传统分割状态。

能源资源调配 海上风电所生成的清洁电力,不仅被源源不断地输送到陆地电网,还被智慧地调配至海洋牧场。为确保海洋牧场中养殖设施的稳定作业,专门构建了电力传输与分配系统。珠海金湾海洋牧场通过海底电缆将电能直接引入牧场,为海水循环系统、饲料自动投喂设备、增氧装置以及水质监控设备提供了充足的电力支持。这一电力供给,确保了海水循环系统能为养殖区供应高质量海水,维持养殖环境的稳定,实现了海上风电与海洋牧场之间能源资源的优化配置与高效利用。

2. 技术创新——提升"海上风电+牧场"综合效益

海上风电技术优化 持续加大在海上风电技术研发方面的投入，提升风电设备的发电效率和稳定性。引进和研发先进的风机制造技术，可提高风机的单机容量和发电效率，降低发电成本。采用新型的叶片材料和设计，提高风机对风能的捕获效率；运用智能监测和控制系统，实时调整风机的运行状态，确保其在复杂的海洋环境下稳定运行。同时，加强海上风电并网技术研究，优化电网接入方案，提高了风电的消纳能力，保障海上风电产生的电能能够安全、稳定地输送到陆地电网和海洋牧场。

海洋牧场技术升级 在海洋牧场领域，大力推进养殖技术创新和设备智能化升级，如研发先进的精准饲料投喂技术，即根据养殖生物的生长阶段和需求，精确控制饲料投喂量，减少饲料浪费和对海水的污染。利用生物安全防控技术，预防和控制养殖生物疾病的发生。在养殖设备方面，引入智能化养殖平台和网箱，通过传感器实时监测养殖环境参数，如水温、盐度、溶解氧等，并根据监测数据自动调整养殖设施的运行状态，提高养殖效率和质量。此外，海洋牧场还不断加强对海洋生态修复技术的研究，通过投放人工鱼礁、增殖放流等措施，改善海洋生态环境，为海洋牧场的可持续发展提供技术保障。

3. 产业融合——推动海洋经济多元化发展

设施融合建设 在建设海上风电设施与海洋牧场养殖设施时，注重二者的融合与兼容性。在进行海上风电的风机塔架、基础等设施的设计和建造过程中，要考虑为海洋生物提供栖息条件，采用特殊的结构和材质，使其具备类似人工鱼礁的功能。部分风机基础采用多孔、粗糙表面的设计，方便海洋生物附着和繁衍。同时，在进行海洋牧场养殖平台和网箱等设施的选址和搭建时，还要充分考虑海上风电场的布局和运行特点，避免对风机运行造成干扰。一些智能化养殖平台的建造，采用了轻质、高强度材料，既能适应海上复杂的风浪环境，又能与海上风电设施和谐共处，实现了设施层面的有机融合。

产业联动发展　积极推动海上风电与海洋牧场以及相关产业的联动。海上风电为海洋牧场提供电力支持，促进渔业养殖向现代化、规模化发展，提升了水产品的产量和质量。海洋牧场的发展又为海上风电产业营造了相对稳定的运营环境，减少了周边海域人类活动的干扰。在此基础上，拓展产业边界，带动海洋旅游、海洋科研等相关产业发展。依托海洋牧场开展海上观光旅游项目，游客可以乘坐观光船游览海上风电场与海洋牧场，近距离观赏风机运转和养殖作业过程，体验渔业养殖的乐趣，进一步挖掘海洋资源的潜在价值，形成完整的产业生态链。

4. 政策支持——保障"海上风电＋牧场"模式顺利实施

立体分层设权政策　2023年，自然资源部印发了《关于探索推进海域立体分层设权工作的通知》，推动海域管理模式从平面向立体转变，为"海上风电＋海洋牧场"等海洋能源立体开发活动奠定了政策性基础，提高了海域立体空间的利用效率，缓解了用海权属交叉重叠和用海紧张现状，助力新模式新业态形成，解决海上风电融合开发海域审批难题，让企业受益。

政策供给与完善　加强政策供给，考虑多元化海域供应模式。例如，对于已确权海域，企业可通过租赁、置换等方式流转实现兼容利用，完善立体确权相关政策和技术规范，促进多产业融合发展。针对

综合开发建立专门制度体系和标准体系，鼓励企业按综合开发模式申请用海，推动项目落地[①]。

三、珠海"海上风电+牧场"模式评述

（一）拓展开发领域：国土开发空间格局的优化

当前，全球海洋产业正从"资源掠夺型"向"生态友好型"的范式转变。珠海模式通过技术创新与制度设计，实现了海域功能从单一利用向复合开发的升级，契合国际海洋治理的转型方向。《"十四五"海洋经济发展规划》提出，要"推动海洋产业生态化、生态产业化"，珠海市也出台了《海洋经济高质量发展行动计划》。珠海作为国家海洋经济创新发展示范城市，将"海上风电与海洋牧场融合发展"列为重点工程，计划到 2025 年建成 3 个以上"风电＋牧场"示范项目，推动海洋经济产值突破 2000 亿元。

（二）海洋经济新引擎：重构蓝色疆域的发展蓝图

在广阔海域开发"海上风电＋牧场"模式是一种创新，引领着海洋经济的新一轮变革。该模式不仅破解了传统海洋开发的局限性，还为实现海洋资源的高效利用和可持续发展树立了新的标杆。通过海上风电与海洋牧场的深度融合，珠海成功探索出一条依海富市、人海和谐的发展道路，为海洋经济的转型升级提供了有力支撑。

（三）技术创新引领：打造智慧海洋的工业 4.0 标准

珠海"海上风电＋牧场"模式的核心技术创新，集成了 23 项发明专利和 56 项实用新型专利，构建了一个智慧海洋系统。通过采用全球

---

① "世界海洋日"新闻发布会[EB/OL]. (2021-06-08) [2025-03-28]. https://nr.gd.gov.cn/xwdtnew/xwfbh/content/post_3815645.html.

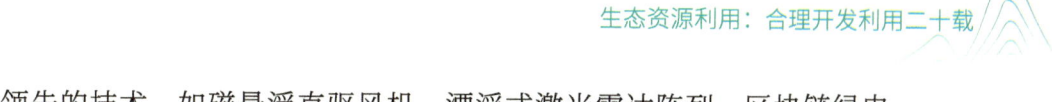

领先的技术,如磁悬浮直驱风机、漂浮式激光雷达阵列、区块链绿电溯源系统等,该模式实现了能源链、生物链跨界融合的全面革新。这些技术创新不仅提高了风电效率和养殖产量,还降低了度电成本和水产养殖综合成本,为海洋经济的绿色发展提供了强大动力。

(四)生态共荣共生:工业文明与海洋生命的和谐共存

在珠海海域,随着"海上风电+牧场"模式的实施,海洋生态系统得到了显著改善。通过构建人工生态系统、实施碳汇增强计划和生物多样性保护网络,珠海模式不仅促进了海洋生物的繁殖和生长,还增强了海洋碳汇能力,为应对气候变化贡献了力量。这一模式的成功实践,展示了人类与自然和谐共生的美好愿景,为海洋生态文明建设提供了有益借鉴。

(五)产业升级转型:蓝色经济共同体的崛起

珠海"海上风电+牧场"模式不仅带来了技术创新和生态改善,还推动了海洋产业的升级转型。在装备制造领域,珠海涌现出一批新产品,如"风电—养殖"一体化平台、超低温急冻装置等,这些创新产品为海洋经济的发展注入了新的活力。同时,服务经济新形态和就业结构新变革也随之产生,如"海洋元宇宙"体验馆等新型服务业态的兴起,以及传统渔民向海洋技术员的转型等,都为珠海海洋经济的多元化发展提供了有力支撑。

(六)制度创新保障:中国海洋治理的范式突破

珠海"海上风电+牧场"模式的成功实施,离不开制度创新的保障。珠海在全国首推海域空间"立体分层确权"制度,解决了传统用海冲突问题,建立了海洋生态产品总值(GEP)核算体系,将碳汇、生物多样性等指标纳入政绩考核,推动了生态产品价值的实现。与港澳共同制定海洋空间规划技术标准，建立了跨境生态补偿基金和大湾区海洋法院等协同治理机制，为海洋治理提供了新范式。这些制度创新为珠海模式的推广和复制提供了有力保障。

（七）全球视野下的珠海模式：海洋命运共同体的中国答卷

珠海"海上风电＋牧场"模式的成功实践，不仅为珠海乃至中国的海洋经济发展提供了有力支撑，还为全球海洋治理贡献了中国智慧和中国方案。该模式展示了人类在不透支生态的前提下实现高质量发展的可能性，为全球海洋经济的可持续发展提供了有益借鉴。随着珠海"海上风电＋牧场"模式的不断推广和深化，相信它将为构建人类海洋命运共同体贡献更多力量[①]。

---

① 向海图强　建强"蓝色粮仓"我市全力打造海洋牧场新范式[EB/OL].（2025-03-10）[2025-03-20]. https://www.zhuhai.gov.cn/xw/ztjj/cyfz/cydt/content/post_3776515.html.

第五章

生态价值实现：生态产品价值实现二十载

作为大自然的馈赠，生态产品蕴含着巨大的经济价值。20年来，在"两山"理念的指引下，全民探索生态产品价值实现路径，让绿水青山真正转化为金山银山。在生态农业和生态旅游开发与利用领域，以及自然保护地建设上，系统总结我国在推动生态产品价值转化方面的伟大实践与成就，能够通过市场机制赋能第一产业，发展生态服务业，使生态优势转化为经济收益，还可以依托优美的自然环境和深厚的人文底蕴，在保护生态的同时创造经济价值，为生态资源赋能，使生态产品价值可量化、可交易。生态保护与经济发展的相互促进，正推动中国的可持续发展迈向新高度。

第一节
生态农业——生态效益和经济效益的有机统一

一、农业绿色发展形势喜人

（一）20 年来第一产业的发展成就

2005 年，全年粮食种植面积 10427 万公顷，棉花种植面积 506 万公顷，油料种植面积 1431 万公顷，糖料种植面积 156 万公顷，蔬菜种植面积 1774 万公顷；全年粮食产量 48401 万吨，棉花产量 570 万吨，油料产量 3078 万吨，糖料产量 9551 万吨，茶叶产量 92 万吨，蔬菜产量 56284 万吨，水果产量 16076 万吨；全年肉类总产量 7700 万吨，水产品产量 5100 万吨；全年木材产量 4746 万立方米，林产品年总产量达 9400 万吨；花卉种植面积超过 64 万公顷，年产值超过 431 亿元；竹林面积超过 480 万公顷。

2010 年，全年粮食种植面积 10987 万公顷，棉花种植面积 485 万公顷，油料种植面积 1397 万公顷，糖料种植面积 192 万公顷；全年粮食产量 54641 万吨，棉花产量 597 万吨，油料产量 3239 万吨，糖料产量 12045 万吨，茶叶产量 145 万吨；全年肉类总产量 7925 万吨，水产品产量 5366 万吨；全年木材产量 8089.62 万立方米，经济林产品产量达 1.26 亿吨；花卉种植面积 76.4 万公顷，全国花卉销售额 862.1 亿元。

2015 年，全年粮食种植面积 11334 万公顷，棉花种植面积 380 万公顷，油料种植面积 1406 万公顷，糖料种植面积 174 万公顷；全年粮食产量 62144 万吨，棉花产量 561 万吨，油料产量 3547 万吨，糖料产量 12529 万吨，茶叶产量 224 万吨；全年肉类总产量 8625 万吨，水产品产量 6690 万吨；全年木材产量 6832 万立方米，经济林产品总量达 1.74 亿吨，花卉种植面积 127.02 万公顷，销售额 1279.45 亿元；竹林面积 9015 万亩（第八次全国森林资源清查结果）。

2020 年，全年粮食种植面积 11677 万公顷，棉花种植面积 317 万公顷，油料种植面积 1313 万公顷，糖料种植面积 157 万公顷；全年粮食产量 66949 万吨，棉花产量 591 万吨，油料产量 3585 万吨，糖料产量 12028 万吨，茶叶产量 297 万吨；全年猪牛羊禽肉产量 7639 万吨，水产品产量 6545 万吨；全年木材产量 8727 万立方米，经济林产品总量达 20726.5 万吨，花卉种植面积达 150 余万公顷，销售额 2500 多亿元；竹林面积 673 万公顷。

2024 年，全年粮食种植面积 11932 万公顷，棉花种植面积 284 万公顷，油料种植面积 1429 万公顷，糖料种植面积 148 万公顷；全年粮食产量 70650 万吨，棉花产量 616 万吨，油料产量 3979 万吨，糖料产量 11870 万吨，茶叶产量 374 万吨；全年猪牛羊禽肉产量 9663 万吨，水产品总产量 7366 万吨；全年木材产量 13740 万立方米。

从第一产业增加值看，2005 年为 22718 亿元，2010 年为 40497 亿元，2015 年为 60863 亿元，2020 年为 77754 亿元，2024 年为 91414 亿元。2005—2024 年，第一产业增加值增加了 68696 亿元[①]。

（二）农业绿色发展取得巨大进展

"十三五"时期，我国农业发展方式加快转变，资源节约型、环境友好型农业加快发展，农业绿色发展取得明显进展。农业资源保护利

---

① 数据来源：国家统计局 2005—2024 年国民经济和社会发展统计公报、国家林业和草原局发布的公报。

用得到加强，耕地保护制度逐步健全，耕地质量稳步提升，农业用水总量得到有效控制，水资源利用效率不断提高，农田灌溉水有效利用系数达 0.559；农业面源污染防治成效明显，化肥农药持续减量，连续 4 年实现负增长，农业废弃物资源化利用水平稳步提高，产地环境明显改善；农产品质量安全水平稳步提高，标准化清洁化生产逐步推行，食用农产品达标合格证制度加快实施，绿色食品、有机农产品和地理标志农产品供给明显增加；农业绿色发展支撑体系逐步建立，以绿色生态为导向的农业补贴制度不断完善，绿色发展科技创新集成逐步深入，先行先试综合试验平台初步搭建，农业绿色发展正在从试验试点转向面上推进[1]。

我国生态农业发展水平稳步提升，优质生态农产品供给能力持续增强。2022 年，全国农业绿色发展指数为 77.90，较上一年提高 0.37，比 2015 年提高 2.71；国家农业绿色发展先行区农业绿色发展指数平均为 80.45，明显高于全国平均水平；全国耕地数量净增加约 130 万亩，东北黑土地保护性耕作面积达 8300 万亩，全国农田灌溉水有效利用系数从 2012 年的 0.516 提升至 2022 年的 0.572，全国农业水价综合改革面积扩大至 7.5 亿亩，全年新增改革实施面积 1.7 亿亩以上；全国农用化肥施用总量为 5079.2 万吨（折纯），较 2021 年减少 2.15%，连续 7 年保持下降趋势；全国水稻、小麦、玉米三大粮食作物的化肥利用率和农药利用率分别为 41.3% 和 41.8%；全国秸秆综合利用率保持在 86% 以上，秸秆离田利用率达 35.8%；全国畜禽粪污综合利用率达 78%，规模养殖场粪污处理设施装备配套率稳定在 97% 以上[2]。

---

[1] 农业农村部 国家发展改革委 科技部 自然资源部 生态环境部 国家林草局关于印发《"十四五"全国农业绿色发展规划》的通知 [EB/OL]. (2021-12-07) [2024-12-15]. http://www.moa.gov.cn/nybgb/2021/202109/202112/t20211207_6384020.htm.

[2] 中国农业绿色发展研究会，中国农业科学院农业资源与农业区划研究所. 中国农业绿色发展报告·2023 [M]. 北京：中国农业出版社，2024.

2023年，全国耕地平均等级达到了4.76等，比2014年提高了0.35个等级；全国高效节水灌溉面积已发展到4.10亿亩，全国农业用水量从2014年的3869亿立方米下降到2023年的3600多亿立方米，农田灌溉用水有效利用率系数达到0.58，比2014年提高了0.05。化肥农药施用持续减量增效，2023年全国农用化肥施用量5022万吨，比2012年减少817.1万吨，下降了14.0%；2023年全国农药使用量115万吨，比2012年减少65.1万吨，下降了36.1%。目前，我国主要农作物病虫害绿色防控面积覆盖率达54.1%，畜禽粪污综合利用率、秸秆综合利用率、农膜处置率分别超过78%、88%、80%，重点地区"白色污染"得到有效防控。以设施农业为代表的新型农业生产模式快速发展，2022年我国设施种植面积达4270万亩，占世界设施农业总面积的80%以上，依托温室、大棚、垂直农场、智能农牧场、植物工厂等新模式，突破了自然资源条件的束缚，拓宽了农业发展新空间，推动肉蛋奶、蔬果、水产品等有效供给持续提升。新产业新业态竞相涌现，全国累计培育县级以上农业产业化龙头企业超过9万家，培育全产业链产值超10亿元的强镇超350个，培育乡村特色产业专业村镇4068个，实现总产值9000多亿元。产业融合水平不断提升，数字农业、订单农业、休闲农业等农业新业态方兴未艾，农业多功能性日益显现[1]。

（三）生态农业发展迅猛

"十一五"时期，我国把生态农业建设作为促进农村经济和生态环境全面协调发展的重要举措。2005年，全国生态农业建设县有400多个，开展示范区建设的县市达500多个，其中，国家级生态农业县

---

[1] 农业发展阔步前行　现代农业谱写新篇——新中国75年经济社会发展成就系列报告之二[EB/OL].（2024-09-10）[2024-12-15]. https://www.gov.cn/lianbo/bumen/202409/content_6973429.htm.

102个，国家级生态示范区233个；已命名43个国家级有机食品生产基地，全国有机认证面积超过300万公顷。

截至目前，全国建立了29个国家农业绿色发展先行区。生态循环农业产业化发展，大力实施绿色种养循环农业试点，已有66个养殖大县整县开展畜禽粪污资源化利用，以粪肥就地就近还田利用为重点，种养结合、农牧循环格局加快建立。稻渔综合种养面积已达到4400多万亩，培育出431家国家级生态农场；绿色、有机、名特优新、地理标志农产品总数达到7.8万个，农产品质量安全例行监测合格率连续稳定在97%以上，充分印证了"良好生态环境是最普惠的民生福祉"[①]。

2023年，我国有机作物种植总面积维持在400万公顷以上，是全球第四大有机农业种植国，有机产品销售额高达1016亿元，是全球第三大有机产品消费市场，我国境内有机产品标志发放数量为49.9亿枚[②]。截至2024年11月底，全国绿色、有机、名特优新和地理标志农产品认定总数达到8.1万个。

2023年，我国新发展绿色、有机农产品18221个，新登录名特优新农产品1351个，建成绿色食品原料标准化生产基地约1.77亿亩，创建绿色食品（有机农业）一二三产业融合发展园区41个，遴选首批178个国家现代农业全产业链标准化示范基地，全年全国农产品质量安全例行监测总体合格率达97.8%[③]。

---

① 生态环境高水平保护支撑农业农村高质量发展——全国农业生态环境保护成就综述 [EB/OL].（2024-07-29）[2024-12-15]. http://agri.china.com.cn/2024-07-29/content_42876839.htm.

② 国家市场监督管理总局. 中国有机产品认证与有机产业发展（2024）[R]. 北京，2024.

③ 中国农业绿色发展研究会，中国农业科学院农业资源与农业区划研究所. 中国农业绿色发展报告·2023 [M]. 北京：中国农业出版社，2024.

二、惠州岩茶以科技促进生态产品价值实现

（一）惠州岩茶的崛起：从默默无闻到声名鹊起

惠州地处广东东部，山川秀美，气候温润，茶叶种植历史悠久。然而，在过去相当长的一段时间里，惠州的茶产业并未形成自己的特色品牌，茶叶以绿茶和红茶为主，知名度远不及福建的武夷岩茶或广东潮汕的凤凰单丛。直到近十几年，惠州岩茶才逐渐崭露头角，受到市场和茶友的关注。

惠东县的白盆珠、多祝、增光、谭公西枝江两岸，以及博罗县石坝乌石岕、观音阁、马鞍山等地区，属于丹霞地貌红层丘陵山地。这种地貌具有良好的矿物质沉积，能够为茶树提供丰富的营养成分，使茶叶在风味和香气上更具层次感。

惠州属南亚热带季风气候，境内阳光充足，雨量充沛，年均气温19.5℃～22.2℃，年均降水量1700～2000毫米，温和的气候条件使茶叶的可采摘期长。惠州土壤主要有赤红壤、红壤、黄壤等类型，其中，红壤和黄壤分布在惠阳、惠东、博罗和龙门海拔300米以上的山地，非常适宜茶树种植。惠东县白盆珠至博罗县石坝的丹霞地貌带，形成于白垩纪晚期，其红层丘陵山地具有独特的理化特性：土层厚度0.8～1.5米，pH值4.5～5.2，铁铝氧化物含量达23.7%，与武夷山核心产区（pH4.8～5.5，铁铝氧化物含量22.4%）高度相似。这些微气候差异使茶树光合产物积累更具优势。

2010年，联合国国际生态生命安全科学院和北京生态文明工程研究院组成的专家团队对惠州进行了实地考察，发现惠州的丹霞地貌非常适宜种植岩茶。这里的地表使茶树根系能够深入岩层，吸收矿物质，从而赋予茶叶更丰富的滋味，这正是岩茶"岩韵"的重要来源。利用当地的生态优势，结合岩茶的制作技艺，有望打造出具

有地域特色的优质茶叶。适宜种植惠州岩茶的地区恰好处于北纬 23°的茶叶生长黄金气候地带，这里不会出现倒春寒冻伤茶叶嫩芽的现象，而几乎每年都要发生的倒春寒是中纬度地区茶农必须面对的自然灾害。

为促进惠州岩茶产业的发展，惠州市政府组织专家团队对适种地区进行了科学规划，并出台了《惠州岩茶产业发展总体规划》，为岩茶种植提供了政策支持，同时也吸引了大量投资者进入这一领域。近年来，消费者对高端茶叶的需求不断增长，武夷岩茶产量有限，价格昂贵，给了惠州岩茶填补市场空缺的机会。惠州岩茶优越的性价比，越来越受茶商和茶友的关注，这一新兴区域品牌被越来越多的地区接受。在岩茶生产过程中，惠州的茶农和科研机构积极引入先进的种植和加工技术，包括优化茶树品种、提升制茶工艺、改进焙火技术等，使惠州岩茶在口感和品质上不断提升。

2010 年，茶农在惠东县白盆珠镇的丹霞丘陵山地开始了岩茶的种植，2013 年 7 月首次采制获得成功。在中国国际茶业博览会上，惠州岩茶于 2014 年、2016 年两次获得中国国际茶业博览会金奖。目前，惠州岩茶种植规模近 5000 亩，拥有茶叶企业 4 家，其中，获得食品生产许可认证的企业 2 家，已形成"丰溪丹岩""仙圣丹霞""鬼岩山""白盆珠""莲花丹霞""岭南岩茶"等商标品牌。良好的生态环境造就

了今天惠州岩茶的崛起，完美诠释了生态产品价值实现理论，印证了"绿水青山就是金山银山"。

（二）构建产业链生态体系，发展惠州岩茶产业

惠州岩茶产业从 2010 年起步至今，经过系统性布局与创新实践，探索出一条科技赋能、文化引领、生态优先的现代化茶产业发展路径。成功将区域特色资源转化为经济竞争优势，为传统茶产业转型升级提供了"惠州样本"。

1. 科学规划岩茶产业发展

在乡村振兴的带动下，惠州岩茶具备了迅猛发展的势头。惠州市在上级政府部门的支持下，由国家相关科研机构和高等院校指导，联合社会各方力量，成立了惠州市丹霞岩茶研究院，专门研究惠州岩茶和岩茶产业的发展，编制发布了《惠州岩茶产业发展规划》《惠州岩茶加工技术规范》《惠州岩茶栽培技术规范》，以及《惠州岩茶》团体标准。

《惠州岩茶产业发展总体规划》是在历时 12 年的惠州岩茶成功实践的背景下制定的，规划专家依据地质地理气候土壤的实际情况，在惠东县白盆珠、多祝、增光、谭公西枝江两岸的丹霞地貌红层丘陵山地划定适种面积 25 万亩，在博罗县石坝乌石岽、观音阁、马鞍山范围内的丹霞地貌红层丘陵山地划定适种面积 5 万亩。短期规划 2027 年种植惠州岩茶 5 万亩，中期规划 2032 年种植惠州岩茶 10 万亩，长期规划 20 年内（至 2043 年）种植惠州岩茶 30 万亩。

目前，惠州岩茶已经批量产出，成为岩茶界冉冉升起的新星。惠州岩茶已可与武夷岩茶媲美，惠州也成为众多消费者心仪的岩茶产区。

2. 实行分级保护制度

根据丹霞地貌特征，创新性地建立了三级保护体系：一是核心保

护区（惠东多祝、白盆珠5万亩），在保护区内禁止施用化肥农药，限制游客密度，限制采摘强度，推行生物动力农业，通过种植绿肥植物提升土壤有机质至3.5%以上；二是生态种植区（谭公—增光15万亩），实施欧盟有机标准认证，建设生态隔离带，每50亩茶园种植1公里簕竹防护林，形成天然病虫害防治系统；三是融合发展区（博罗丘陵5万亩），开发茶园观光轨道、岩壁茶室等特色设施，打造"可看可玩可体验"的茶旅融合示范区。

3. 建立工艺标准化体系

在推动惠州茶产业发展中，惠州市制定了《惠州岩茶加工技术规范》，实现传统工艺的数字化重构。研发六轴联动摇青机，通过振动频率（28～32Hz）、温度（22±1℃）、湿度（75±3%）的精准控制，使做青均匀度达98%；设计九宫格炭焙房，采用龙眼木（60%）和荔枝木（40%）的混合燃料，分初焙（120℃）、复焙（125℃）、炖火（100℃）三个阶段，形成独特的"岩韵"；建立包含217种呈味物质的数据库，通过近红外光谱技术实现批次品质一致性控制。

4. 开展品牌建设

在发展惠州岩茶产业的过程中，惠州市积极开展品牌建设，以品牌服务大众，以品牌占领市场，实施了"顶端—中端—基础"分布的金字塔式品牌战略。

惠州岩茶是中国岩茶科学派"岩茶南迁"的杰作，是轰动中外的茶界的创新，是中国茶界品类中首次以全球生态观布局、科学土壤观选址、种植观栽培管理，吸收传统工艺精髓，以现代岩茶生产加工工艺生产的高标准岩茶，每一片茶叶都蕴含了自然的精华与人文的智慧。如在丹霞地貌红层岩茶系列中，就有一系列岩茶品牌：丹霞茶家高端岩茶——肉桂，被发现已有百余年的肉桂，其名扬天下不仅因为具有典型岩茶的滋味，更在于它那辛辣味、桂皮香的高香，这个品种的惠州岩茶在2016年获得了第13届中国国际茶业博览会金奖，品质之上乘，为茶界所共赏；丹霞茶家珍稀岩茶——铁罗汉，源自武夷山的铁罗汉，拥有 200 余载的传奇历史，铁罗汉在白盆珠表现出众，这个品种的惠州岩茶在 2014 年获得了第 11 届中国国际茶业博览会金奖；丹霞茶家珍稀岩茶——百瑞香，又称"白瑞香"，百瑞香自慧苑岩引种至白盆珠后，采揉焙制出的品质优异，香气浓烈，滋味醇厚，并带有显著的"岩韵"；丹霞茶家珍稀岩茶——奇兰，自平和县引进的奇兰，以其独特的岩骨花香而深受喜爱，在白盆珠种植后，奇兰的香气愈加突出，品饮之时仿若置身于碧水丹山间；丹霞茶家经典岩茶——奇丹（大红袍），作为大红袍中的佼佼者，奇丹在白盆珠完美展现了大红袍应有的品质与口感，曾两次获得中国国际茶业博览会金奖，堪称茶中之王；丹霞茶家优质岩茶——金观音，金观音以铁观音为母本，黄金桂为父本，遗传性状偏向母本铁观音，被白盆珠引进后，按照乌龙茶工艺制作，馥郁悠长的香气与醇厚回甘的滋味，令人回味无穷；丹霞茶家清香型岩茶——黄观音，小乔木型，早生种的黄观音，以铁观音为母本，黄棪为父本杂交选育而成，条索紧结，色泽褐黄绿润，香气清爽芬芳，是清香型岩茶特征的代表。利用生态还原技术精心培育的这些岩茶品种，不仅彰显了各自的独特风味，还体现了丹霞地貌红层上茶叶的独特魅力。

5. 践行三产融合与价值延伸

惠州岩茶作为近几年崛起的新兴茶叶品类，凭借独特的生态环境和创新工艺，逐渐形成了地方特色产业。在推动茶产业高质量发展的过程中，惠州岩茶积极践行三产融合（第一产业是茶叶种植，第二产业是茶叶加工与制造，第三产业是茶文化传播与旅游），并通过产业链延伸提升茶叶附加值，实现经济效益与社会效益的双赢。第一产业是茶产业的基础，主要涉及茶叶的种植与初加工。惠州岩茶的种植依托高山环境，采取生态有机种植模式，逐步向规模化、标准化、绿色化发展；第二产业是茶产业链的核心，包括茶叶的精深加工和茶叶产品的多元化发展，惠州岩茶在这一环节，除了传统岩茶制作工艺外，还积极创新，提升产品附加值；第三产业主要围绕茶文化体验、茶叶销售及茶产业服务展开，惠州岩茶依托优越的自然环境和深厚的历史文化，推动茶旅融合发展，形成了"茶园+旅游+文化"的特色模式。

通过茶旅融合，惠州岩茶不仅带动了茶叶销售，还促进了地方旅游业的发展，实现了经济效益与社会效益的双提升。坐落在多祝明溪村的惠州花海茶园已经建成茶园花海景观，种植了奇异木棉花、紫花风铃木、黄花风铃木、勒杜鹃等观赏树种，每亩产生3万～4万元的茶叶收益，还丰富了当地的旅游资源，并成为惠州学院、城市技术学院等高校的教学基地；地处白盆珠西枝江边的惠州市西江源生态岩茶公司的岩茶园，已经被政府建成"西江月"樱花岩茶公园，还被列为白盆珠镇乡村生态风景区最亮丽的景点，一年四季来观光的人络绎不绝，茶园最高处的那间灵秀泛香的茶坊不仅是岩茶公园品茶的好去处，一览无余的西枝江的秀丽风景更让人流连忘返。落日的霞光在西枝江水上凌波闪耀时，也是游客该下山品尝白盆珠水库鱼头的美好时刻，这时的霞光闪耀仿佛就是提醒人们享用美味的报时器。

6. 打造循环农业系统

循环农业可持续发展的同时，也有助于提升惠州岩茶的品质。惠州岩茶的种植采用自然农法，减少化学农药和化肥的使用，茶叶残渣、修剪下的枝条等可用作有机肥料或饲料，形成资源循环。茶园还实行雨水收集与灌溉优化，提高水资源利用率，减少浪费；引入多样化的动植物，如茶园间种其他作物，促进生物多样性，减少病虫害；使用清洁能源，降低碳排放，提高能源自给率。同时，还实施全产业链减碳计划，用电动采茶机替代柴油设备，推广竹制包装，减少碳足迹，在茶园周边种植碳汇林，积极践行碳中和。

三、惠州岩茶以科技促进生态产品价值实现评述

（一）因势制宜

在"两山"理念指引下，探索生态产品价值实现路径，让绿水青山真正转化为金山银山，造福一方，是时代的担当。惠州紧紧把握生态产品价值，实现绿色发展，充分利用其生态资源，推动生态产品价值转化。强调"绿色、有机、无污染"的生态理念，打造岩茶生态品牌，形成透明可追溯的供应链，增强消费者信任，结合茶园观光、茶文化体验，发展茶旅经济，提升茶叶附加值。

当前，消费结构正在变化，消费者越来越注重产品的生态、品质与体验。惠州岩茶敏锐捕捉到市场的需求转变，在挖掘岩茶历史文化的基础上，讲好品牌故事，增强消费者情感认同。

（二）因地制宜

良好的生态环境是惠州岩茶发展的基础。惠州岩茶之所以能迅速崛起，得益于其得天独厚的自然环境。惠州地处南岭山脉南端，境内

多山，植被茂密，拥有丰富的矿物质土壤，这些条件与武夷山岩茶的生长环境有诸多相似之处。丹霞地貌富含多种微量元素，矿物质含量也特别高，沙包土更富含锰元素、镁元素和硒元素，形成了岩茶独特的"岩骨花香"口味。同时，惠州创新性地将岭南文化元素融入岩茶产业发展，在种植环节、加工环节和品饮方式上不断创新。

（三）因时制宜

科学技术的发展日新月异，当代农业科技的广泛应用带来了农业生产领域的巨大变化，拥抱技术革命是惠州岩茶发展的成功秘诀之一。在机械化采摘的茶园，采茶机每天可采收茶叶 3000 多千克，工作效率是人工采收的 60 倍，茶园机械化加工设备让农业生产实现了"机器换人"的科技蝶变。岩茶的品质与加工工艺密切相关，现代科技的应用优化了传统制作流程，通过智能控温控湿设备，提高茶叶萎凋和发酵的稳定性，确保风味一致，结合传统木炭焙火工艺与现代恒温焙火设备，提高茶叶香气的稳定性，标准化生产线的引入可实现自动化分拣和包装，提升了生产效率，确保了食品安全。数字化技术的引入，更能提升惠州岩茶的品质。

（四）范式突破

惠州岩茶产业通过全要素创新、全链条整合、全周期管理，成功破解了传统农业"低效化、碎片化、同质化"的发展困局。以生态重建产业基础，借科技重塑生产范式，用文化激活产业价值，靠环境构建竞争壁垒。坐在数字茶园监控屏前精准调控的现代茶人，与丹霞赤壁上手工采茶的客家阿嬷形成了鲜明的对比与奇妙的共振，这不正是中国茶产业现代化进程中传统与现代融合共生的生动写照吗？当惠州岩茶的兰花香飘向世界时，它传递的不仅是岭南大地的馈赠，更是一个古老产业在新时代破茧重生的智慧答卷。

第二节
生态旅游——融入自然和保护自然

一、生态旅游构建生态产品价值实现的渠道

（一）旅游产业规模和经济效益不断增长

2005年，我国旅游业保持了较快增长。全年共接待入境游客12029.23万人次，实现国际旅游外汇收入292.96亿美元；国内旅游人数12.12亿人次，收入5286亿元人民币；中国公民出境人数达3102.63万人次；旅游业总收入7686亿元人民币，相当于国内生产总值的4.2%[①]。

2010年，国内旅游市场平稳较快增长，市场实现恢复增长，出境旅游市场继续加速增长。全年共接待入境游客1.34亿人次，实现国际旅游（外汇）收入458.14亿美元；国内旅游21.03亿人次，收入12579.77亿元人民币；中国公民出境旅游达5738.65万人次；旅游业总收入1.57万亿元人民币[②]。

"十一五"期间，我国共接待入境游客约6.47亿人次，共实现国际旅游外汇收入约2022亿美元；国内旅游总人数约87.21亿人次，国

[①] 2005年中国旅游业统计公报[EB/OL].（2010-11-25）[2024-12-15]. https://zwgk.mct.gov.cn/zfxxgkml/tjxx/202012/t20201215_919579.html.

[②] 2010年中国旅游业统计公报[EB/OL].（2012-08-07）[2024-12-15]. https://zwgk.mct.gov.cn/zfxxgkml/tjxx/202012/t20201215_919580.html.

内旅游收入 4.54 万亿元人民币；公民出境 2.26 亿人次；旅游业总收入 6.01 万亿元人民币。

2015 年，我国旅游业平稳较快发展，国内旅游市场持续高速增长，入境旅游市场企稳回升。国内旅游 40 亿人次，收入 3.42 万亿元人民币；入境旅游 1.34 亿人次，实现国际旅游收入 1136.5 亿美元；中国公民出境旅游达到 1.17 亿人次，旅游花费 1045 亿美元；全年实现旅游业总收入 4.13 万亿元人民币。全年全国旅游业对国内生产总值的直接贡献为 3.32 万亿元，占国内生产总值的 4.9%；综合贡献为 7.34 万亿元，占国内生产总值的 10.8%。旅游直接就业 2798 万人，旅游直接和间接就业 7911 万人，占全国就业总人口的 10.2%[①]。

"十二五"期间，我国入境旅游约 6.58 亿人次，共实现国际旅游外汇收入 3691.86 亿美元；国内旅游约 164.71 亿人次，国内旅游收入 13.29 万亿元人民币；公民出境约 4.76 亿人次；旅游业总收入 15.65 万亿元人民币。

2020 年，受疫情影响，旅游业出现降幅收窄。全年国内旅游 28.79 亿人次，收入 2.23 万亿元[②]；入境旅游 2747 万人次，出境旅游 2033.4 万人次[③]，出入境旅游市场惨淡。

"十三五"期间，我国入境旅游 5.91 亿人次，国内旅游 238.65 亿人次，公民出境旅游 5.78 亿人次。

2023 年，旅游发展稳步向好。国内出游 48.9 亿人次，其中，城镇居民国内出游 37.6 亿人次，农村居民国内出游 11.3 亿人次。国内游客出游总花费 4.9 万亿元，其中，城镇居民出游花费 4.2 万亿元，农村居

---

① 2015年中国旅游业统计公报[EB/OL].(2016-10-18)[2024-12-15]. https://zwgk.mct.gov.cn/zfxxgkml/tjxx/202012/t20201204_906456.html.

② 中华人民共和国文化和旅游部 2020 年文化和旅游发展统计公报[EB/OL].(2021-07-18)[2024-12-15]. https://www.gov.cn/xinwen/2021-07/05/content_5622568.htm.

③ 中国旅游研究院. 中国入境旅游发展报告 2021，中国出境旅游发展年度报告 2021[R]. 北京，2021.

民出游花费 0.7 万亿元；入境游客 8203 万人次，公民出境旅游 8763 万人次[①]。

（二）生态旅游发展迅速

生态旅游是依托良好的自然生态环境和与之共生的人文生态开展的一种旅游方式。生态产品的价值通过人类的旅游活动得以实现，这是"绿水青山就是金山银山"的一种体现。

我国具有一定规模和本土特色的各级各类自然保护地：国家公园、自然保护区、风景名胜区、森林公园、湿地公园、地质公园、海洋保护区、沙漠公园、水利风景区、社区保护地，已经成为生态旅游目的地，为开展生态旅游提供了条件。1956 年建立的鼎湖山自然保护区是我国设立的第一个自然保护区，标志着我国探索自然保护地体系的起步。2019 年发布的《关于建立以国家公园为主体的自然保护地体系的指导意见》，正式提出构建以国家公园为主体的结合自然保护区和自然公园的自然保护地体系。

2005 年，我国有各种类型、不同级别的自然保护区 2349 个，国家级自然保护区 243 个，湿地自然保护区 473 处，国家级海洋自然保护区 30 处，地方级海洋自然保护区 60 处，列入国际重要湿地名录的有 30 块，国家级风景名胜区 187 个；全国各类森林公园超过 1900 处，国家森林公园 627 处；国家地质公园 138 个，省级地质公园 159 个，世界地质公园 12 个；国家园林城市（区）87 个，国家园林县城 10 个；世界遗产 31 项，其中包括 23 项文化遗产、4 项自然遗产、4 项文化与自然双重遗产。

截至 2010 年，全国已经建立各种类型、不同级别的自然保护区

---

① 中华人民共和国文化和旅游部2023年文化和旅游发展统计公报[EB/OL]. (2024-09-01) [2024-12-15]. https://www.gov.cn/lianbo/bumen/202409/content_6972211.htm.

2588 个，国家级自然保护区 319 个，各级湿地自然保护区 550 多处，国家湿地公园试点 145 处，国际重要湿地 37 处，国家城市湿地公园 41 个；国家级海洋自然保护区 11 处，国家级海洋特别保护区 16 处；国家级风景名胜区 193 个；国家重点公园 63 个，国家地质公园 182 个，世界地质公园 26 个；国家园林城市 180 个，国家园林县城 61 个，国家园林城镇 15 个，国家森林城市 22 个；世界遗产 40 项，其中包括 28 项文化遗产、8 项自然遗产、4 项文化与自然双重遗产。

截至 2015 年，全国已经建立各种类型、不同级别的自然保护区 2740 个，国家级自然保护区 428 个；各级湿地自然保护区 602 个，其中国家级湿地自然保护区 49 个；国家湿地公园（含试点）468 处，国际重要湿地 49 处；国家级海洋自然/特别保护区 68 处；国家级风景名胜区 225 处，省级风景名胜区 737 处；国家级森林公园达 826 处，各级森林公园 3234 处；国家园林城市 310 个，国家园林县城 212 个，国家森林城市 96 个；世界遗产 48 项，其中包括 34 项文化遗产、10 项自然遗产、4 项文化与自然双重遗产。

截至 2020 年，全国已经建立国家级自然保护区 474 个，国家级风景名胜区 244 处，国家地质公园 281 处，国家海洋公园 67 处，国家公园体制试点区 10 个，国家湿地公园 899 处，国际重要湿地 64 处；441 个城市开展国家森林城市建设，国家园林县城 363 个；世界遗产 55 项，其中包括 37 项文化遗产、14 项自然遗产、4 项文化与自然双重遗产。

2023 年，正式设立了三江源、大熊猫、东北虎豹、海南热带雨林、武夷山 5 个国家公园，24 个省（区、市）的 27 个国家公园候选区积极开展创建工作。国家森林城市 219 个，世界地质公园 41 处。

2024 年，建立涉海自然保护地 352 个，筹建涉海国家公园候选区 5 个；指定国际重要湿地 82 处，认证国际湿地城市 13 个，认定国家重要湿地 58 处、省级重要湿地 1153 处，建立国家湿地公园 903 处；世界地质公园 47 处；世界遗产 59 项，其中包括 40 项文化遗产、15 项自然遗产、4 项文化与自然双重遗产。

根据《关于建立以国家公园为主体的自然保护地体系的指导意见》和《关于在国土空间规划中统筹划定落实三条控制线的指导意见》，国家林草局、自然资源部会同生态环境部、农业农村部等有关部门，组织开展了自然保护地整合优化工作，形成了《全国自然保护地整合优化方案》，并于 2024 年 10 月进行了公示。整合优化前，全国共有自然保护地 9240 处，落界面积 20131.98 万公顷（去除重叠净占地面积 18201.98 万公顷），其中自然保护区 2694 处，面积 14914.99 万公顷；风景名胜区 1058 处，面积 1965.27 万公顷；地质公园 558 处，面积 794.34 万公顷；森林公园 3065 处，面积 1907.93 万公顷；湿地公园 1666 处，面积 414.55 万公顷；海洋特别保护区（含海洋公园）79 处，面积 93.30 万公顷；沙漠（石漠）公园 120 处，面积 41.60 万公顷。整合优化后，全国共有自然保护地 6736 处，总面积 18523.61 万公顷。其中，国家公园 5 处，面积 2322.54 万公顷；原国家公园试点区 5 处，面积 532.84 万公顷；自然保护区 1527 处，面积 12030.13 万公顷；风景名胜区 883 处，面积 1374.20 万公顷；森林公园 2395 处，面积 1409.39 万公顷；地质公园 312 处，面积 261.41 万公顷；湿地公园 1443 处，面积 481.44 万公顷；海洋公园 60 处，面积 75.97 万公顷；沙漠（石漠）公园 106 处，面积 35.69 万公顷。

林业旅游和乡村旅游是生态产品价值实现的重要途径。林业旅游和乡村旅游依托良好的生态环境和自然资源，吸引游客消费生态产品，如有机农产品、森林康养产品、乡村手工艺品等。通过旅游活动，生态产品得以变现，推动生态产品的市场化，促进生态产品的价值增值，实现并提升其市场价值。林业旅游和乡村旅游的发展，完美诠释并践行了"绿水青山就是金山银山"理念，在促进农民增收、优化乡村产业结构、推动生态文明建设等方面发挥了重要作用。

2005 年，全国森林公园接待游客量超过了 1.8 亿人次，全国森林公园创造的社会综合产值超过 800 亿元，森林旅游业直接和间接创造各种就业机会约 400 万个。2010 年，林业旅游与休闲服务业发展迅速，产值为 1310.37 亿元，涉及林业旅游和休闲的 10.32 亿人次。2015 年，全国林业旅游与休闲产值为 6758.95 亿元，接待游客 23.12 亿人次，直接带动其他产业产值 10208.32 亿元。2019 年，全国林业旅游与休闲产值为 15392.39 亿元，接待游客 39.06 亿人次，直接带动其他产业产值 13083.89 亿元。2020 年，林业旅游与休闲产业产值为 14273.9 亿元，接待游客 31.68 亿人次；2023 年，全国生态旅游游客量达 25.31 亿人次。

2007 年，全国乡村旅游约 3.35 亿人次，总收入约 498 亿元。2010 年，全国乡村旅游约 4 亿人次，总收入约 600 亿元。2015 年，全国乡村旅游约 22 亿人次，总收入约 4400 亿元。2019 年，全国乡村旅游 30.9 亿人次，占当年国内旅游总人次的 51.5%，总收入约 1.81 万亿元。2023 年，全国乡村旅游约 30 亿人次，总收入约 9079 亿元。2024 年前三季度，全国乡村旅游约 22.48 亿人次，乡村旅游总收入约 1.32 万亿元。

近年来，乡村旅游的发展规模持续扩大，游客数量稳步增长，产业形态更加多元，乡村旅游已从传统的观光型向休闲度假、康养体验、研学教育、乡村文旅融合等多元模式发展，乡村旅游基础设施不断完善，乡村旅游与乡村振兴深度融合，实现"绿水青山"向"金山银山"转化。

二、杭州西溪湿地创造城市湿地新价值

（一）西溪湿地修复探索生态产品价值新路径

西溪湿地片区位于杭州市西湖区，是集多种湿地于一体的次生湿地。曾受人口剧增、产业发展等因素的影响，西溪湿地面临诸多困境。**资产管理职责交叉，生态修复效果不佳** 尽管已明确资产管理主

体，但在西溪湿地修复及土地储备工作中，不同部门之间仍存在职责交叉现象。自然资源部门负责土地资源管理，林业部门关注湿地生态植被修复，而环保部门侧重于环境监测。在实际工作推进过程中，涉及多领域的综合性项目常出现部门间协调不畅、互相推诿责任的情况，导致工作效率低下，延误湿地修复进程，影响生态产品价值的及时实现。与此同时，湿地修复和土地储备需要大量资金支持。目前，西溪湿地的资金来源主要依赖政府财政拨款和部分社会捐赠。然而，财政资金有限且分配环节烦琐，难以满足长期大规模的修复和管护需求。社会资本的参与积极性不高，一是因为湿地生态产品价值实现周期长、收益回报慢；二是因为相关配套政策不完善，缺乏对社会资本的有效激励机制，导致资金链紧张，制约了湿地修复规模和质量的提升，阻碍了生态产品价值的充分挖掘。此外，在湿地修复过程中，所采用的技术有时未能充分结合西溪湿地独特的地理和生态条件。一些引进的先进技术在本地适应性差，导致修复效果不理想。同时，修复后的生态效果评估体系不够健全，多侧重于短期的植被覆盖、水质改善等指标，缺乏对生态系统完整性、生物多样性长期动态变化的深入研究，无法准确判断生态产品价值的提升程度，不利于制定后续科学合理的修复和发展策略。

产权界定模糊，流转机制不完善　尽管西溪湿地致力于明晰产权，以实现自然资源资产的高效配置，但在产权界定上仍存难题。湿地涉及的土地、水域和生物等多种资源，其产权归属复杂。例如，部分区域存在土地权属争议，虽历经多次调整，但在林地与耕地、水域与陆地边界等方面，产权界限仍不够清晰。所以，在湿地修复和土地储备过程中，容易因产权不明引发利益纠纷，影响工作推进效率，并阻碍生态产品价值通过合理产权交易实现转化。此外，西溪湿地的自然资源资产产权流转机制尚不完善。一方面，缺乏规范统一的产权交易平台，信息不对称问题严重。潜在的投资者或开发者难以全面获取湿地资源的产权信息，导致资源难以找到合适的市场主体进行高效配置。另一方面，产权流转程序烦琐，缺乏明确的法律依据和操作细则。不同类型资源产权流转要求不一致，增加了交易成本和时间成本，降低了市场主体参与的积极性，限制了生态产品价值通过市场交易实现增值。

分配机制不合理，缺乏动态调整 西溪湿地在构建收益分配机制时，暴露出一系列亟待解决的问题。首先，参与收益分配的主体界定模糊。湿地涉及政府部门、原土地所有者、投资开发者和周边社区居民等多方利益相关者，但哪些主体可直接参与分配，哪些主体可间接获益并无明确规定。例如，原土地所有者在湿地修复致土地性质改变后，其权益在收益分配中定位不准，致使各方角色认知混乱，利益矛盾频发。其次，收益分配标准缺乏科学性。该机制过度侧重门票收入、旅游项目盈利等短期经济效益指标，却忽视了生态保护贡献、资源可持续利用等长期关键要素。计算各主体收益份额时，未充分考虑政府在湿地生态修复中的投入以及周边居民为保护环境做出的牺牲。这不仅无法激励各方积极参与湿地保护与建设，还不利于湿地多重价值的长期彰显。再次，收益分配过程透明度低。利益相关者难以知晓收益来源、总额及分配方式与比例。投资开发者对运营成本和收益核算细节不明，周边居民不清楚生态补偿资金流向，导致他们质疑分配结果，降低对机制的信任，阻碍其有效发挥作用。最后，收益分配机制缺乏动态调整。湿地资源的价值随生态环境、市场需求和社会发展而变化，现行机制却未能及时跟进调整。当湿地生态旅游热度上升、收益增加时，原有分配比例无法适应新情况，部分主体受益不均，进而影响其积极性，妨碍湿地多重价值的持续稳定实现。

（二）西溪湿地修复促进湿地公园型生态产品价值实现的措施

1. 明确资产管理主体，开展湿地修复管护

为推进西溪湿地保护与开发，明确西溪国家湿地公园的履职主体

为杭州市人民政府。根据杭州市实施的《杭州西溪国家湿地公园保护管理条例》，创新性地对湿地公园的管理体制、管理方式、执法主体等进行了规定和要求，明确由杭州市人民政府确定的杭州市西溪国家湿地公园管理机构（西溪国家湿地公园管理局）对西溪湿地公园实施统一管理，依法履行相关职责。

在权责清晰的基础上，以"生态优先、最小干预、修旧如旧、注重文化、可持续发展、以人为本"为原则，划定生态保育区、恢复重建区和合理利用区三个区域。对西溪湿地中生态环境较好、最精华、最具湿地特色的区域实行相对封闭保护，远离人类的频繁活动，为鸟类以及其他生物营造更加静谧和良好的生存环境。对桑基、柿基和竹基鱼塘进行严格保护，修复和培育现有池塘、河汊、港湾等次生环境，保留各类湿地生物的栖息地。同时，注重文化挖掘，修复西溪人文生态，高度重视物质和非物质文化遗产的保护。另外，健全生态责任追究、生态保护考核等制度，形成严密的制度法治体系。建成"星—空—地"的"生态大脑"实时动态监控和集成展示系统，实现智慧化管理。

2. 明晰产权，实现自然资源资产高效配置

杭州市创新生态收储机制，在西溪湿地近 11 平方千米的保护范围内，对原有农户、企事业单位实行生态搬迁，在"湿地+公园"的思路指引下，按照 POD 发展模式，分为占湿地总规划面积 80% 的湿地保护区、西溪湿地公园以及湿地规划范围外的"西溪天堂"国际旅游综合体，由其共同组成片区"三明治"结构。其中，在湿地东南面，利用之前已收储国有建设用地保障用地需求，打造集商住休闲、湿地科普、旅游集散换乘、旅游服务等功能于一体的国际旅游综合体"西溪天堂"，既减少对生态空间的占用，又有效利用湿地优质生态产品的外溢效应。同时，杭州市积极创新留用地政策，在被征地村域范围内，按照征地面积的一定比例留出土地给集体经济组织，用于村民发展住宿、餐饮等产业。在西溪湿地保护范围外，整治原有"低散乱"企业，淘汰落后产能，深化"亩均论英雄"改革，通过高标准土地开发整理与市场化资源配置，为高新科技、创新创意产业项目提供土地要素保障，提高土地利用率。

3. 建立收益分配机制，显现湿地资源多重价值

通过西溪湿地的保护和综合利用，其资源价值及生态产品价值不断显现和外溢。一方面，在西溪国家湿地公园管理局的授权下，西溪湿地运营管理有限公司负责具体运营。借助湿地资源资产及优质生态产品供给，开展湿地游览、科普研学等经营活动，所获收益现已与西溪湿地的保护和管理经费基本持平。未来，随着游客数量的增加，收益也会进一步增加，在满足维护成本的基础上可获得更多利润。同时，西溪湿地保护范围内被征地村民，在留用地政策引导下开展与旅游相关的经营活动，实现了当地居民共享西溪湿地收益。另一方面，西溪湿地带动了周边区域的发展，形成了若干功能齐全的新型住宅集聚区，吸纳了几十万常住人口，实现了土地资源的保值增值。此外，创意产业园、科技园等项目和创业型企业相继落户，推动了未来科技城、城

西科创大走廊的发展，实现了杭州共享湿地价值外溢。

三、杭州西溪湿地创新城市湿地新价值评述

（一）绿色转型走出保护与开发双赢新路

2003 年 8 月，在习近平总书记的倡导支持下，西溪湿地综合保护工程启动，《杭州市西溪湿地保护区总体规划》发布。多年来，西溪湿地秉持统一理念，遵循六大原则，科学划分区域，采取一系列举措恢复生态、营造景观，走出保护与开发双赢的绿色转型之路。2020 年 3 月 31 日，习近平总书记强调湿地开发要以生态保护为主。现在的西溪湿地，已经成为中国首个国家湿地公园，并被列入国际重要湿地名录，生态修复成果显著。湿地公园开园后接待游客超 3000 万人次，当地居民参与管理，大西溪的经济、文化、生活圈正逐步成形。

（二）生态环境明显改善

经过生态修复与保护开发，片区生态环境明显改善，生态产品供给能力得到了大幅提升。截至 2022 年年底，与 2005 年相比，西溪湿地的维管束植物新增 518 种，现为 739 种；昆虫增加 434 种，现为 911 种；鸟类增加 134 种，现为 203 种，其中，现有国家一级保护动物 3 种、国家二级保护动物 31 种；国家二级保护植物共有 4 种，2021 年引种的国家一级保护植物中华水韭已迁地保护成功。近年来，湿地水质比 2005 年开园前明显提升，市控断面水质全部达到或优于考核要求（Ⅲ类和Ⅳ类），2022 年，市控断面平均水质提升至Ⅱ类。西溪湿地缓解温室效应和热岛效应的效果也比较显著，AQI 指数、$PM_{2.5}$ 等环境空气质量指标在杭州市主城区排名第一。西溪湿地的保护和开发，为扩大杭州人均绿化面积，打造低碳、节能减排的生态城市，维护杭州生态平衡和生态安全作出了巨大贡献。

（三）生态福祉全民共享

西溪湿地综合保护工程在实施过程中，始终坚持以人为本、以民为先，坚持"保护为了人民、保护依靠人民、保护成果让人民共享，保护成效让人民检验"的原则，让广大人民群众共建共享，实现生态福祉普惠民生。目前，蒋村花园、西溪花园等面积达 100 多万平方米的环西溪公寓式农民安置房已全部建成，西溪湿地 4000 多户搬迁户都住进了新住宅。西溪湿地搬迁户全部纳入城镇居民社保体系，湿地运营管理公司吸收了 656 人，其中，约 70% 为原村民，片区各村集体均享受"留用地"政策，通过发展产业保障村民安居乐业。西溪片区居民拥有了"山青、水绿、天蓝"的良好生态产品，享受到丰富便捷的城市公共服务，获得感与幸福感日益增强。

（四）生态产品价值外溢

西溪片区通过成功实施 POD 模式，促使湿地公园周边土地实现了增值，不但反哺了该工程 150 多亿元的前期投入，并且积累了大量资金用于其他项目的生态保护。随着知名度、美誉度的不断提升，西溪湿地的入园游客和经营收入实现了稳定增长，自开园以来累计入园游客达 5500 万人次，实现经营收入 24 亿元。2015—2019 年，年均入园游客约 500 万人次，年均经营收入约 2 亿元。2020—2022 年，即使受到疫情影响，每年的经营收入也接近 1 亿元。同时，西溪片区引进了网商银行、浙商创投等重点项目，打造了浙江大学国家大学科技园、阿里巴巴淘员外培训基地、区块链产业园等重点平台，建立了互联网金融省级特色小镇，打造了金融科技产业生态圈，实现了区域产业从低散向高精的转型升级，仅核心区的年税收就从原来的 3 亿多元增长到了现在的 30 多亿元。

第三节

生态竹业——生态价值与经济价值和谐统一

一、竹产业发展的成就

（一）"十一五"时期的竹产业发展

"十一五"期间，我国竹产业实现快速发展，竹产业产值从 2006 年的 600 亿元增至 2010 年的 820.97 亿元。竹材产量从 2006 年的 13.1 亿根增至 14.3 亿根。竹林面积为 553.33 万公顷。

"十一五"期间，我国竹产业在规模、技术、出口及生态效益方面取得突破，成为全球竹产业的核心力量。中国竹产业形成了资源培育、加工利用和出口贸易各环节较为完善的产业体系，成为带动区域经济发展、增加农民收入、促进生态环境保护的新兴产业、朝阳产业和生态产业，成为对外贸易的新亮点、区域经济和农民增收的强劲增长点。

（二）"十二五"时期的竹产业发展

"十二五"期间，我国竹产业规模持续扩大，综合产值从2011年的1046.95亿元增至2015年的1922.99亿元。竹材年产量由2011年的15.4亿根增至23.5亿根。竹林面积615.86万公顷。

"十二五"期间，我国竹产业通过规模扩张、技术升级和生态增效，巩固了全球领先地位，成为乡村振兴和绿色发展的重要支柱。

（三）"十三五"时期的竹产业发展

"十三五"期间，我国竹产业向高质量发展转型，综合产值从2016年的2109.26亿元增至2020年的3217.98亿元，竹材年产量由25.1亿根增至32.4亿根。竹产品出口额从10.01亿美元增至14.8亿美元。竹林面积641.16万公顷。

（四）"十四五"以来的竹产业发展

"十四五"以来，我国竹产业规模持续扩大，创新能力显著增强。2022年，全国竹产业总产值突破4123.25亿元，较2020年的3217.98亿元增长28.13%。2022年，全国竹材总产量超过42亿根，较2020年的32亿根增长32.25%。

2023年，我国竹产品出口额超过22.78亿美元，竹原材料出口占全球竹产品贸易量的68%以上。竹地板、竹家具和竹餐具等产品远销欧美日韩及"一带一路"共建国家。

截至2023年，全国竹产业从业人数超2900万人，其中，农民从业人数超1900万人，占全国竹产业从业人数的65%以上。我国竹产业发展取得了重大成就，为保障国家生态安全、推动地方经济增长、促进农民增收致富、建设美丽中国作出了积极贡献。其中，贵州赤水等地通过竹产业实现农村居民人均年收入增长 5000 元以上。截至 2023 年底，近 20 年，我国竹子相关专利申请达 3 万多件，新品种 9 个，文献近万篇，拥有竹子相关国家和行业标准 196 项，占世界竹子标准总量的 85% 以上。

全国现有竹林面积达 756 万公顷，竹林碳储量为 2.10 亿吨。竹子固碳能力强，毛竹年吸收二氧化碳量为 24.31 吨/公顷，年固碳量是杉木林的 1.46 倍。我国竹林生态系统每年净固定二氧化碳约为 1.13 亿吨。

二、大庄深耕竹产业实现生态产品价值增值

（一）竹产业重构经济和生态的版图

当代社会正面临生态危机与绿色转型的双重挑战。竹产业作为集生态、经济、文化功能于一体的特色资源产业，在保护生态、实现绿色转型中，正日益凸显重要地位。在森林资源日益匮乏、全球木材贸易趋紧的大背景下，竹材以其快速生长、固碳能力强、可循环再生等显著优势，成为兼顾环境保护与产业发展、有效应对气候变化的理想原材料。

中国竹林面积近 700 万公顷，占全球的 1/3，是世界第一竹资源大国。长期以来，由于技术瓶颈与市场认知的限制，毛竹主要以粗加工的形式流入市场，附加值低，资源利用率低下。正是在这样的条件下，总部位于杭州萧山的大庄（dasso）竹业品牌应运而生。

20 世纪 80 年代以前，中国的竹农过着"守着金山讨饭吃"的生活。大庄的创始团队深知只有将传统林业经济从"砍树卖原料"的粗放型模式，转向"精加工创价值"的生态经济，才能真正让"绿水青

山"变成百姓手中的"金山银山"。20世纪90年代,大庄的创始人带领团队成员走访日本和我国台湾地区,学习先进竹加工技术,并结合中国竹种特性,研发出了从原竹到高强度和稳定性及装饰性俱佳的平整大幅面现代竹板材转化的工艺,大大拓展了竹材的使用场景,为现代竹产业奠定了基础。

发展到今天,大庄已经不再是某一个公司或者一个集团,而是涵盖了杭州、福建、湖南、江西等国内多个省市,以及美国、法国、中国香港等境外多个企业的联合体,产业布局覆盖了全球主要经济体,各个公司基于大庄品牌的授权和联系,共同推进中国竹产业的发展。因此,现在我们说的大庄竹业,是由一群志同道合、共同致力于全球竹应用推进的企业、企业家群体的组合。

大庄不仅推动了竹地板、竹家具、竹装饰板等传统领域的升级,还在国际市场上抢占了先机,成为第一个将中国毛竹应用于宝马、雷克萨斯等高端汽车内饰的企业。同时,大庄还将竹木产品应用到了港珠澳大桥、海峡文化艺术中心、西班牙马德里国际机场等数十项重大工程项目,以"以竹代木、以竹代塑"的理念打造全球绿色工程名片。

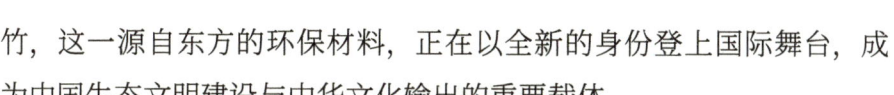

竹，这一源自东方的环保材料，正在以全新的身份登上国际舞台，成为中国生态文明建设与中华文化输出的重要载体。

（二）大庄推动竹产业发展的措施

1. 拓宽竹材应用领域

大庄持续深耕竹材新应用方向，创新开发出防火竹材、装饰材、户外竹材、声学竹材、风电叶片用高强度竹基复合材料等多个品类。竹材产品从室内地板延展到外墙、屋顶、道路、栈桥，甚至进入新能源、交通等高技术领域，打破"竹材只能搭脚手架、做家具"的刻板印象。

2. 推进全球竹应用

面对国内市场起步晚、接受度低的局面，大庄敏锐地将目光转向海外，以欧美市场作为切入点，凭借高品质地板产品进入日本、德国、法国、荷兰、西班牙等欧洲国家及北美、澳大利亚市场，并以"绿色建材"的形象获得欧盟 M1 级防火认证，打破对中国竹制品"低端"的刻板印象。同时，借助国际建筑师、设计师网络，将环保竹材植入宝马、NIKE 运动馆、宜家等知名品牌项目，构建起全球竹应用推广矩阵。2010 年，大庄完成上海世博会主场馆以及上海后滩公园竹材应用项目，大庄原生系列竹地板获全欧洲创新奖；2013 年，大庄和宜家签订正式战略合作协议，成立宜家全球竹材研发中心；2014 年，大庄受邀参加秘鲁举行的 2014 年联合国气候大会；同年 11 月，大庄成功举办全球第一届竹建筑、竹生活高峰论坛，600 多位建筑师、设计师及竹行业专家汇聚无锡大剧院，引发竹材行业及设计界的关注；2017 年，大庄完成港珠澳大桥工程项目；2018 年，大庄开始首个大型竹结构工程，投入郑州棋王对弈亭项目建设；2020 年，大庄投入江西鄱阳湖水上公路项目；2023 年，大庄完成资溪竹科技博物馆的建设；2024 年，大庄完成南昌大剧院建设；2025 年，大庄承接了日本世博会中国馆的建设任务。

3. 引进先进设备

大庄率先引进德国、意大利等地的先进竹材精加工设备，实现了自动化、标准化、规模化生产，建立了国内首条竹地板自动化生产线，并优化碳化、干燥、轧制等工艺，大幅提升产品的稳定性与耐久性。

4. 加强技术研发

为解决竹材容易劈裂、容易霉变等"老问题"，大庄联合中国林业科学研究院、浙江农林大学等科研机构和高等学校，系统攻关高性能竹集成材复合技术。其"创切微薄竹制造技术"获国家技术发明奖二等奖；"高性能竹基纤维复合材料制造关键技术与应用"获国家科学技术进步奖二等奖；户外重组竹材及其制造方法获国家知识产权局颁发的中国专利优秀奖。多项成果在户外景观、防火建筑、风能产业中落地应用，填补了行业空白。

5. 建立供应基地

为保障原材料品质及可持续供给，大庄在浙江、江西、福建、湖南等地建立毛竹供应基地，采用"公司+基地+农户"模式，带动数万名竹农增收致富，并通过引入精细化抚育管理模式，提高毛竹出材率与质量，推动毛竹林生态系统可持续健康发展。

6. 参与国际国内标准制定

大庄长期积极关注质量及管理体系和标准化建设，负责和主导多个国家标准和行业标准的制定，包括ISO《竹产品术语》《竹结构－竹集成材产品规范》的制定，参与制修订《竹地板》《竹集成材》《竹条》《实木地板》《竹单板饰面人造板》《户外重组竹材》等多项国家及行业标准，主导了《中国竹地板消费白皮书》的编写及其宣传推广。其产品通过了EUDR、FSC等国际认证，在全球范围内率先开展了EPD环境产品声明，对产品在整个生命周期内的环境影响进行量化和披露。通过标准制定建立产品术语及质量体系，大庄打通了出口壁垒，提升行业话语权，也为中国竹产业赢得了国际制度性优势。

7. 深化国内国际双循环

在全球碳中和浪潮下，大庄构建"国内＋国际"双轮驱动模式。一方面，响应国家乡村振兴战略，推动竹建材进入公共建筑、学校、地铁等工程项目；另一方面，积极拓展国际市场，与德国、法国、日本等建立了稳定的出口贸易关系。产品出口 50 多个国家，大庄（dasso）品牌成为绿色建材"出海"的排头兵。

三、大庄深耕竹产业实现生态产品价值增值评述

（一）以竹代塑助力绿色低碳循环发展

塑料污染与碳排放是当前人类面临的双重生态挑战。竹材以可再生、可降解、高强度、低碳足迹的独特优势，成为替代塑料与传统木材的理想方案。大庄通过技术升级和产品迭代，让"以竹代塑、以竹代木"从理念变为现实。据 INBAR 白皮书统计，竹集成材的抗弯强

度是传统木材的 3～5 倍，可替代建筑用木材 70%，并显著减少碳排放量，它对缓解我国木材供需压力，有序实现人民美好生活具有重大意义。

（二）推动乡村振兴

竹产业是典型的"绿水青山"型产业，具有天然的乡村属性。大庄通过在山区布局产业链，建立加工基地与抚育体系，激发了数十万竹农的生产积极性，带动了浙江、福建、江西等地形成完整的区域产业集群。在湖南省怀化等地，通过技术输出与投资合作，推动了区域乡村经济由"卖原料"向"创品牌"的跃升，实现了生态保护与脱贫致富的双赢。

（三）积极应对全球气候变化

面对日益严峻的全球变暖与碳减排压力，竹材以优异的固碳能力与低能耗加工特性，成为中国实现碳达峰与碳中和的重要一环。大庄产品通过 EUDR、FSC 等国际认证，在全球范围内率先开展了 EPD 环境产品声明，对产品在整个生命周期内的环境影响进行量化和披露。大庄系列竹产品年消耗毛竹超过 1000 万株，通过替代木材，尤其是钢材、塑料、混凝土等高碳建材，推进低碳建筑发展。

大庄参加了 2014 年在利马举行的第 20 届联合国气候变化大会、2023 年在迪拜举行的第 28 届联合国气候变化大会、2024 年在巴库举行的第 29 届联合国气候变化大会，宣传中国应对碳达峰、碳中和的政策和大庄的理念，以中国竹业发展的实践，以及大庄产品的实际应用，讲好中国绿色低碳发展的故事，在全球气候治理中贡献了"中国智慧"。

（四）谱写人类命运共同体的绿色宣言

大庄品牌 30 年的发展史，是一部"两山"理念的微观实践史，更是《全国竹产业发展规划》从蓝图到现实的生动展示。从破解"资源低效利用"的产业困局，到构建"科技—生态—共富"融合发展的全球范式；从竹海里的技术突围，到联合国讲台上的中国声音，大庄以毛竹撬动了一场绿色革命。大庄的实践印证了习近平总书记的论断："生态本身就是经济，保护生态就是发展生产力。"跨越山海，走向世界，当竹纤维汽车内饰驶入柏林街头，这已不仅是一家企业的胜利，更是中国式现代化进程中人与自然和谐共生的时代答案。大庄将继续以"全球竹应用推进者"锻造国家竹业标杆，书写的不仅是产业传奇，更是人类命运共同体理念的绿色宣言。

第六章

生态权益交易：资源价值流转实现二十载

　　生态资源的价值如何在经济体系中实现，让生态保护者获得合理回报，是20年来我们践行"两山"理念的重要工作。它在将生态价值转化为可量化、可流通的经济资源的同时，也重构了人与自然共生共荣的纽带。从生态保护补偿的纵向实践和横向探索，到水权交易的市场化突破，再到碳汇交易的全球接轨，中国以制度创新激活了沉睡的生态资本，开辟了生态优势逐步转化为经济优势的新路径，推动生态保护与经济发展协同并进，展现出"两山"理念的生动实践，推动着生态文明建设迈向新的高度。

第一节

生态补偿——补偿调节区域不平衡

一、生态保护补偿的成就

我国规模生态保护补偿项目始于 1999 年启动的退耕还林工程，2003 年开始实施退牧还草工程。2005 年，党的十六届五中全会首次提出"谁开发谁保护、谁受益谁补偿"，建立生态补偿机制。2005 年，我国开展了流域生态补偿和水源区等水流生态补偿。

"十一五"期间，生态补偿政策实践取得积极进展。2007 年，颁布实施了《关于开展生态补偿试点工作的指导意见》，积极推动生态补偿立法。2008 年，我国开始实施重点生态功能区转移支付的区域综合补偿；2010 年，对 451 个县实施了国家重点生态功能区转移支付。跨省新安江流域水环境补偿试点于 2010 年底启动。2010 年，我国在山东省、厦门市等地开展了海洋生态补偿的试点。浙江、宁夏、海南、江西等多个省（区）开展了省域内的生态补偿政策实践探索。

2011 年，国务院印发了《国家重点生态功能区转移支付办法》。2013 年，我国生态补偿政策的实施扩大到荒漠生态补偿和湿地生态补偿，分别于 2013 年和 2014 年实施。"十二五"时期，我国开展了县域生态环境质量评估考核，在重庆、海南、陕西、宁夏等地开展重点生态功能区环境保护全过程管理试点，推动优化国家重点生态功能区转移支付政策[①]。

---

① 全国生态保护"十三五"规划纲要[EB/OL]. (2016-11-02) [2024-12-05]. https://www.mee.gov.cn/gkml/hbb/bwj/201611/W020161102409694045765.pdf.

2016年，我国印发了《关于健全生态保护补偿机制的意见》，部署到2020年实现森林、草原、湿地、荒漠、海洋、水流、耕地等重点领域和禁止开发区域、重点生态功能区等重要区域生态保护补偿全覆盖。2016年，我国开始实施耕地生态补偿。2019年，印发了《生态综合补偿试点方案》。2020年，生态补偿的范围扩展到水生生物资源养护补偿。"十三五"时期，我国在创新森林生态效益补偿制度、推进建立流域上下游生态补偿制度、发展生态优势特色产业、推动生态保护补偿工作制度化方面取得了巨大的进展。

"十四五"以来，我国的生态保护补偿制度不断健全。2021年，印发了《关于深化生态保护补偿制度改革的意见》。2024年，印发了《生态保护补偿条例》，明确了通过财政纵向补偿、地区间横向补偿、市场机制补偿等激励性制度安排，采取资金补偿、对口协作、产业转移、人才培训、共建园区、购买生态产品和服务等补偿方式。到目前为止，生态补偿已经覆盖森林、草原、湿地、荒漠、海洋、水流、耕地，以及法律、行政法规和国家规定的水生生物资源、陆生野生动植物资源等其他重要生态环境要素8个领域。截至2024年11月，全国累计已有24个省（区、市）建立了28个跨省流域生态保护补偿机制，全国约50%的森林、草原已纳入补偿范围，近1/3的县纳入重点生态功能区转移支付范围，超过2亿农牧民享受到补偿政策。目前，我国中央层面生态保护补偿资金已由年均几十亿元增长到近2000亿元，地方补偿资金达到近千亿元的水平。我国生态补偿的成功实践，加速打通了"绿水青山"向"金山银山"高质量转化的通道，使青山有"价"、绿水含"金"。

二、新安江跨省生态保护补偿

（一）"新安江模式"拉开跨省流域生态补偿试点帷幕

新安江发源于安徽省黄山市休宁县六股尖，流域面积约1.15万平方千米，横跨安徽和浙江两省，是安徽省内仅次于长江、淮河的第三大水系和钱塘江正源，也是浙江省最大的入境河流，年均出境水量占千岛湖入库水量的60%以上。新安江是皖浙两省人民的母亲河和下游地区重要的战略水源地、华东地区的生态安全屏障，也是全国水质最好的河流之一。

新安江流域上游（受偿地区）范围包括安徽省黄山市的黄山区、屯溪区、徽州区、歙县、祁门县、休宁县、黟县以及宣城市绩溪县的部分地区，黄山市5856.1平方千米，宣城市绩溪县880.7平方千米，上游面积占流域总面积的58.8%，其中，黄山市境内面积占流域总面积的51.1%。21世纪初，新安江流域生态安全面临严峻挑战。当时，黄山市正处在工业化、城镇化加速发展阶段，大量工业废水、农业污水、生活垃圾经新安江流入千岛湖，导致水体富营养化趋势明显。千岛湖是深水湖泊，湖体流速分布梯度不明显，自净能力弱，一旦富营养化加剧，将很难治理。新安江水质一度降至Ⅳ类，威胁下游千岛湖水质和浙江上千万人口的饮水安全。由于新安江流域上下游经济发展不平衡，发展理念、诉求存在差异，如何平衡保护和发展的关系、统筹上下游的利益、界定流域保护事权与支出责任成为一道难题。

2011年2月，习近平总书记对千岛湖及上游新安江保护作出重要批示，强调"千岛湖是我国极为难得的优质水资源，加强千岛湖水资源保护意义重大，在这个问题上要避免重蹈先污染后治理的覆辙。浙皖两省要着眼大局，从源头控制污染，走互利共赢之路"，就此揭开了全国首个跨省流域生态补偿试点的大幕。2012年，财政部、原环保部、安徽省、浙江省正式签订新安江流域水环境补偿协议，每轮试点3年，以皖浙两省跨界断面高锰酸盐指数、氨氮、总氮、总磷4项指标为考核依据。每年设置5亿元补偿资金，其中，中央财政承担3亿元、皖浙两省各出资1亿元。年度水质达到考核标准，浙江拨付给安徽1亿元，否则相反。试点工作按照"保护优先，合理补偿；保持水质，力争改善；地方为主，中央监管；监测为据，以补促治"的基本原则，设立新安江流域水环境补偿资金，主要用于安徽省内两省交界区域的污水和垃圾处理，特别是农村污水和垃圾治理。

自2012年试点以来，黄山市主要围绕工业点源污染整治、城镇污水和垃圾处理、农村面源污染整治、生态修复工程、生态环保能力建设等方面，持续开展新安江流域生态环境保护和修复工作，探索机制共创、生态共保、环境共治、产业共兴、基础共联、发展共享的新模式。2019年8月，习近平总书记在《求是》上发表文章指出，"要全面建立生态补偿制度""推广新安江水环境补偿试点经验，鼓励流域上下游之间开展资金、产业、人才等多种补偿"，对新安江水环境保护工作给予了充分肯定。在流域上下游的共同努力下，皖浙两省接续开展了三轮试点，新安江流域总体水质为优并稳定向好，跨省界断面水质达到地表水环境质量Ⅱ类标准，初步走出了"上游主动强化保护、下游支持上游发展"的互利共赢、互促共富之路。2023年，全国首个跨省流域生态补偿"新安江模式"迎来"提档升级"，写入《长江三角洲区域一体化发展规划纲要》的样板区启动建设。

（二）"新安江模式"的主要做法

1. 推动生态补偿市场机制建设：填补生态价值实现缺口

"对赌式双向补偿＋多元化协同机制"构成了"新安江模式"的核心架构。该机制设定上下游基于水质目标实行动态资金补偿：当年度水质达标时，由下游浙江向上游安徽支付生态补偿资金；若不达标，则由安徽反向补偿浙江。双方共同注资设立生态补偿资金池，秉持"谁受益谁补偿，谁保护谁受偿"的理念。自机制实施以来，浙江已累计向安徽支付补偿资金19亿元，安徽省级财政也累计安排19亿元补偿资金，并带动安徽累计用于流域生态修复的财政投入超过200亿元。

试点三轮以来，补偿金额由每年5亿元增长至9亿元，考核指标也由单一水质扩展至多维生态服务功能，推动机制从"保水质"迈向"促发展"的系统演化。试点的成功离不开对生态保护与财政补偿、环境治理与区域发展、机制试点与制度转化之间关系的精准把握，突破了以往"就水论水"的局限，实现了"以补促治、以治促兴"的良性循环。

试点完成后，浙江与安徽两省持续深化合作，推动生态补偿机制优化升级。双方决定延续第三轮合作协议，并在2021年、2022年持续支付各2亿元补偿资金，用于流域生态保护、产业转型和民生提升等关键领域，大幅提升了上游地区生态治理的积极性。

2023年起，双方将年度资金池扩大至10亿元，双方每年分别出资4亿至6亿元，补偿按照三档标准进行分配，同时引入了与地区经济增长挂钩的动态调整机制。协议周期也由3年延长至5年，补偿范

围扩大至黄山市、宣城市及杭州市共27个县（市、区）。双方还联合打造"新安江—千岛湖生态补偿样板区"，并于2023年长三角主要领导会议上签署合作协议，明确年度协同任务，包括产业共建、人才培养、公共服务共享等多维补偿形式。

浙江连续多年推动落实"浙皖合作十件事"，协助上游提升生态治理能力，增强内生发展动力，实现从资金单一补偿向涵盖水质、产业、人才等维度的综合激励体系转变。2024年"十件事"细化为43项合作任务，拓展至通航、民宿、乡村建设等领域。2025年，两省将共同推进跨省碳交易机制建设，探索碳汇补偿新路径。

2. 推进源头系统保护：打破跨区域协同治理障碍

安徽将新安江流域治理确定为全省生态文明建设的"一号工程"，将黄山市列为特殊考核区域，免除其工业经济指标考核压力，强化生态绩效导向。黄山市贯彻绿色发展理念，推动山水林田湖草沙系统治理，坚持水上污染全收集、岸边污染全覆盖、产业排放全监控，构建长三角生态安全屏障。

黄山市建立四级生态管理体系，实现市、县、乡、村纵向贯通和条块协同。安徽首创区县交界断面生态保护补偿机制，并融合环保、水利、住建等多系统数据，建设流域智慧治理平台。截至目前，已投资5450万元建成42个水质自动监测点位，实现数据动态采集和实时监管。

在污染防控方面，黄山市严格产业准入制度，制定负面清单，坚决拒绝高污染项目。已关闭或搬迁了124家禁养区畜禽养殖场，配建粪污处理设施的养殖场达292家，淘汰落后污染企业220多家，整体搬迁工业企业110余家，并拒批不合规项目190余个。徽州区与歙县建设了两个循环产业园区，集成供热、治污、资源利用等功能，总投资近60亿元。

在农业面源污染治理方面，黄山市首创"七统一"农药配送体系，实现采购、配送、管理、回收等环节的一体化，全域推进茶园绿色防

控。同步实施畜禽养殖、秸秆综合利用、湿地生态工程及农村人居环境"三大革命",推动网箱退养及船舶污水集中处理,创新建设"生态美超市"公共空间,赋予环保治理更多公共服务功能。

借助生态补偿政策红利,新安江流域生态指标显著改善:森林覆盖率从 77.4% 提升至 82.9%;跨省水体稳定保持地表水 II 类以上;饮用水水源地水质达标率与地表水达标率均达 100%。黄山段新安江入选全国首批"美丽河湖"典型案例。下游的千岛湖区域亦坚守生态底线,拒绝超过 300 亿元的高耗能高污染项目,城区与农村污水管网分别建设了 324.8 千米与 3177.2 千米,终端处理设备达 2064 套。

3. 推进绿色产业发展:破解生态与经济发展协调难题

推动流域经济绿色转型是实现生态补偿目标长效化的根本保障。早在 2020 年,黄山市便出台了茶园绿色防控推广方案,率先在 39 个产茶重点乡镇、239 个村及 6 家企业试点推广"黄板 + 生物药剂 + 农艺技术"的复合模式,系统遏制了农药残留和农业面源污染。

黄山市自 2015 年起建设集中农药配送体系,在安徽省内开了先河。同时发展徽菊、泉水鱼等精细农业新业态,打造"田园徽州"高端农产品公用品牌。依托优质水体资源,泉水鱼、有机茶等生态特色产业不断壮大。2023 年,徽州臭鳜鱼产量达 5.5 万吨,产值突破 50 亿元;歙县鳜鱼产业产值超 40 亿元;全市茶叶年出口量维持在 6 万吨,占全国出口总量的 1/6。形成了从"优水质"到"强品牌"再到"扩市场"的闭环发展模式。

在工业领域,黄山市以低碳产业为支撑,培育了信息技术、智能制造等九大新兴行业。同时,实施"创意黄山·美在徽州"全球品牌推广战略,强化城市形象建设,发展会展经济。文化与旅游深度融合,如新安江山水画廊、屯溪河街等项目激活了生态资源,2023 年旅游总收入达 743 亿元,是机制启动前的 3.2 倍。

黄山与杭州联手打造"世界级生态文化旅游走廊",实现游客互通与收益共享。浙皖联合建设"新安江—千岛湖生态经济协作区",杭州市将总额213亿元的绿色产业项目转移至黄山,涵盖生物医药、数字经济等新兴领域。探索形成"上游护生态、下游助发展"的互惠共生路径,推动生态产业联动升级。

4. 构建制度保障体系:破解治理机制长期稳定问题

为固化制度成果,黄山市建立生态优先导向的综合考核机制,率先出台全国首部《河湖长制规定》地方性法规,形成涵盖市、县、乡、村四级的责任体系。配套出台70余项制度文件,强化"河长制+生态绩效一票否决"制度,构建奖惩并重、责任明确、制度刚性的治理体系。

上下游之间也建立了稳定的沟通与协作制度,涵盖信息通报、联合监测、汛期协同打捞、联合执法、应急响应等机制,初步形成跨界协同共治格局。安徽省财政厅出台专项资金管理与绩效评价办法,构建以水质成效为导向的全过程绩效闭环。2019年,浙江省财政厅对生态补偿执行效果开展绩效评估,结果评定为"优秀"。

2025年,浙江杭州与安徽黄山签署《生态环境保护合作要点》,从科研攻关、人才互动等维度拓展合作内容,制度化推进两地生态共治。

"新安江模式"以生态补偿为纽带,以环境治理为根本,以绿色产业为支撑,以合作共赢为目标,以制度建设为保障,形成了一套可推广、可借鉴、可持续的流域生态文明建设经验,为我国生态补偿政策走向高质量发展提供了生动范本。

三、新安江跨省生态保护补偿评述

(一)携手构建生态安全屏障

安徽与浙江两省已连续13年对新安江水质进行联合监测,实行常态化采样检测机制,每月至少组织两次检测,涵盖高锰酸盐指数、氨氮、总磷等多个水质关键指标,全流程跟踪水环境状况。2024年,皖浙两地在街口设立的生态警网工作站正式启用，双方公安系统联合开展水上执法巡查，协作进行禁渔宣传、防溺水安全教育等综合治理行动，用"警徽蓝"守护流域"生态绿"。

黄山市认真落实《新安江流域生态保护提升三年行动计划（2023—2025年）》，深入推进入河排污口溯源整治、城市污水处理能力增强、船舶与港口污染防控等八大重点任务。13年来，安徽与浙江持续推动三轮新安江横向生态补偿机制试点，有效保障了水生态环境质量的稳定提升，流域内国控、省控断面及饮用水源地水质达标率均保持在100%。

（二）实现生态红利全民共享

在新安江流域生态补偿实践的引领下，区域发展已由"共护一江水"拓展为"共建一域富"。生态优势正逐步转化为产业优势和民生福祉，"绿水青山"日益成为群众的"金山银山"。依托清洁水资源，山泉水企业、泉水鱼养殖场、有机茶基地等新业态迅速兴起，成为支撑乡村振兴的新动能。

新安源村，作为新安江、钱塘江与富春江三江之源所在地，昔日深度贫困的面貌已全面改观。全村茶园面积达2400亩，约八成已通过有机认证，村民单靠茶产业人均年增收可达5000元。2023年，歙县新安江沿线的漳潭、绵潭、九砂等村集体经济收入同比增长，分别达17.5%、17.7%、25.4%，村民人均收入同比增长7%，呈现良好上升势头。

休宁县则依托优质自然资源，全面推动生态优势转化为发展优势，大力发展本地特色农产品如茶叶、泉水鱼和茶干等，打造"山泉流水养鱼""五城茶干"等国家地理标志品牌，显著提升农产品附加值和市场竞争力。

（三）提供了跨省治理的中国样本

2015年起，新安江流域生态补偿的经验作为首批试点范例在全国推广，涵盖 13 个流域、18 个省份，成功入选中国改革十大经典案例，并被中组部评为"攻坚克难"优秀实践案例。目前，安徽与浙江正合力推动新安江—千岛湖生态保护补偿机制从流域性试点向区域发展战略转型，打造更具集成性的生态治理新模式。

截至目前，该经验已在全国 23 个省份、27 个流域得到复制应用，带动赤水河、黄河等重要流域逐步建立横向生态补偿框架。两省通过财政互补、协同治理、项目协作等多种方式，推动生态补偿机制不断深化，形成上下游携手治理、共同发展的合作格局。

多年来，皖浙双方始终坚持生态优先、绿色转型、互利共赢的发展路径，持续优化制度设计，建立起以环境保护为基础、以产业绿色发展为抓手、以共富共享为目标的流域治理机制，成为全国跨流域生态保护补偿机制的典范，具备良好的示范推广价值。

该机制还入选联合国《生物多样性公约》"全球最佳实践案例"，为推动跨境流域治理提供了"中国智慧"，展现了生态文明建设领域的中国担当和制度创新力。

第二节

水权交易——增强生态产品价值

一、水权交易的成就

过去 20 多年来，我国在水权交易市场改革上取得巨大进展。

我国首例水权交易是 2000 年的浙江省"东阳—义乌水权转让"，至此拉开了水权市场探索的序幕。2004 年，水利部发布《关于内蒙古宁夏黄河干流水权转换试点工作的指导意见》；2005 年，水利部发布《关于水权转让的若干意见》和《水权制度建设框架》；2011 年，中央 1 号文件进一步明确提出建立水权制度；2012 年，党的十八大报告提出"积极开展水权交易试点"；2014 年，水利部发布《关于开展水权试点工作的通知》，在 7 省开展水权试点工作；2016 年，水利部印发《水权交易管理暂行办法》，水利部、国土资源部联合印发《水流产权确权试点方案》；同年，中国水权交易所在北京设立，标志着我国水权市场改革进入实质性操作阶段[①]。

我国建立了全球规模最大、体系最完整的水权交易制度框架，全国已形成"国家—流域—区域"三级水权交易体系。2016 年，全国水权交易平台成立；截至 2017 年年底，中国水权交易所累计促成水权交易 41 单，累计交易水量达到 14.43 亿立方米，交易额为 8.99 亿元。截至 2024 年，中国水权交易所累计成交 22936 单，交易水量达 56.77 亿立方米，交易范围覆盖全国 29 个省份。

2023 年，我国的区域水权交易量达到 2.10 亿立方米，同比增长 91.3%；成交金额为 9365.09 万元，同比增长 158.5%；取水权交易量为 2.31 亿立方米，同比增长 82.3%；取水权成交金额为 3989.39 万元，同比下降 10.3%；灌溉用水户水权交易量为 0.99 亿立方米，同比增长 601.8%；灌溉用水户水权成交金额为 843.97 万元，同比增长 192.7%。

二、仁怀白酒企业水权交易

（一）仁怀水权交易破解水资源对产业发展的约束

仁怀市地处中国酱香型白酒核心产区，白酒企业众多，产值占贵

---

① 王亚华. 以"三权分置"水权制度改革推进我国水权水市场建设[J]. 中国水利, 2022（1）：4-7.

州省白酒总产值的近80%。随着产业扩张，用水需求激增，传统行政性水资源分配模式弊端凸显，严重制约产业发展。

1. 水资源供需矛盾加剧：刚性约束与动态需求失衡

总量限制：赤水河的"天花板"与企业的扩产渴求存在矛盾 赤水河作为仁怀市白酒生产的唯一优质水源，其年取水总量被严格限定为3440万立方米。其中，白酒生产配额为1458万立方米，占比42.4%。然而，随着仁怀市白酒产业的快速扩张，用水需求激增。2023年，仁怀市酱香白酒产能超过40万千升，较2019年增长67%，对应年需水量突破2000万立方米，远超配额。同时，新增项目面临"无水可用"的困境，如2022年新投产的华湖酿酒作坊，因无法获批赤水河取水许可，被迫以0.6元/立方米的高价购买水权来保障生产，导致生产成本增加了30%。

时空分布不均：季节性缺水与生产周期存在冲突 仁怀市年均降水量约900毫米，但70%的降水量集中在6—9月，旱季（11月至次年4月）降水量不足全年的10%，而白酒生产中的"下沙""蒸煮"等高耗水环节恰好集中在旱季，加剧了供需矛盾。2023年，仁怀市白酒企业旱季日均取水量达4.2万立方米，较雨季增长了50%，导致赤水河局部河段的流量降至5立方米/秒（生态警戒线为8立方米/秒）。与此同时，部分企业被迫从地下水源调水，每立方米的水成本从0.45元飙升至1.2元，年增支超过百万元。

多行业竞争：工业、农业与民生的用水博弈 随着城镇化进程的加快，仁怀市农业灌溉和居民生活用水需求年均增长5%～8%，进一步挤压了工业用水的空间。2022年，高粱种植面积扩大至30万亩，灌溉用水需求增加了600万立方米，导致部分乡镇被迫削减了白酒企业的用水指标（如长岗镇白酒企业配额减少15%）。此外，在极端干旱期，政府优先保障居民用水，使2023年8月茅台镇17家白酒企业限产20%～30%，直接造成了超过3亿元的产值损失。

2. 交易市场机制不完善：制度滞后与效率瓶颈

制度滞后：动态调整与纠纷解决还有空白 现行初始分配机制相对僵化，仅以 2019 年产能为基准，有关部门未考虑企业技改、并购等动态因素。例如，茅溪镇某白酒企业通过兼并实现产能翻倍，但水权仅增加了 10%，企业只能被迫高价购买市场水权。同时，纠纷解决机制缺失。如 2022 年发生的"祥康酒业交易违约案"，就因为缺乏仲裁机制，买卖双方僵持了 3 个月，最终由政府调解才解决了问题。

信息不对称：平台功能存在缺陷和参与壁垒 数据更新滞后，如贵州省水权交易平台信息更新周期长达 15 天，使无忧酒业误购了已失效的水权指标，损失了 27 万元。此外，鲁班街道、三合镇等地的中小白酒企业缺乏数字化能力，所以 2022 年参与交易的比例仅为 17.6%，而核心产区同期交易参与率为 58.9%，两者相差 41.3 个百分点。

中介服务不足：专业支撑体系缺失 水权的价值评估主要依赖于企业自报数据，所以不同机构对同一水权的估值差异可高达 50%。例如，两家评估机构在 2023 年元和酒厂的交易中分别给出 11 万元和 16 万元的估值，进而引发争议。同时，当地的法律服务还不完善，如全市仅有 2 家律师事务所提供水权交易合同审查服务。在 2022 年合同纠纷案件中，30% 的案件因条款漏洞导致执行困难。

3. 生态环境风险：发展与保护的平衡难题

流量变化：赤水河生态系统存在隐性危机 赤水河局部区域集中取水导致流量失衡，如 2023 年日均取水量达 2.6 万立方米，较 2019 年增长了 40%。这一现象使河段最小流量降至 4.8 立方米/秒（低于当时的生态红线 5 立方米/秒），导致中华倒刺鲃等珍稀鱼类的产卵场萎缩了 60%。此外，五马河、盐津河等支流在旱季出现了断流，使流域内 15% 的水生生物栖息地出现了退化。

水质隐患：违规排放且存在治理短板 2023 年前，30% 的中小白酒企业仍使用简易沉淀池处理废水，导致出水的化学需氧量（COD）超标 2~3 倍。2023 年，环保部门查处违规排放案件 42 起，罚款总额超 500 万元。当时，传统窖泥清洗每年产生高浓度有机废水 50 万吨，仅 60% 的企业配备了专业处理设施，其余企业则直接排放，导致赤水河局部地区的氨氮浓度超标 1.5 倍。

生态用水保障不足：量化标准与监管存在盲区 《仁怀市水资源管理条例》未明确规定生态用水的具体占比，实际操作中仅按"不低于年均流量 10%"进行估算，缺乏科学依据。此外，挤占现象普遍存在，如 2022 年赤水河生态用水实际占比仅为 7.3%，低于长江保护"10%~15%"的要求，这导致当地湿地面积减少了 8%。

4. 长期可持续性隐忧：外部冲击与内部转型压力

经济波动：白酒行业周期性风险有传导性 一是面临需求下滑冲击。若白酒消费量下降 10%，仁怀市水权交易量将萎缩 25%，交易价格可能跌破成本价（0.3 元/立方米）。二是遭遇投资退潮风险。2023 年仁怀市白酒产业固定资产投资增速降至 5%，部分企业缩减节水技改预算，威胁长期节水目标。

气候变化：极端天气可能产生"灰犀牛"效应 近十年，仁怀市干旱频率从 3 年一遇增至 2 年一遇，2022 年旱季降水量较常年减少了 40%，赤水河取水缺口达 300 万立方米。2023 年 7 月，暴雨引发山洪，冲毁了茅台镇 12 处取水设施，造成直接损失 8000 万元，暴露了仁怀市基础设施的脆弱性。

产业结构调整：水权分配的适应性面临挑战 一是新兴产业的冲击。若仁怀市引入数据中心或生物医药等产业，年新增用水需求可达 500 万立方米，远超当前交易市场容量。二是传统产能退出。仁怀市 2025 年前计划关停 300 家小型白酒企业，其持有的 80 万立方米水权若无法有效流转，将导致资源闲置并引发市场波动。

（二）仁怀白酒企业水权交易的实践

1. 构建水权交易制度体系：以市场激活水资源配置

初始分配与动态调整：从静态配额到灵活流转　仁怀市依据《贵州省赤水河流域酱香型白酒生产环境保护条例》，综合考虑企业产能、用水效率以及历史取水量等多方面因素，科学核定初始水权。具体执行标准如下：一是强调产能匹配原则。按照行业标准，每吨酱香型白酒生产所需水量约为15立方米，以此为基准来核定企业初始水权。二是建立节水激励机制。对于积极采用循环水冷、风冷等先进节水技术的企业，给予一定程度的奖励，即在原有基础上，将其初始水权上浮10%～15%，以此激励企业进行技术创新，提高水资源利用效率。三是建立动态调整机制。相关部门每季度都会对企业的实际用水量展开细致核查。对于因产能未达标、长期存在富余水权且未充分利用水权的企业，可将其富余水权回收，并把这些回收的水权纳入交易池，重新进行合理分配。2022年仁怀市借助这一动态调整机制，成功回收了23万立方米的水权，有效满足了15家新投产企业的用水需求，优化了水资源的配置。

定价机制：兼顾公益性与市场化　水权交易价格并非完全由市场自由调节，而是通过"政府指导＋市场协商"的双轨制模式来确定，主要包括以下几个环节：首先是基础定价环节。以供水成本作为定价基础，每立方米供水成本为0.3元。考虑到水资源的稀缺性，针对赤水河干流区域，在此基础上叠加50%的稀缺系数，从而形成每立方米0.45元的指导价。其次是市场溢价机制。在特殊需求情况下，例如企业处于扩产旺季且用水需求大幅增加，在遵循一定规则的前提下，允许价格适当上浮，不过上浮幅度最高不得超过20%，并且需向水务部门备案。2023年茅台镇元和酒厂因紧急用水需求，以每立方米0.54元的价格购得用水指标，其中，溢价部分专门用于生态补偿基金，这既

满足了企业特殊时期的用水需求，又为生态环境保护进行了补偿。最后是惩罚性定价措施。为了督促企业节约用水，避免水资源的浪费，对于超量取水的企业，仁怀市将采取严厉的经济惩罚手段。对其超用部分的水量，按照基础价格的 3 倍进行收费。通过这种方式，从经济层面倒逼企业增强节水意识，合理规划用水。

审批流程：全链条合规管控 仁怀市水权交易审批采用"三审一公示"制度，具体流程如下：

（1）企业自查：交易双方提交用水审计报告、节水改造证明等材料。

（2）水务初审：核查企业取水许可、历史用水合规性，确保无违规记录。

（3）专家论证：组织水利、生态和经济领域专家评估交易对赤水河流量和水质的影响。

（4）跨部门联审：环保部门审查生态风险，工信部门评估产业影响，最终由仁怀市水资源管理委员会批准。

（5）公示备案：交易结果在贵州省公共资源交易平台公示 7 天，无异议后完成备案。2022 年至今，仁怀市共完成 52 单水权交易审批，无一例违规操作，制度的公信力显著提升。

2. **强化节水技术改造：以创新驱动水资源高效利用**

工艺升级：从高耗水到循环经济 近年来，慧台酒业投资 800 万元改造传统水冷工艺，将蒸煮环节的冷却水回收率从 60% 提升至

95%，年节水 3.5 万立方米，节水率达 35%。无忧酒业采用空气冷却替代水冷，单条生产线日节水 200 立方米。截至 2024 年年底，全市已有 80% 以上的企业完成了节水改造。国台酒业研发了窖泥烘干系统，将废弃窖泥脱水后回填窖池，减少了 30% 的清洗用水，同时提升了微生物活性。

设备更新：智能化赋能精细管理　劲牌茅台镇酒业引入物联网传感器，实时监测蒸粮、发酵、蒸馏等环节的用水量，并通过 AI 算法优化用水方案，年节水达 18 万立方米。此外，茅台镇某白酒企业安装了智能阀门，能够根据生产进度自动调节供水压力，有效避免"长流水"现象，使节水效率提升了 25%。

"四改一"建设：全流程绿色转型　仁怀市要求所有白酒企业在限期内完成"四改一"建设工程，具体措施包括：

（1）冷却系统改造：淘汰一次性水冷设备，推广闭式循环冷却塔技术。

（2）窖泥烘干改造：建设集中式烘干中心，实现污泥减量 90%。

（3）污水处理改造：企业需自建或联建污水处理站，确保出水水质符合《发酵酒精和白酒工业水污染物排放标准》。

（4）能源结构改造：完成"煤改气"项目，涉及 942 家企业，年减少燃煤消耗 50 万吨。

（5）智能工厂建设：国台酒业建成全国首个酱香白酒智能酿造车间，采用机器人上甑、大数据控温等技术，使水耗降低了 78%，成为行业标杆。

3. 完善监管与保障措施：筑牢水资源管理防线

在线监控：全天候无死角覆盖　投入专项资金 360 万元，在赤水河干流及支流安装了 143 套超声波流量计，实时传输取水数据至仁怀市水务局监控中心。开发水资源管理平台，自动识别超量取水、异常排水等行为。2023 年累计发出预警信号 127 次，查处违规企业 9 家。

动态管理：奖惩结合激发内生动力　每季度对企业用水量、节水技术改造进度进行评分，排名前 10% 的企业可获得下年度水权分配倾斜；而排名后 5% 的企业须限期整改，否则将被暂停交易资格。此外，违规企业将被纳入"水资源黑名单"，并限制其参与政府项目投标、贷款申请等活动。

跨区域合作：突破地域性水资源瓶颈　2023 年 8 月，仁怀市与汇川区达成首单跨区域水资源交易，以每年 61 万立方米的地下水指标换取汇川区温泉酒店项目落地，实现"以水招商"。仁怀市还与赤水河上游的习水县建立了横向补偿机制，每年支付 300 万元用于上游水源涵养林建设，以换取优先用水权。

4. 推动产业协同发展：构建"水—酒—旅"生态圈

酒旅融合：打造世界级 IP　整合茅台酒厂工业遗址、酿酒作坊以及酒文化博物馆等资源，2023 年仁怀市接待游客达 150 万人次，旅游收入突破 20 亿元；开发了"沉浸式酿酒体验游"，游客可参与制曲、蒸馏等环节，带动周边餐饮和民宿消费增长了 40%；利用酿酒余热开发温泉度假村，每年的节能量相当于减少碳排放 1.2 万吨。

智能化转型：从传统酿造到"数字酒都"　劲牌茅台镇酒业引入了上甑机器人，通过 3D 视觉定位精准撒料，减少蒸汽损耗 30%，并同步降低了冷却水需求；国台酒业构建了"酿造大脑"，将 165 个生产环节数字化，通过大数据分析优化用水和用能方案，年节水达 18 万立方米；茅台集团利用区块链技术记录取水和酿造全过程，消费者扫码即可查看"水足迹"，从而提升品牌绿色溢价。

三、仁怀白酒企业水权交易评述

赤水河是长江上游重要的生态屏障，2019 年起国家禁止在赤水河新增生产经营性取水口，对当地白酒企业进行用水约束。2021 年，仁怀市启动水权交易试点，借助市场机制挖掘存量水资源潜力。截至 2023 年 8 月，水权交易成效显著，49 家企业参与交易，不仅创造了超 10 亿元的经济价值，还实现了跨区域交易突破。仁怀市通过积极探索用水权交易这一创新举措，成功破解发展难题，实现了经济发展与生态保护的双赢。

（一）经济效益显著提升

企业层面：破解发展瓶颈，实现资源增值　对于受让方企业而言，水权交易直接解决了扩产过程中的"卡脖子"问题。仁怀市茅台镇元和酒厂原年取水指标仅 3.2 万立方米，扩产后需水量增至 15 万立方米。该厂通过向多家白酒企业购买 11.5 万立方米水权，顺利实现年产 4000 吨的产能目标，新增产值超亿元。这一案例表明，水权交易为企业突破资源约束提供了市场化路径。对于出让水权的企业而言，交易成为盘活闲置资源的有效手段。贵州赤脉酒业通过节水技术改造（如风冷替代水冷），年取水量从 5 万立方米降至 3 万立方米，节余的 2 万立方米水权以 0.45 元 / 立方米的价格出让，年增收 5.1 万元。这一收益不仅缓解了企业的资金压力，更激励了企业持续优化节水工艺，形成"节水—交易—收益"的良性循环。此外，水权交易倒逼企业重新审视水资源的价值。以贵州惠台酒业为例，该公司引入智能用水监测系统后，单位白酒生产水耗降低了 35%，每年可节约水权交易成本超过百万元。企业通过技术升级和管理优化，实现了降本增效的双重目标。

地方经济：全产业链协同，产值规模跃升　水权交易对仁怀市经济的拉动效应已从白酒产业向上下游链条延伸。自 2022 年至今，水权交易累计带动产值超过 10 亿元。其中，白酒产能的扩张推动了包装需求的增长，申仁印务等企业启动了改扩建项目，年产值同比提升了 28%；白酒外运量的增加带动了仁怀市物流园区吞吐量增长 15%，新增就业岗位 1200 余个；酒旅融合项目（如茅台天酿景区和酒文化主题温泉）吸引游客超 200 万人次，旅游综合收入突破 30 亿元。水权交易助力仁怀市跻身贵州省首个"双千亿"强市（工业总产值与旅游总收入均破千亿元）。2023 年上半年，仁怀市白酒产业产值同比增长 7.9%，占全省白酒总产值的 83%，进一步巩固了其作为中国酱香白酒核心产区的地位。

（二）用水压力有效缓解

供需平衡：从"无水可用"到"按需调配"　自 2022 年至今，仁怀市通过水权交易为 27 家缺水企业解决了生产用水难题。如无忧酒业产能从 400 吨跃升至 4000 吨，用水需求激增，通过购买 11.5 万立方米的水权，不仅保障了生产，还成功避免了因缺水导致的数亿元订单的流失。据统计，水权交易实施后，全市白酒企业因缺水导致的停产率下降了 60%，停产天数从年均 15 天缩短至不足 5 天。

效率提升：从"粗放用水"到"精准管理"　水权交易倒逼企业提升用水效率。通过技术改造与管理优化，仁怀市工业用水重复利用率从 70% 提升至 85%，单位白酒生产水耗下降 30%。例如，国台酒业通过在线监测设备实时分析用水数据，精准控制蒸煮、冷却等环节的用水量，年节水率高达 78%；劲牌茅台镇酒业采用循环水冷技术，将冷却水回收利用率提高至 95%，年节水超 10 万立方米。此外，水权交易还促进了企业间的协同发展。例如，茅恒酒厂通过购买 6 万立方米水权进行扩产，而转让方则利用交易收益升级环保设施，形成"优势互补、互利共赢"的产业生态。

（三）生态保护与节水意识不断增强

赤水河保护：从"被动约束"到"主动守护" 通过安装143套在线计量监测设备，仁怀市实现赤水河干流取水实时监控全覆盖。2022年至今，超量取水行为发生率下降90%，赤水河生态流量稳定在8.5立方米/秒以上，鱼类种群数量恢复至30余种。此外，白酒企业全面推进"四改一建设"（包括改冷却系统、窖泥烘干、污水处理等），使赤水河水质常年保持Ⅱ类标准，为酱香白酒酿造提供了优质水源保障。

企业转型：从"末端治理"到"源头减排" 95%以上的白酒企业已完成节水改造，形成了三大减排模式。一是循环利用，如无忧酒业将高温冷却水与常温水进行热交换，年节水3万立方米，同时减少了热能损耗。二是零排放，如慧台酒业建设了窖泥烘干系统和污水处理厂，实现污泥和废水"零外排"，并获评省级绿色工厂。三是清洁能源，如茅台镇80%以上的企业已完成"煤改气"和"油改电"的转型，年减少碳排放12万吨。此外，仁帅酒业还通过节水培训、绩效考核等方式，将员工人均日用水量从50升降至30升，年节水超1万立方米。

（四）制度创新与示范效应

全国标杆：从"地方试点"到"国家典范" 2023年，仁怀经验入选水利部"用水权交易典型案例"，并在全国生态文明试验区推广。其制度创新包括：一是动态分配机制，根据企业实际产能动态调整水权配额，避免"一刀切"分配导致的资源错配。二是跨区域交易，与汇川区完成了首单跨区域地下水指标交易（年转让量61万立方米），为区域协同发展提供范例。三是金融支持，探索水权质押融资模式，企业可将水权作为抵押物获得贷款，有效盘活了水资源资产。

跨行业推广：从"白酒专属"到"全域覆盖" 仁怀市积极探索将

农业节水指标向工业领域流转。例如，通过建设高效节水灌溉项目，农业年节水200万立方米，其中，50万立方米通过交易转为工业用水。这一模式不仅缓解了工业用水压力，还为农民增收开辟了新渠道，每亩节水收益约200元。

第三节
碳汇交易——支撑生态产品价值实现

一、碳汇和碳汇交易发展

（一）不断增加的碳汇

"十一五"期间，我国大力增加森林碳汇，继续实施"三北"重点防护林工程、长江中下游地区重点防护林工程、退耕还林工程、天然林保护工程、京津风沙源治理工程等生态建设项目，开展碳汇造林试点，加强林业经营及可持续管理，提高森林蓄积量，建立了中国绿色碳汇基金会。中国人工林保存面积6200万公顷，全国森林面积达到1.95亿公顷，森林覆盖率由2005年的18.21%提高到2010年的20.36%，森林蓄积量达到137.21亿立方米，全国森林植被碳储量达78.11亿吨。为提高农田和草地的碳汇，草原牧区落实草畜平衡和禁牧、休牧、划区轮牧等草原保护制度，控制草原载畜量，遏制草原退化。扩大退牧还草工程实施范围，加强人工饲草地和灌溉草场的建设。加强草原灾害防治，提高草原覆盖度，增加草原碳汇。到2010年，全国保护性耕作技术实施面积 6475 万亩，机械化免耕播种面积 1.67 亿亩，秸秆机械化粉碎还田面积 4.28 亿亩[①]。

"十二五"期间，我国大力推进全国林业碳汇计量监测体系建设，开展土地利用变化与林业碳汇计量监测工作。到 2015 年底已覆盖 25 个省区市、新疆生产建设兵团、四大森工集团，建成林业碳汇基础数据库，全国共完成造林 4.5 亿亩、森林抚育 6 亿亩，分别比"十一五"时期增长 18%、29%；森林覆盖率提高到 21.66%，森林蓄积量增加到 151.37 亿立方米。全国森林植被总碳储量由第七次全国森林资源清查（2004—2008 年）的 78.11 亿吨增加到第八次清查的 84.27 亿吨。草原生态保护建设的加强增加了草原碳汇，2015 年，全国草原综合植被盖度达到 54%，较 2011 年提高 3 个百分点。截至 2015 年年底，累计落实禁牧休牧面积 15.3 亿亩，落实草畜平衡面积 25.6 亿亩，划定基本草原 35.3 亿亩[②]。

"十三五"期间，生态系统碳汇能力明显提高。全国累计完成造林 5.45 亿亩、森林抚育 6.37 亿亩。2020 年年底，全国森林面积 2.2 亿公顷，全国森林覆盖率达到 23.04%，草原综合植被覆盖度达到 56.1%，湿地保护率超过 50%，森林植被碳储量 91.86 亿吨，"地球之肺"发挥了重要的碳汇价值。"十三五"期间，全国累计完成防沙治沙任务 1097.8 万公顷，完成石漠化治理面积 165 万公顷，新增水土流失综合治理面积 31 万平方千米；修复退化湿地 46.74 万公顷，新增湿地面积 20.26 万公顷。截至 2020 年年底，中国建立了国家级自然保护区 474 处，面积超过国土面积的 1/10，累计建成高标准农田 8 亿亩，整治修复岸线 1200 千米、滨海湿地 2.3 万公顷，生态系统碳汇功能得到有效

---

① 中国应对气候变化的政策与行动（2011）[EB/OL].（2011-11-22）[2025-02-11]. https://www.gov.cn/zhengce/2011-11/22/content_2618563.htm.

② 中国应对气候变化的政策与行动 2016 年度报告[EB/OL].（2016-11-02）[2025-02-11]. http://www.ncsc.org.cn/yjcg/cbw/201611/W020180920484681815728.pdf.

保护①。

"十四五"以来，我国生态系统碳汇能力不断巩固提升，印发了《生态系统碳汇能力巩固提升实施方案》。森林与草原碳汇大幅提升，近20年为全球贡献了约1/4的新增绿化面积，人工林保存面积达到13.14亿亩，森林覆盖率达到24.02%，草原综合植被覆盖度达50.32%。湿地、土壤、海洋、岩溶等其他碳汇能力进一步增强。2012年至今，累计实施湿地保护项目3400多个，新增和修复湿地80余万公顷。实施黑土地保护工程，2023年东北典型黑土区完成黑土耕地保护利用面积超1亿亩。蓝碳生态系统碳储量调查评估试点基本完成，累计完成全国40余个红树林、盐沼、海草床典型分布区碳储量调查。完善海洋碳汇标准技术体系，开展西南典型流域岩溶碳汇本底调查②。

《第九次全国森林资源连续清查报告》显示，我国森林年涵养水源量6289.5亿立方米，年固土量87.48亿吨，年保肥量4.62亿吨，年吸收大气污染物量4000万吨，年滞尘量61.58亿吨，年释氧量10.29亿吨；森林全口径碳中和量为4.34亿吨，其中，乔木林植被层碳汇2.81亿吨、森林土壤碳汇0.51亿吨，其他森林植被层碳汇1.02亿吨。

1997—2018年，我国森林全口径碳汇能力不断增强。我国森林生态系统全口径碳汇量，在第二次全国森林资源清查（1977—1981年）中为1.75亿吨/年，在第三次清查（1984—1988年）中为1.99亿吨/年，第四次（1989—1993年）为2.00亿吨/年，第五次（1994—1998年）为2.64亿吨/年，第六次（1999—2003年）为3.19亿吨/年，第七次（2004—2008年）为3.59亿吨/年，第八次（2009—

---

① 中国应对气候变化的政策与行动[EB/OL].（2021-10-27）[2025-02-11]. https://www.gov.cn/zhengce/2021-10/27/content_5646697.htm.

② 生态环境部发布《中国应对气候变化的政策与行动2024年度报告》[EB/OL].（2024-11-12）[2025-02-11]. https://www.gov.cn/lianbo/bumen/202411/content_6986237.htm.

2013年）为4.03亿吨/年，第九次（2014—2018年）为4.34亿吨/年。从第二次森林资源清查开始，历次清查期间森林生态系统全口径碳汇能力提升幅度分别为13.71%、0.50%、32.00%、20.83%、12.54%、12.26%、7.69%。近40年，我国森林生态系统全口径碳汇总量约占工业二氧化碳排放总量的21.55%，意味着抵消了21.55%的工业二氧化碳排放量。

（二）碳汇交易的发展

清洁发展机制（CDM）是《京都议定书》下设立的碳市场机制之一，发展中国家可以通过CDM项目出售CER碳信用，获得额外经济收益。我国最早实施的CDM项目于2002年启动，2004年获得国家发展改革委的批准，其减排量通过CDM机制出售给发达国家。

2006年，全球首个成功注册的CDM林业碳汇项目"广西珠江流域再造林项目"完成造林面积3008.8公顷，首个监测期内成功签发了13.2万吨碳汇减排量，收益51.9万美元。我国林业碳汇项目可参与全球性（CDM、VCS、GS）、全国性（CCER、CGCF）、区域性（FFCER、PHCER、BCER）抵消机制中的碳交易。截至2022年年底，全球注册了1923个VCS项目，签发项目1556个，签发碳信用10.45亿吨二氧化碳当量，其中中国共有880个VCS项目。全球共有205个林业碳汇VCS项目，中国有29个林业碳汇VCS项目，居全球第一位。

"十一五"期间，我国通过CDM项目在温室气体减排上取得了显著成效。截至2009年10月，中国注册的CDM项目预期年减排二氧化碳达1.9亿吨，占全球注册项目减排量的58%。通过CDM项目累计减少二氧化碳排放量至少15亿吨，成为全球减排贡献最大的国家之一。到"十一五"期末，中国累计批准CDM项目2232个，覆盖水电、风电、工业废气回收等多个领域。2007年，国务院批准成立中国清洁发展机制基金（CDMF），累计撬动社会资金数百亿美元，支持了68

个项目，间接减排量达千万吨二氧化碳当量。CDM 项目为中国累计带来约 60 亿美元资金，并通过碳交易市场撬动数百亿美元的社会资本。CDM 项目实践为中国碳市场建设积累了经验，为后续全国碳市场及核证自愿减排量（CCER）机制奠定了基础。

"十二五"期间，中国 CDM 项目受国际碳市场波动和国内低碳政策转型的影响，开始提质转型。至 2011 年 7 月，已经批准了 3154 个清洁发展机制项目，其中，1560 个项目在联合国清洁发展机制执行理事会成功注册，占全世界注册项目总数的 45.67%，已注册项目预计经核证的减排量（CER）年签发量约 3.28 亿吨二氧化碳当量，占全世界总量的 63.84%。截至 2015 年，累计批准的 CDM 项目超过 5000 个，其中，约 3800 个项目在联合国成功注册，占全球注册总量的 40% 以上。项目年均减排量约 3 亿吨二氧化碳当量，累计减排贡献占全球 CDM 总减排量的 50% 以上。CDM 项目为中国带来约 20 亿美元的收入，重点用于支持西部地区可再生能源和生态扶贫项目，风电、光伏等 CDM 项目带动产业链发展，新增就业岗位超 50 万个。2012 年，中国在北京、上海、广东等 7 省市启动碳排放权交易试点，逐步减少对国际 CDM 机制的依赖。

2011 年，国家发展改革委选择北京、天津、上海、重庆、广东、湖北、深圳等 7 个省市开展碳排放权交易试点工作。2013 年 6 月，中国首个碳排放权交易市场深圳碳排放权交易市场启动。截至 2015 年年底，7 个试点碳市场已经全部启动，共纳入 20 余个行业、2600 多家重点排放单位，年排放配额总量约 12.4 亿吨二氧化碳当量，其中，北京、天津、上海、广东和深圳碳市场纳入的重点排放单位完成了 2 次碳排放权履约；7 个试点碳市场累计成交排放配额交易约 6700 万吨二氧化碳当量，累计交易额约为 23 亿元[①]。

---

① 中国应对气候变化的政策与行动2016年度报告[EB/OL].（2016-11-02）[2025-02-11]. http://www.ncsc.org.cn/yjcg/cbw/201611/W020180920484681815728.pdf.

第六章
生态权益交易：资源价值流转实现二十载

"十三五"期间，全国碳排放权交易市场建设加快推进，发布了《碳排放权交易管理办法（试行）》，开展了2018年度和2019年度碳排放数据报告、核查及排放监测计划制定工作，开展发电行业配额分配基准值研究并组织开展电力行业配额分配试算，稳步推进全国碳排放权注册登记系统和交易系统建设，北京、天津、上海、重庆、广东、湖北、深圳等碳排放权交易试点保持市场平稳运行。截至2020年12月31日，我国各试点碳市场配额现货交易累计成交4.45亿吨二氧化碳当量，成交额104.31亿元；全国CCER累计成交2.68亿吨。

"十四五"以来，全国碳市场建设加快推进。《碳排放权交易管理暂行条例》颁布实施。截至2023年年底，全国碳排放权交易市场覆盖年二氧化碳排放量约51亿吨，纳入重点排放单位2257家。第二个履约周期成交量、成交额占总数的比值分别比第一个履约周期增长约19%、89%。碳排放数据管理的制度体系进一步加强，建立了"国家—省—市"碳排放数据质量三级联审机制，监督执法进一步得到强化。全国碳市场管理平台于2023年上线运行，实现了名录管理、排放管理、数据质量监管、核查管理、配额管理的智能化、数字化。全国统一的温室气体自愿减排注册登记系统和交易系统建设完成并上线运行。扎实推进扩大碳市场行业覆盖范围。《温室气体自愿减排交易管理办法（试行）》与全国碳排放权交易市场共同组成完整的全国碳市场体系。2024年1月22日，全国温室气体自愿减排交易市场正式启动[1]。截至2024年年底，全国碳排放权交易市场配额累计成交量6.3亿吨，累计成交额430.33亿元[2]。

---

[1] 生态环境部发布《中国应对气候变化的政策与行动2024年度报告》[EB/OL]. (2024-11-12) [2025-02-11]. https://www.gov.cn/lianbo/bumen/202411/content_6986237.htm.

[2] 2024年全国碳排放权交易市场配额交易及清缴工作顺利结束[EB/OL]. (2025-01-05) [2025-02-11]. https://www.mee.gov.cn/ywgz/ydqhbh/syqhbh/202501/t20250105_1099975.shtml.

截至 2025 年 3 月 28 日，全国碳市场碳排放配额累计成交量 6.36 亿吨，累计成交额 435.16 亿元。

二、深圳福田红树林保护碳汇全链条交易

（一）深圳福田红树林保护区是深圳重要的生态屏障

红树林是以红树植物为主体的常绿灌木或乔木组成的潮滩湿地木本生物群落，作为国际公认的三大滨海蓝碳生态系统之一，红树林不仅能够通过吸附、沉淀有毒物质净化水体，还是藻类、海鸟、虾蟹以及贝类等多种生物的栖息地，在海洋生态保护、生物多样性、减碳固碳等方面具有巨大效用，还具有防浪护堤、促淤造陆、防灾减灾、环境净化等多重功能，有"造陆先锋""鱼虾粮仓""鸟类天堂""蓝碳生态系统"的美誉。根据自然资源部、国家林草局统计，2023 年我国红树林面积已达 2.7 万公顷，比 21 世纪初增加 5000 公顷，主要分布在广东、广西、福建、海南和浙江 5 省区。红树林结构的复杂性、物种的多样性、生产力的高效性及其所在的区位，使其具有独特的生态功能和重要的社会、经济、生态价值。

20 世纪 50 年代，我国有近 5 万公顷的红树林，但伴随着城市化进程的加快，其与生态保护的矛盾长期存在，21 世纪初下降至 2.2 万公顷。红树林生态系统十分脆弱敏感，植物种类较少，群落结构单一，仍面临较严重的退化。在全球变化和人类活动的双重影响下，中国 50% 的红树植物处于珍稀濒危状态，急需探索可持续的保护模式。

红树林具备很强的碳捕获和碳储存能力，红树林以仅占全球 0.5% 的沿海面积贡献了 10%～15% 的海岸带沉积物碳埋藏量。目前，在全球气候变化及温室气体排放增加的情况下，各国面临极大的减排压力，红树林的碳汇功能逐渐引起许多国家的重视。在相对稳定的环境

下，红树林储存的碳可长达千年尺度以上，因而保护和恢复红树林成为现阶段缓解全球气候变化的长期自然解决方案之一。因此，完善全球红树林碳数据库，提升碳数据的数量和质量是现阶段核算红树林碳汇的关键。

当前，红树林碳汇市场化机制缺失，主要表现在：国内碳汇计量标准空缺，缺乏针对红树林保护类碳汇项目的计量方法学，导致碳汇量难以科学核证。红树林碳汇产权界定不清，权属未明确，交易主体和责任边界模糊。保护红树林还有资金困难的问题，传统财政拨款难以满足长期保护需求，社会资本参与路径匮乏。建立红树林碳汇的市场化运行机制，积极探索红树林生态产品价值实现的多元化路径，已刻不容缓。

深圳福田红树林自然保护区是我国唯一处于城市腹地的国家级自然保护区，兼具生态屏障与城市发展的双重属性。福田红树林是众多动植物的栖息地，尤其是候鸟的重要中转站，每年有大量的候鸟在此栖息、觅食。红树林能够吸收水中的污染物，改善水质。红树林的根系能够有效减缓海浪侵蚀，减少风暴潮的破坏，保护海岸线稳定。红树林可以吸收大量的二氧化碳，减少温室气体排放，对缓解全球气候变化具有重要作用。通过蒸腾作用和遮荫作用，红树林能够降低周边地区的温度，提高空气湿度，改善城市小气候。同时，红树林不仅具有科研与教育价值，还具有较高的生态旅游和文化价值。

深圳作为改革开放的前沿城市，长期秉持"两山"理念，率先构建了覆盖确权登记、碳汇计量、交易规则和金融支持的全链条交易机制，为生态产品价值转化奠定了制度基础。国际红树林中心是全球首个红树林保护交流合作中心，2024年11月6日正式落户深圳。深圳福田凭借其独特的生态地位、政策创新能力和市场化探索经验，诞生了我国首个以红树林生态系统为核心、实现生态产品价值市场化的创新实践，为全国碳汇全链条交易和生态产品市场化提供了"深圳样本"。

（二）深圳福田红树林保护碳汇全链条交易促进生态产品价值实现

1. 构建自然资源动态普查与碳汇确权体系

深圳市通过构建"空天地"一体化监测体系，整合无人机航测、激光雷达及高光谱遥感技术，开展红树林生态系统十年期生物量动态追踪，同步开发数字孪生三维仿真平台，实现碳储量空间分布可视化建模，形成了完备的碳汇数据库。在此基础上，创新"双链融合"确权机制，构建自然资源统一确权登记标准、方法和路径，界定保护区界址范围，查清自然资源数量和质量，明确自然资源权属状况和关联信息，完成保护区确权登记，为碳汇交易夯实产权基础。同时，创新碳汇产品登记路径，将红树林保护碳汇总量和交易情况纳入自然资源登记簿关联信息栏，并为碳汇产品竞得人颁发深圳首个自然资源领域碳汇凭证，构建"监测—登记—交易"全链条管理体系。

2. 创新红树林碳汇计量方法理论与多维价值评估体系

深圳市创新研发"双核驱动"碳汇评估体系，率先发布全国首部融合气候治理与生态保护的《红树林保护项目碳汇方法学（试行）》，建立包含植物群落固碳量等要素的三维核算模型，实现碳汇量与生态效益的同步量化。经核证，保护区内约126公顷红树林的保护活动在第一监测期（2010年1月1日至2020年1月1日）的碳汇量为38745.44吨。

在价值评估环节，深圳市参照土地资产评估方法，构建"成本—市场—收益"综合评估体系，选取交易时间、交易标的、交易方式相似的蓝碳交易案例，构建3个一级指标、16个二级指标的价格比较因素和因素修正体系，可量化并修正资源稀缺性、红树林管护方式、碳汇产品质量等比较因素的差异对价值的影响，评估保护区红树林保护碳汇价值，确定红树林碳汇拍卖底价。该技术体系成功支撑全国首单红树林碳汇以485元/吨成交，溢价率达165%，为蓝碳定价提供了"监测—核算—评估"全流程标准化的解决方案。

3. 推进市场化竞价机制设计与交易实践

深圳创新构建了市场化碳汇交易机制，通过多部门协同制定《红树林蓝碳交易试点方案》，明确了蓝碳交易的准入条件、交易平台等交易规则。在交易方式上，参考国际自愿碳市场的协议交易方式，综合考虑资源稀缺性、可持续发展等因素，深圳市以公开拍卖方式进行蓝碳交易，首期标的设定为年度碳汇量3875吨。2023年9月5日，深圳市发布拍卖公告，明确交易标的、竞买人主体资格要求、拍卖起始单价、竞买保证金等内容。9月26日，对保护区内红树林碳汇进行了公开拍卖，按照"竞买人报价不低于底价、价高者得"的原则确定竞得人，经过17家企业的92轮激烈竞逐，最终以485元/吨的价格完成3875吨红树林保护碳汇的公开拍卖，为全国蓝碳交易提供可复制的"深圳范式"。

4. 创新开发金融保险产品，助力蓝碳可持续发展

深圳首创"碳汇价值+风险对冲"双轨金融机制，用保险服务手段，对保护区内红树林碳汇提供风险减量服务，创新开发适合红树林及生物多样性保护的金融保险产品，构建蓝碳资产保护体系。2023年7月，广东内伶仃福田国家级自然保护区管理局和中国平安财产保险股份有限公司深圳分公司签订了"福田红树林自然保护区红树林碳汇保

险捐赠协议",推动建立了蓝碳保险补偿机制,标志着全国首单红树林碳汇指数保险落地深圳。

5. 深化蓝碳多场景协同创新与跨区域交易网络建设

深圳构建蓝碳多场景应用与跨区域协同绿色金融服务体系,创新"红树林保护碳汇+活动碳中和"交易模式,推动打造"红树林保护碳汇+司法"在司法实践中的应用场景。探索建立体现碳汇价值的生态补偿机制,将认购碳汇作为履行自然资源资产损害赔偿责任的措施之一。

在区域协作层面,充分发挥深圳的市场化优势和蓝碳技术力量,与广东省恩平市政府签订"蓝碳生态产品价值实现合作框架协议",提供红树林碳汇交易指导与技术支持,推动构建全国蓝碳交易联盟,促进蓝碳开发与跨区域合作,探索蓝碳交易联盟的可行性路径。依托交易市场建设,整合各地蓝碳资源,通过全方位、多层次的有效对接,为建立全国统一蓝碳市场提供实践范本[①]。

三、深圳福田红树林保护碳汇全链条交易评述

(一)建立了红树林碳汇全链条交易机制,提供了市场化交易示范路径

深圳市通过开展自然资源调查监测和蓝碳产品确权登记,明晰红树林碳汇产品的底数和权属;创新开发《红树林保护项目碳汇方法学(试行)》,为红树林保护项目提供碳汇评估指南;规范开展红树林保护项目的碳汇量核证,保证红树林保护碳汇交易标的的科学性;研究制定红树林保护碳汇价值评估方法,科学形成碳汇拍卖底价;周密制订

---

① 自然资源部办公厅关于印发《生态产品价值实现典型案例》(第五批)的通知》[EB/OL].(2024-12-30)[2025-04-09]. https://m.mnr.gov.cn/gk/tzgg/202412/t20241230_2879220.html.

交易组织方案，采取公开拍卖方式，实现由政府主导的生态系统碳汇一级市场拍卖竞价交易；创新开发适合红树林及生物多样性保护的金融保险产品，推进碳汇和绿色金融融合发展。这一"调查监测—确权登记—碳汇计量—底价评估—市场交易—金融支持"蓝碳全链条交易机制的建立，既培育了市场化、可持续的碳汇资源交易市场，走出我国红树林碳汇价值实现新路径，又加快推动了海洋蓝碳价值转化，为推进"绿水青山"等自然资源资产及其生态产品向"金山银山"转化提供了先行经验。

（二）建立了碳汇产品开发机制，填补了碳汇项目方法学空白

深圳市通过构建蓝碳生态产品开发技术体系，积极探索了国内红树林保护碳汇计量监测、监测报告编写以及碳汇量核证等工作，填补了国内相关碳汇项目方法学的空白，解决了蓝碳交易"难度量"的问题，为后续类似碳汇产品的开发和交易，提供了可复制、可推广的经验和范例。

（三）创新了碳汇产权登记方式，开拓了自然资源增汇市场

深圳市以红树林保护碳汇交易为切入点，立足自然资源"增汇"的碳汇市场化交易，创新开展自然资源领域蓝碳的确权、转让登记，为竞得人颁发深圳首个碳汇凭证，并办理红树林保护碳汇总量与首单交易情况登记，清晰界定了保护区的碳汇产权归属，解决了蓝碳"难交易"的问题，丰富了自然资源领域生态产品的类型。

（四）探索了社会资本参与路径，获得了良好的社会效益

全国首单红树林保护碳汇成功拍卖后，所得收入全部上缴深圳市财政，用于反哺红树林保护与修复工作，探索出了一条引导社会资本参与红树林保护修复的新路径，为建立可持续的蓝碳生态产品价值实现机制提供了"深圳样本"，是深入践行"两山"理念、推动优质生态产品价值转化的"深圳实践"。红树林保护碳汇拍卖模式也得到了人民日报、新华社、中央广播电视总台、香港商报等十多家新闻媒体的关注和报道，并在2023年和2024年中国海洋经济博览会连续开展专题论坛活动，引导公众了解自然资源生态产品的重要价值，取得了良好的社会效应[①]。

[①] 自然资源部办公厅关于印发《生态产品价值实现典型案例》（第五批）的通知》[EB/OL]．(2024-12-30) [2025-04-09]．https://m.mnr.gov.cn/gk/tzgg/202412/t20241230_2879220.html．

下 篇
经济绿色化

第七章

传统产业转型：绿色低碳发展二十载

20年来，中国以"两山"理念为指引，推动传统产业向绿色、低碳、可持续方向转型。当前，传统产业转型升级进程加快，从优化经济发展的结构，到重塑生产和消费的逻辑，再到能源转型筑造起绿色未来的支柱，形成了"绿水青山就是金山银山"转化逻辑中产业绿色化的立体图景。中国大地上绿色发展的实践，印证了传统产业正在打破"环境代价"的困局，在生态价值转化中重构竞争力。

第一节
低碳发展——优化经济发展结构

一、低碳经济发展的成就

（一）"十一五"时期的低碳经济发展

"十一五"时期，单位国内生产总值能耗大幅下降。2006—2010年，单位国内生产总值能耗累计下降19.06%，基本完成"十一五"节能降耗目标。主要耗能产品的单位产品能耗明显下降：单位铜冶炼综合能耗下降35.9%，单位烧碱生产综合能耗下降34.8%，吨水泥综合能耗下降28.6%，原油加工单位综合能耗下降28.4%，电厂火力发电标准煤耗下降16.1%，吨钢综合能耗下降12.1%，单位电解铝综合能耗下降12.0%，单位乙烯生产综合能耗下降11.5%。"十一五"时期，高耗能行业得到抑制，六大高耗能行业工业增加值发展速度明显减缓[1]。

5年间，全社会在新能源与可再生能源领域共投入1.73万亿元；累计能效投资8224亿元，其中，中央财政在能效领域投入1044亿元，占累计能效投资的12.7%，地方财政投入529亿元，占6.4%，社会融资共计6498亿元，占79%，国际资金投入153亿元，占1.9%。能效投资形成节能能力4.1亿吨标准煤，为实现单位国内生产总值能耗下降

---

[1] "十一五"经济社会发展成就系列报告之十六：我国经济结构调整取得重要进展[EB/OL]．（2013-03-11）[2025-02-15]．https://www.stats.gov.cn/zt_18555/ztfx/sywcj/202303/t20230301_1920376.html．

的贡献度达到64%①。"十一五"时期，我国通过节能提高能效，少消耗能源6.3亿吨标准煤，减少二氧化碳排放14.6亿吨。"千家企业节能减排行动"覆盖九大高耗能行业，953家企业中88.8%的企业完成或超额完成目标。在可再生能源发展上，风电以政府引导为主，光伏发电由企业推动，形成了技术推广与产业升级的双重路径。

（二）"十二五"时期的低碳经济发展

"十二五"时期，单位国内生产总值能耗继续下降。单位国内生产总值能耗下降18.2%，超额完成16%的规划目标；火电煤耗进一步下降，300兆瓦以上高效机组占比提升至69%；煤炭占能源消费总量的比重从2010年的69.2%降至2015年的62%，提前4年实现原定2020年的目标；非化石能源消费占比从2010年的8.6%提升至13.3%，远超11.4%的规划目标；光伏发电和风电装机容量分别增长15倍和3倍，成为全球最大可再生能源市场。单位国内生产总值二氧化碳排放强度下降20.5%，超额完成17%的规划目标，通过节能降碳措施累计减少二氧化碳排放约18亿吨；钢铁、水泥等高耗能行业的单位产品能耗分别下降5%和17%，电解铝综合能耗下降10%；低碳领域累计投资超4.2万亿元，其中可再生能源投资占比超40%②。工业用水总量基本稳定在1400亿立方米左右，占全国总用水量的比例维持在22.5%左右，实现了工业增长与用水总量的"脱钩"，万元工业增加值的用水量降低了36%，年均下降率达8.4%，超额完成30%的规划约束性目标③。

---

① 清华大学气候政策研究中心. 中国低碳发展报告（2011—2012）[R]. 北京，2011.
② 参见：中国低碳发展报告编写组. 中国低碳发展报告（2017）[M]. 北京：社会科学文献出版社，2017.
③ 《工业绿色发展规划（2016—2020年）》解读之三——加强工业节水，提高用水效率 [EB/OL]. （2016-08-17）[2025-02-15]. https://www.chinacace.org/news/fieldsview?id=7641.

（三）"十三五"时期的低碳经济发展

"十三五"时期，我国通过能源转型、产业升级、政策创新和国际合作，初步构建了绿色低碳发展的经济体系。能源生产消费革命取得突破性进展，能源消费总量控制在 50 亿吨标准煤以内，煤炭消费占比逐年下降，煤炭消费比重降至 56.8%。去产能目标任务超额完成，截至 2020 年年底，全国累计退出煤矿约 5500 处，退出落后煤炭产能 10 亿吨/年以上。非化石能源占一次能源消费的比重，从 2015 年的 12% 提高到 2020 年的 15.9%，超额完成规划目标；截至 2020 年年底，可再生能源发电累计装机容量 9.34 亿千瓦，占全部电力装机容量的 42.5%，其中，风电装机容量 2.81 亿千瓦，光伏发电装机容量 2.53 亿千瓦，比 2015 年增长了一倍多，水电、核电等低碳能源占比持续扩大，消费增量的 60% 以上由清洁能源供应。2020 年的单位国内生产总值能源消耗比 2015 年累计降低 13.2%；2020 年的单位国内生产总值二氧化碳排放比 2015 年下降 18.8%，超额完成"十三五"下降 18% 的约束性目标，比 2005 年下降 48.4%，超额完成 40%～45% 的控制温室气体排放目标。万元国内生产总值用水量累计下降 25%，提前完成规划目标，农田灌溉水有效利用系数达到 0.56。环境基础设施不断完善，城市污水处理率达 96.8%。截至 2020 年年底，全国城镇新建绿色建筑占当年新建建筑的 77%，节能建筑占城镇民用建筑面积的 63% 以上。

（四）"十四五"以来的低碳经济发展

近年来，我国在低碳经济发展方面取得了显著成就，绿色低碳发展的经济体系进一步完善。能源生产结构持续优化，低碳转型成效显著。2023 年，原煤占一次能源生产总量的比重下降到 66.6%，原油占比下降到 6.2%，天然气、水电、核电、新能源（风电、太阳能及其他能源）等清洁能源加速发展，占比大幅提高到 27.2%。清洁电力占比不断提升，2023 年水电、核电、风电和太阳能发电等清洁电力发电量达 3.2 万亿千瓦时，占全部发电量的 33.7%。截至 2023 年年底，可再生能源发电总装机容量 15.19 亿千瓦，占全国发电总装机容量的 52.0%，占全球可再生能源发电总装机容量的近四成，水电、风电、太阳能发电装机容量连续多年稳居世界首位，水电为 4.2 亿千瓦，风电为 4.4 亿千瓦，太阳能发电为 6.1 亿千瓦；2023 年，天然气、水电、核电、新能源（风电、太阳能及其他能源）等清洁能源消费占能源消费总量的 26.4%，其中，天然气消费占比为 8.5%，一次电力及其他能源消费占比为 17.9%。终端电气化水平显著提高，2023 年我国终端用能电气化率约为 28%。能源利用效率大幅提高，单位国内生产总值能耗整体呈现下降态势，"十一五"以来累计降低 43.8%；与 2012 年相比，2023 年重点耗能工业企业中，机制纸及纸板综合能耗下降 20.0%，烧碱下降 19.4%，电石下降 15.5%，合成氨下降 5.2%，水泥下降 10.2%，平板玻璃下降 14.0%，吨钢下降 6.7%，电厂火力发电标准煤耗下降 6.0%。能源加工转换效率整体提高，与 1980 年相比，2022 年能源加工转换效率提高 3.7 个百分点。截至 2023 年年底，累计建成节能建筑面积达 326.8 亿平方米，节能建筑占城镇既有建筑面积的比例超过 64%，累计建成超低能耗、近零能耗建筑 4370 多万平方米。

"十四五"以来，新型能源体系建设加速推进，新能源实现跨越式发展，风电和光伏发电装机规模年均增长超过 1 亿千瓦，非化石能源发电装机容量占总装机容量比重首次突破 50%，达到 53.9%；节能降碳取得显著成效，单位国内生产总值能耗累计降低 7.3%；能源结构持续优化，2023 年原煤占一次能源生产总量的比重比 2020 年下降 0.9 个百分点，原油占比下降 0.6 个百分点，天然气占比与 2020 年持平；一次电力及其他能源占比提高 1.5 个百分点，煤炭占能源消费总量的比重比 2020 年下降 1.6 个百分点，石油占比下降 0.5 个百分点，天然气占比提高 0.1 个百分点，一次电力及其他能源占比提高 2.0 个百分点[①]。

二、鄂尔多斯零碳产业园

（一）鄂尔多斯零碳产业园的缘起

中国提出"双碳"目标后，传统能源城市面临转型压力。鄂尔多斯作为全国煤炭产量最大的地区之一，碳排放问题突出。主动承担国家战略责任，探索高碳地区低碳化路径，成为鄂尔多斯发展的一个重大战略问题。

鄂尔多斯"脚下有煤炭，头顶有风光"，具有丰富的可再生能源资源优势，风、光资源禀赋优越。年均可照时间为 4430 小时，年均实照时间为 3008.9 小时，风能、太阳能开发潜力超过 1.5 亿千瓦，是我国七大陆上新能源基地之一。通过"装机+装备"的双向赋能策略，构建"风光氢储车"产业集群，建设以绿电园区全覆盖、低碳园区为主体、零碳园区为引领的渐进式绿色园区体系，构建氢能一体化开发利用体系，为鄂尔多斯零碳工业提供清洁能源基础。鄂尔多斯在库布齐沙漠的治理经验为新能源开发提供了空间，通过"光伏治沙"模式，在荒漠化地区建设光伏电站，既发电又固沙，产业园规划带动生态修复，同时创造绿色就业岗位，实现生态与经济效益双赢。因此，建设零碳产业园对鄂尔多斯来说不仅可能，而且非常必要。

煤炭及相关产业曾占鄂尔多斯经济总量的近 70%，但面临资源枯竭和低碳转型双重挑战。零碳产业园通过引入新能源装备制造（如光

[①] 能源供给保障有力 节能降碳成效显著——新中国 75 年经济社会发展成就系列报告之十三 [EB/OL]. (2024-09-19) [2025-02-15]. https://www.gov.cn/lianbo/bumen/202409/content_6975422.htm.

伏组件、氢能设备）、绿色化工（如绿氢制甲醇）等产业，推动从"黑色资源"向"绿色技术"的经济结构升级，建设零碳产业园可以抢占绿色产业的技术制高点。内蒙古获批成为国家新能源产业创新示范区，鄂尔多斯被赋予"探索零碳先行模式"的使命，地方政府出台专项补贴、土地配套等政策，加速了产业园从蓝图走向实践。

2022年4月，鄂尔多斯市政府与远景科技集团共同建成全球首个零碳产业园。零碳产业园位于鄂尔多斯市伊金霍洛旗蒙苏经济开发区，规划总面积73平方千米，分三期建设，基于新型电力系统、零碳数字操作系统和绿色新工业集群三大创新支柱，培育新能源电池、新能源装备、新能源汽车三大千亿级的产业。整体按照"城市发展轴'一轴'、科技创新和商业商务'双核'、产业发展和生活服务'两区'"的总体布局，先期在26平方千米核心区布局新能源绿色工厂、人才科创中心、多元储能电站、特色商业街区，打造以产兴园、以园促城、产城融合的零碳产业城、科技城、生态城和未来城。依托头部企业示范带动，逐步形成上下游产业跟进配套的产业发展格局，以远景为龙头的电池及储能产业链，以隆基绿能为龙头的光伏产业链，以美锦国鸿、英博圣圆为龙头的氢燃料电池及绿氢设备制造产业链，以上汽红岩、捷氢科技为龙头的新能源汽车制造产业链，"风、光、氢、储、车"产业矩阵正在零碳产业园内加快形成。

（二）鄂尔多斯零碳产业园的主要做法

基于鄂尔多斯国家可持续发展创新示范区建设，各级政府积极推动鄂尔多斯零碳产业园创新发展，通过加大科技投入、引导创新资源

集聚、推动产学研合作等方式，助力零碳产业园在新型电力系统、零碳数字操作系统及标准体系、绿色新工业集群等方面不断创新突破，为零碳产业园打造"中国典范、世界标杆"提供了坚实的科技支撑。

1. 打造新型电力系统

零碳产业园作为新型电力系统试验区，通过加快构建高比例绿电供给和市场化电力交易体系，为全国同类园区建设提供可复制推广的发展模式。

依托鄂尔多斯高原的风光优势，零碳产业园在其150千米范围内规划布局风力发电场，建设微电网，以确保零碳产业园拥有源源不断的绿电供应，实现80%绿电自发直供，20%绿电上网交易。通过采用"绿色能源+背压机组+电网"的方式，为工厂的绿色生产提供稳定可靠的电力保障，目前3万千瓦绿电已接入远景动力工厂。正在建设的人才科创城设计采用"风电+光伏+燃料电池+储能"的方式，实现100%绿电供应。同时，在内蒙古自治区申请的10吉瓦配套新能源指标，已经获批70万千瓦，微电网建设同步推进，配电主体优选已完成，正在进行配电网主体企业组建。组建了蒙苏绿色电力公司，与内蒙古电力集团签订了"零碳产业园增量配电业务战略合作框架协议"。

2. 建设零碳标准体系

零碳目标是全球发展大势所趋，而掌握标准制定话语权至关重要。零碳产业园积极行动，通过打造零碳数字操作系统，积极参与标准体系建设，在全球零碳发展进程中树立标杆，引领更多地区和企业迈向零碳之路，以实际行动助力可持续发展。

产业园搭建了能碳排放监测管理平台，依托EnOS能源物联网平台，实现对新能源及负荷的精准监测和管理，动态、灵活地实现能源供需匹配以及削峰填谷，目前已有52家规上企业在方舟能碳管理平台接入运行。该平台可实现能碳排放智能分析、动态监管，并且将逐步在鄂尔多斯全市范围推广，推广应用"零碳绿码"，为开展国际"零碳

贸易"打好基础。在内蒙古自治区层面已发布《绿色电力应用评价方法》《零碳产业园建设规范》《零碳产业园计量评价规范》3项地方标准，这是国内首批省级批准发布的零碳标准。园区正积极争取将这些成熟标准上升为国家标准，并与国际规则接轨，以提升我国在零碳标准制定领域的话语权。

3. 培育绿色产业集群

零碳产业园深入挖掘鄂尔多斯风光资源富集、应用场景丰富等优势，聚焦发达地区现代装备制造业对绿电的迫切需求，积极构建"风光氢储车"五大零碳产业链集群，现已形成新能源头部企业示范带动、上下游产业跟进配套的发展格局。

在氢能方面，形成了以美锦国鸿为龙头的氢燃料电池电堆和绿氢制造产业链；在储能方面，形成了以远景动力及储能电池项目为龙头，华景磷酸铁锂正极材料等项目为配套的100吉瓦时储能产业链，北方地区产能最大的远景动力电池工厂正式投产，全区首套国鸿氢燃料电池电堆正式下线，华景磷酸铁锂正极材料的捷氢燃料电池厂房顺利落成；在光伏方面，形成了以隆基绿能项目为龙头，规模为100吉瓦的光伏全产业链，全国单体最大的隆基单晶切片厂房成功封顶，中成榆光伏全产业链一期项目点火运行；在新能源汽车方面，形成了以上汽红岩、捷氢科技等项目为龙头的新能源整车制造产业链，上汽红岩新能源重卡厂房顺利落成。

三、鄂尔多斯零碳产业园评述

(一) 鄂尔多斯零碳产业园为全球工业零碳转型提供了中国方案

鄂尔多斯零碳产业园的诞生，是中国高碳资源型城市主动突围的缩影，是对传统发展模式的革新，也是依托本土资源禀赋抢占全球绿色工业新赛道的前瞻布局。零碳产业园既是制造业破解"碳壁垒"的实践基地，也是地方经济转型、响应现代绿色工业需求的重要载体。如何建设零碳产业园、与国际标准接轨，各方仍在探索之中。从落地全球首个零碳产业园到发布全国首个零碳产业园的地方标准，从以资源驱动到以创新驱动，鄂尔多斯零碳产业园不断探索能源转型、绿色制造的实践路径，为全球工业零碳转型提供了中国创新方案，为全球类似地区提供了"高碳—低碳—零碳"转型的参考样本。

(二) 坚持高起点规划定位，谋划零碳产业园发展蓝图

零碳产业园建设伊始，坚持先立后破、通盘谋划、稳中求进的总方针，在理念规划和顶层设计上下功夫，打造全球首个真正落地的零碳产业园。

一是坚持理念先行。紧盯新一轮产业革命趋势，聚焦新能源产业发展现状，放眼全球、面向未来、对标一流，将绿色低碳发展理念融入规划、建设、管理全过程，努力实现全方位"零碳化"。

二是坚持规划引领。委托中咨公司、中规院、新加坡盛裕集团等国内外专业机构，编制完成零碳产业园概念性规划和产业规划、国土空间规划、新型能源体系实施方案等专项规划，初步形成科技创新驱动、绿色低碳引领的规划体系。

三是坚持"四城"联动。按照"城市发展轴'一轴'、科技创新和商业商务'双核'、产业发展和生活服务'两区'"的总体布局，努力打造低碳零碳经济发展示范样本。

（三）坚持高标准创新示范，打造零碳新工业体系

零碳产业园作为新型电力系统试验区，加快构建高比例绿电供给和市场化电力交易体系，为全国同类园区建设提供了可复制推广的发展模式。

一是创新零碳系统。确立了 80% 直供园区、20% 上网交易的绿电供应模式，加快建设风电、光伏发电和智慧储能一体化的零碳供能系统；依托蒙西电网是独立电网的优势，加快建设零碳产业园能源岛、微电网和绿电配售系统，目前已配套 10 吉瓦风光指标、完成 3 万千瓦绿电接入，下一步将继续加强与内蒙古自治区能源局、内蒙古电力集团对接，通过"绿色能源+背压机组+电网"方式，先行启动建设 20 亿千瓦时绿色供电需求的零碳示范区，探索开辟传统电网与新型电力系统耦合运行新路径，分步解决园区短期及远期供能问题，加速实现用能 100% 绿色化，预计 2025 年将形成全球最大的 20 亿千瓦时的绿电供应负荷。

二是率先制定标准。把握抢占零碳标准制定话语权的窗口期，联合中国标准化研究院、法国必维集团等机构，申报发布零碳产业园建设标准、建设规范、碳计量体系规范等一批内蒙古自治区地方标准，积极争取将成熟标准推动上升为国家标准，并与国际规则接轨。

三是打造认证体系。扎实推进碳计量、碳足迹、碳管理等体系建设，将 46 家规上工业企业纳入智能碳排放监测平台管理，通过智能分析、动态监管实现能碳排放削峰填谷、灵活供给，逐步探索数据和结果全程可追溯，为推行"零碳绿码"，开展碳税条件下的国际贸易打好坚实基础。

（四）坚持高能级引链强链，构筑千亿级新能源产业集群

零碳产业园充分发挥引进培育产业、推进绿色发展的重要作用，锻造产业链条，提升竞争能力，加速转型升级。

一是紧盯行业头部企业。深入挖掘风光资源富集、应用场景丰富

等优势，聚焦发达地区现代装备制造业对绿电的迫切需求，培育壮大"风光氢储车"产业集群，先后引进远景科技、隆基绿能、华友钴业等9家新能源头部企业，加快构筑多能互补、多极支撑、多元发展的现代产业体系。

二是深化"链长制"招商。组建专业化招商投资集团，全面推行产业链"链长制"招商，由县级干部担任"链长"，将企业负责人聘为"特聘链长"，精准开展顶格招商、敲门招商，招引落地新能源装备制造项目15个，创造了第一条动力电池生产线、第一个光伏全产业链、第一台氢燃料电池电堆等多项自治区第一，填补了相关产业空白，部分新能源场景应用走在了全国前列。

三是推动全产业链发展。坚持以链式思维抓产业，梳理完善产业链全景图，强链壮群、聚链成群，构建绿色高端的外向型产业链。

（五）坚持高效能服务企业，树立全国一流零碳产业园品牌形象

零碳产业园以一流服务打造一流营商环境，塑造优质高效服务的新品牌新形象。

一是坚持金融赋能。在全区率先设立10亿元新能源装备制造产业引导基金，与远景科技、红杉资本合作成立首期50亿元规模的碳中和基金，积极帮助入园企业争取"科技兴蒙"等各类专项资金6200万元，全力支持技术研发和落地转化应用，不断培育壮大零碳创新生态。

二是强化要素保障。制定出台了《支持绿色低碳产业转型若干政策》等25项优惠政策，丰富新能源装备应用场景，开通3条矿区新能源运煤专线，推广300余辆氢能和电动新能源重卡，率先打造以氢能为主的新能源重卡应用示范基地。高标准启动建设人才科创城，组织开展直播带岗、入园探岗等线上、线下专场招聘活动，为园区企业和创新创业团队提供2000套"拎包入住"的公寓、住房，助力企业引进专业人才和产业工人9700余人。投入75亿元完成园区70平方千米环

评、用水等10余项区域评估，打造1万亩标准地、120万平方米标准化厂房，推动日处理10万吨的零排放工业污水处理厂当年建成投用，用时7个月建成3座220千伏变电站，刷新内蒙古自治区纪录，为产业转移、项目落地提供了坚实保障。

三是创新服务机制。建立健全"专班式"推进（县级干部、政府部门、投资企业、施工单位组建混编专班）、"点长制"服务（包联县级干部下沉项目担任点长）、"四张图"调度（进度计划图、关键节点图、项目执行图、包联责任图）工作机制。远景项目2天批复能评、3天办结规划和施工许可，隆基、华景项目28天完成林草和土地报批，华景项目从签约落地到开工建设仅用时38天，充分展示了"伊金霍洛速度"，赢得了广大企业的认可。远景一期10.5吉瓦时项目满产后，二期20吉瓦时项目已全面开工，华景磷酸铁锂正极材料项目产能由20万吨提升至40万吨，隆基单晶硅棒切片项目产能由20吉瓦追加到46吉瓦，成为全球单体最大的太阳能工厂，越来越多的市场主体慕名来到零碳产业园，纷纷落户零碳产业园。

第二节

绿色工业——重塑生产和消费逻辑

一、工业绿色发展的成就

（一）"十一五"时期的工业绿色发展

"十一五"时期，我国在新型工业化进程中迈出了坚实步伐。

一是产业结构不断优化。组织实施重点产业调整和技术改造项目 8955 项，带动社会投资 1 万亿元。重点领域淘汰落后产能取得积极进展，其中，淘汰炼铁产能 1.2 亿吨、水泥产能 3.5 亿吨、造纸产能 1070 万吨。2010 年，全国高技术产品出口额占全部商品出口额的 31.2%，较 2005 年提高 3.1 个百分点。企业兼并重组步伐加快，钢铁、汽车、船舶、水泥等行业的产业集中度明显提高。东部向中西部地区的产业转移步伐加快，中西部地区工业增加值占全国工业增加值的比重同比提高 5.8 个百分点。

二是技术创新能力不断增强。到 2010 年，依托工业企业，我国已设立了 127 个国家工程研究中心、729 个国家级企业技术中心和 5532 个省级企业技术中心，企业发明专利申请数已占国内发明专利申请总数的 53%。机械工业主要产品中约有 40% 的产品质量接近或达到国际先进水平。载人航天、探月工程、新支线飞机、大型液化天然气船（LNG）、高速轨道交通、时分同步码分多址接入通信（TD-SCDMA）、高性能计算机等领域取得一批重大技术创新成果。

三是节能减排取得积极成效。规模以上企业单位工业增加值能耗累计下降 26%，单位工业增加值用水量下降 36.7%，工业化学需氧量和二氧化硫排放总量分别下降 17% 和 15%；工业固体废物综合利用率达 69%，大宗固体废物等综合利用取得明显进展。

四是产业集聚水平不断提高。各类产业集聚区成为工业发展的重要载体，东部地区工业园区实现的工业产值已占本地区工业总产值的 50% 以上，中西部地区涌现出一批特色产业园区，128 家国家新型工业化产业示范基地创建工作有序推进①。

"十一五"期间，我国工业节能取得显著成效。单位工业增加值能耗大幅下降，全国规模以上万元工业增加值能耗由 2005 年的 2.59 吨

---

① 工业转型升级规划（2011—2015 年）[EB/OL].（2012-02-10）[2025-02-17]. https://www.gov.cn/gongbao/content/2012/content_2062145.htm.

标准煤下降至 2010 年的 1.91 吨标准煤，5 年累计下降 26%，实现节能量 6.3 亿吨标准煤，以年均 8.1% 的能耗增长支撑了年均 14.9% 的工业增长。重点行业和主要用能产品单耗持续降低，同 2005 年相比，2010 年的钢铁、有色金属、石化和化工、建材等重点用能行业增加值能耗分别下降 23.4%、15.1%、35.8%、37.9%，吨钢、吨铜冶炼、吨水泥综合能耗分别下降 12.1%、35.9%、28.6%。淘汰落后产能任务全面完成，5 年累计淘汰炼铁、炼钢、焦炭、水泥和造纸等落后产能分别为 1.2 亿吨、7200 万吨、1.07 亿吨、3.7 亿吨和 1130 万吨，超额完成"十一五"计划任务[1]。

"十一五"期间，我国以能源消费年均 6.6% 的增速支撑了国民经济年均 11.2% 的增长，能源消费弹性系数由"十五"时期的 1.04 下降到 0.59，节约能源 6.3 亿吨标准煤。单位国内生产总值能耗由"十五"期内的后 3 年上升 9.8% 转为下降 19.1%，二氧化硫和化学需氧量排放总量分别由"十五"期内的后 3 年上升 32.3%、3.5% 转为下降 14.29%、12.45%。形成节能能力 3.4 亿吨标准煤，新增城镇污水日处理能力 6500 万吨，城市污水处理率达到 77%，燃煤电厂投产运行脱硫机组容量达 5.78 亿千瓦，占全部火电机组容量的 82.6%。通过节能降耗减少二氧化碳排放 14.6 亿吨，为应对全球气候变化作出了重要贡献。与 2005 年相比，2010 年的电力行业 300 兆瓦以上火电机组占火电装机容量的比重由 50% 上升到 73%，钢铁行业 1000 立方米以上大型高炉产能的比重由 48% 上升到 61%，建材行业新型干法水泥熟料产量的比重由 39% 上升到 81%；钢铁行业干熄焦技术普及率由不足 30% 提高到 80% 以上，水泥行业低温余热回收发电技术普及率由开始起步提高到 55%，烧碱行业离子膜法烧碱技术普及率由 29% 提高到 84%；火电供电煤耗由 370 克标准煤/千瓦时降到 333 克标准煤/千瓦时，下

---

[1] 工业节能"十二五"规划 [EB/OL]. （2012-06-25）[2025-02-17]. http://cn.chinagate.cn/economics/2012-06/25/content_25728279_2.htm.

降 10.0%，吨钢综合能耗由 688 千克标准煤降到 605 千克标准煤，下降 12.1%，水泥综合能耗下降 28.6%，乙烯综合能耗下降 11.3%，合成氨综合能耗下降 14.3%[①]。

"十一五"时期，我国节能环保产业得到较快发展。2010 年，节能环保产业总产值达 2 万亿元，从业人数 2800 万人。产业领域不断扩大，技术装备迅速升级，产品种类日益丰富，服务水平显著提高，初步形成了门类较为齐全的产业体系。在节能领域，干法熄焦、纯低温余热发电、高炉煤气发电、炉顶压差发电、等离子点火、变频调速等一批重大节能技术装备得到推广普及；高效节能产品推广取得较大突破，市场占有率大幅提高；节能服务产业快速发展，到 2010 年，采用合同能源管理机制的节能服务产业产值达 830 亿元。在资源循环利用领域，"三废"（废水、废气、固体废弃物）综合利用技术装备被广泛应用，再制造表面工程技术装备达到国际先进水平，再生铝蓄热式熔炼技术、废弃电器电子产品和包装物资源化利用技术装备等取得一定突破，无机改性利废复合材料在高速铁路上得到应用。在环保领域，我国已具备自行设计、建设大型城市污水处理厂、垃圾焚烧发电厂及大型火电厂烟气脱硫设施的能力，关键设备可自主生产，电除尘、袋式除尘技术和装备等达到国际先进水平；环保服务市场化程度不断提高，大部分烟气脱硫设施和污水处理厂采取市场化模式建设运营[②]。

（二）"十二五"时期的工业绿色发展

"十二五"时期，工业领域坚持把发展资源节约型、环境友好型工业作为转型升级的重要着力点，把节能减排作为转方式、调结构的重

[①] 国务院关于印发节能减排"十二五"规划的通知 [EB/OL]. (2012-06-25) [2025-02-17]. https://www.gov.cn/zhengce/content/2012-08/12/content_2728.htm.

[②] 国务院关于印发"十二五"节能环保产业发展规划的通知 [EB/OL]. (2012-06-29) [2025-02-17]. https://www.gov.cn/zhuanti/2012-06/29/content_2624396.htm.

要抓手，大力推进技术改造，推广节能环保新技术、新装备和新产品，逐步完善节能减排工作体系，圆满完成"十二五"目标任务。工业能效和水效大幅提升，规模以上企业单位工业增加值能耗累计下降28%，实现节能量6.9亿吨标准煤，单位工业增加值用水量累计下降35%，提前一年完成"十二五"淘汰落后产能任务。工业清洁生产先进适用工艺技术大范围示范推广，开展有毒有害原料替代，工业产品绿色设计推进机制初步建立。工业资源综合利用产业规模稳步壮大，技术装备水平不断提高，5年利用大宗工业固体废物约70亿吨、再生资源12亿吨。节能环保产业快速增长，2015年节能环保装备、资源综合利用、节能服务等节能环保产业产值约4万亿元[①]。

"十二五"期间，规模以上工业能源消费年均增长2.6%，年均增速比"十一五"时期回落5.5个百分点，以年均2.6%的能耗增长支撑了年均9.57%的工业经济增长，能源消费弹性系数由"十一五"时期的0.54（8.1%/14.9%）降低到0.27，工业能源利用效率大幅提升。规模以上工业企业单位增加值能耗累计下降28%，超额完成"十二五"时期工业节能目标，实现节能6.9亿吨标准煤，对完成单位国内生产总值能耗下降目标的贡献度在80%以上。重点行业和主要用能单位产品单耗持续降低，钢铁、有色、石化、化工、建材、机械、轻工、纺织、电子信息等行业工业增加值能耗分别累计下降24.5%、18.4%、12.2%、22.5%、34.1%、31.8%、35.9%、31.4%、27.3%，粗钢、粗铜、烧碱、水泥单位产品综合能耗5年累计分别下降6.9%、29%、19.4%、13.1%，主要耗能工业产品单位能耗下降均完成"十二五"时期的规划目标。重点领域淘汰落后产能取得积极进展，累计淘汰落后炼钢产能9480万吨、水泥（含熟料及磨机）6.45亿吨、平板玻璃16557万重量箱，有力地促进了工业

[①] 工业绿色发展规划（2016—2020年）[EB/OL].（2017-06-21）[2025-02-17]. https://www.ndrc.gov.cn/fggz/fzzlgh/gjjzxgh/201706/t20170621_1196817.html.

结构调整优化。"十二五"期间，结构节能对工业节能的贡献率由"十一五"期间的 1.6% 提高到 17.5%，技术节能对工业节能的贡献率为 41.5%[①]。

"十二五"期间，我国实施了一系列措施不断强化工业节水。制定了一批取水定额国家标准、节水型企业标准，印发了《重点工业行业用水效率指南》，健全了工业节水标准体系，引导企业对标达标；开展节水型企业评价，在钢铁、造纸、纺织、饮料等行业评选了首批 12 家节水标杆企业和标杆指标；加快推广应用先进适用节水技术，筛选 163 项先进适用节水技术，公告两批《国家鼓励的工业节水工艺、技术和装备目录》。万元工业增加值用水量逐年下降，工业用水效率逐步提升，2015 年万元工业增加值用水量为 58 立方米，比 2010 年降低了 36%，年均下降 8.4%，超额完成"十二五"时期工业节水下降 30% 的约束性目标。2014 年，我国工业废水排放量为 205.3 亿立方米，占废水排放总量的 28.7%，与 2010 年的 237.5 亿立方米、占比 38.5% 比较，均有一定程度的下降。截至 2015 年年底，我国海水淡化总产能达到 102.65 万立方米/天，比 2010 年增长了 80.1%。全国已建成海水淡化工程 139 个，大多数应用在工业领域，已成为工业水源的重要补充，一些缺水地区积极推广火电、钢铁、化工、建材等企业使用城市再生水，推动了工业用水多元化[②]。

"十二五"期间，工业领域组织实施了清洁生产技术示范与推广，大力推进工业产品绿色设计，开展有毒有害原料（产品）替代，实现了工业领域清洁生产全面推行。"十二五"时期的前 4 年，工业化

[①] 《工业绿色发展规划（2016—2020 年）》解读之二——大力推进能效提升，加快实现节约发展 [EB/OL].（2016-08-12）[2025-02-17]. https://www.miit.gov.cn/jgsj/jns/gzdt/art/2020/art_adeec81a9 b85469f9b2795616e0ccd40.html.

[②] 《工业绿色发展规划（2016—2020 年）》解读之三——加强工业节水，提高用水效率 [EB/OL].（2016-08-15）[2025-02-17]. https://www.miit.gov.cn/jgsj/jns/gzdt/art/2020/art_2c1da79efeb7429f8e764c22a0d17074.html.

学需氧量、氨氮、二氧化硫、氮氧化物排放量分别下降28%、15%、6.7%、4.1%；发布了钢铁、建材、石化、化工、有色等35个重点行业的清洁生产技术推行方案；涵盖310项行业关键共性技术，实施了304项清洁生产技术示范，出台了重点流域、重点区域的清洁生产实施方案和计划。"十二五"期间，我国工业清洁生产水平实现了从点、线、面多维度的提升；出台了《关于开展工业产品生态设计的指导意见》，组织实施99家生态设计示范企业，制定了生态设计产品评价通则、标识以及首批评价标准等系列国家标准，搭建了生态设计产品评价平台，开展评价试点，发布生态设计产品目录；制定了有毒有害原料（产品）替代的一系列文件，引导重点行业、典型产品减少或替代有毒有害物质的使用，引导行业高标准绿色转型升级；清洁生产管理体系逐步完善，制修订《清洁生产评价指标体编制通则》以及钢铁、电池等14个行业清洁生产评价指标体系，5万多家企业开展清洁生产审核，全国建成24个省级、31个市级以及冶金、化工、轻工、有色、机械等行业清洁生产中心，清洁生产审核咨询服务机构达1000余家[①]。

"十二五"期间，资源综合利用规模稳步扩大，综合利用量逐年增加，2015年工业固体废物综合利用率达到65%，其中，大宗工业固废（不含废石）综合利用率50%，主要再生资源回收利用量2.2亿吨，5年共利用大宗工业固体废物达70亿吨、再生资源12亿吨。综合利用技术装备水平在大型化、配套化、自动化、智能化、与互联网的进一步融合以及节能降耗等方面显著提高；6000马力以上的废钢铁破碎生产线、废旧金属机械化分选分级拆解预处理技术装备、百万吨级钢渣热焖法预处理大型生产线等实现规模化推广并达到国际先进水平；新型胶结充填料制备技术、大比例利用固废生产人工鱼技术、尾矿生产

---

① 《工业绿色发展规划（2016—2020年）》解读之四——切实强化源头预防，扎实推进清洁生产[EB/OL].（2016-08-16）[2025-02-17]. https://www.miit.gov.cn/jgsj/jns/gzdt/art/2020/art_0cf77e9bc4f946c08ffd511e52d0e025.html.

加气混凝土技术、高铝粉煤灰提取氧化铝等 1000 多项原始创新技术获得国家发明专利授权；尾矿和废石在混凝土中的应用等一批技术得到有效推广和创新，部分技术达到国际领先水平。综合利用效益显著，初步形成经济效益、社会效益和环境效益的统一[①]。

截至 2015 年年底，环保装备制造业产值超过 5556 亿元，设立国家级环保产业园区 19 家，环保装备制造业 2015 年出口交货值 162.6 亿元，"十二五"期间增幅达到 39.7%。环保企业数量 10 年翻四番，2014 年突破 5 万家，从业人数超过 300 万[②]。

"十二五"时期，节能环保产业规模快速扩大，2015 年产值约 4.5 万亿元，从业人数达 3000 多万。技术装备水平大幅提升，产业集中度明显提高，涌现出 70 余家年营业收入超过 10 亿元的节能环保龙头企业，形成了一批节能环保产业基地，合同能源管理、环境污染第三方治理等服务模式得到广泛应用，一批生产制造型企业快速向生产服务型企业转变[③]。

（三）"十三五"时期的工业绿色发展

"十三五"时期，工业领域以传统行业绿色化改造为重点，以绿色科技创新为支撑，以法规标准制度建设为保障，大力实施绿色制造工程，工业绿色发展取得明显成效。

一是产业结构不断优化。初步建立落后产能退出长效机制，钢铁行业提前完成 1.5 亿吨去产能目标，电解铝、水泥行业落后产能已基本

---

① 《工业绿色发展规划（2016—2020 年）》解读之五——加强工业资源综合利用，持续推动循环发展 [EB/OL]. （2016-08-18）[2025-02-17]. https://www.miit.gov.cn/jgsj/jns/gzdt/art/2020/art_89da127f6d254a9d8f045167aa8b49f6.html.

② "十二五"期间环保产业发展回顾 [EB/OL]. （2017-07-03）[2025-02-18]. https://www.ndrc.gov.cn/xwdt/gdzt/xyqqd/201707/t20170703_1197807.html.

③ 关于印发《"十三五"节能环保产业发展规划》的通知 [EB/OL]. （2020-04-20）[2025-02-17]. https://fgw.beijing.gov.cn/fgwzwgk/zcgk/sjbmgfxwj/gjfgwwj/202004/t20200420_1847539.htm.

退出。高技术制造业、装备制造业增加值占规模以上工业增加值比重分别达到 15.1%、33.7%，分别提高了 3.3 个和 1.9 个百分点。

二是能源资源利用效率显著提升。规模以上工业单位增加值能耗降低约 16%，单位工业增加值用水量降低约 40%。重点大中型企业吨钢综合能耗水耗、原铝综合交流电耗等已达到世界先进水平。2020 年，10 种主要再生资源回收利用量达到 3.8 亿吨，工业固废综合利用量约 20 亿吨。

三是清洁生产水平明显提高。燃煤机组全面完成超低排放改造，6.2 亿吨粗钢产能开展超低排放改造，重点行业主要污染物排放强度降低 20% 以上。

四是绿色低碳产业初具规模。截至 2020 年年底，我国节能环保产业产值约 7.5 万亿元。新能源汽车累计推广量超过 550 万辆，连续多年位居全球第一。太阳能电池组件占全球市场份额达 71%。

五是绿色制造体系基本构建。研究制定了 468 项节能与绿色发展行业标准，建设 2121 家绿色工厂、171 家绿色工业园区、189 家绿色供应链企业，推广近 2 万种绿色产品，绿色制造体系建设已成为绿色转型的重要支撑[①]。

"十三五"期间，我国环保产业规模保持持续增长，环境治理营业收入年均复合增长率约为 14.0%。2016 年，全国环保产业营业收入约 1.15 万亿元，2011—2017 年，我国环保产业总营收增长了约 2.6 倍，年均增长约 24%，环保产业营业收入与国内生产总值的比值由 0.7% 上升到 1.6%，对国民经济直接贡献率从 1.1% 上升到 2.4%；2017 年，全国环保产业营业收入约 1.35 万亿元，较 2016 年增长约 17.4%；2018 年，全国环保产业营业收入约 1.6 万亿元，较 2017 年增长约 18.2%；2019 年，全国环保产业营业收入约 1.7 万亿元，较 2018 年增长约 11.3%；环保产业对国民经济直接贡献率为 3.1%；环保产

---

① 工业和信息化部关于印发《"十四五"工业绿色发展规划》的通知 [EB/OL]. (2021-12-03) [2025-02-17]. https://www.gov.cn/zhengce/zhengceku/2021-12/03/content_5655701.htm.

业从业人员占全国就业人员年末人数的 0.33%；环保企业平均研发经费支出同比增长 15.6%；2020 年，全国环保产业营收总额达 1.95 万亿元，比 2019 年增长约 7.3%；环境治理营业收入总额占国内生产总值的 1.9%，较 2011 年增长 1.14 个百分点，对国民经济直接贡献率为 4.5%，较 2011 年增长 3.35 个百分点。从业人员超过 320 万人，约占 2020 年全国就业人员年末数的 0.43%，比 2011 年提高 0.31 个百分点；2020 年环保企业平均研发支出同比增长 16.8%，研发支出占营业收入的比重为 3.2%[①]。

（四）"十四五"以来的工业绿色发展

"十四五"的头两年，规模以上工业单位增加值能耗累计下降 6.8%。扣除原料用能和非化石能源消费量后，"十四五"的头三年，全国能耗强度累计降低约 7.3%，在保障高质量发展用能需求的同时，节约化石能源消耗约 3.4 亿吨标准煤，少排放二氧化碳约 9 亿吨，完成煤电节能降碳改造、灵活性改造、供热改造超 7 亿千瓦，火电平均供电煤耗降低 0.9%，钢铁、电解铝、水泥、炼油、乙烯、合成氨等行业能效标杆水平以上产能占比平均提高 6 个百分点。

2021 年，全国环保产业营业收入约 2.18 万亿元，较 2020 年增长约 11.8%；2017—2021 年的 5 年间，环保产业营业收入年均复合增长率为 12.8%；2021 年全国环保产业营业收入总额与国内生产总值的比值为 1.9%，较 2011 年提高 1.15 个百分点；环保产业对国民经济直接贡献率为 1.8%，较 2011 年提高 0.65 个百分点；2021 年，环保企业平均研发支出同比增长 2.8%，研发支出占营业收入的比重为 2.9%，高于 2021 年全国规模以上工业企业研发支出占营业收入的比

---

① 数据来源：中国环境保护产业协会. 2017—2021 年《中国环保产业发展状况报告》. http://www.caepi.org.cn/epasp/website/webgl/webglController/chnlnewsList/W_XXZX_NDFZBG.

重（1.33%）；企业平均专利授权数同比从 2020 年的 3.0 件 / 企业增长到 3.3 件 / 企业；全国环保产业从业人员约 343 万人，比 2020 年增长 6.6%，较"十二五"初期的 2011 年增长近 2.8 倍。2022 年全国环保产业营业收入约 2.22 万亿元，较 2021 年增长约 1.9%；企业研发经费共支出 363.7 亿元，占营业收入的比重为 2.7%，高于 2022 年全国规模以上工业企业研发经费支出占营业收入的比重（1.45%）；环保产业营业收入与国内生产总值的比值为 1.8%，环保产业对国民经济直接贡献率为 0.6%，环保产业对国内生产总值增长的拉动作用为 0.02 个百分点。2011—2020 年，我国环境技术发明专利申请量占全球环境技术发明专利申请量的 58.65%[1]。2023 年，全国生态环保产业营业收入约为 2.24 万亿元，同比增长约 0.9%；2012—2023 年，环保产业营业收入年均复合增长率约 15.3%。

"十四五"以来，我国加快建立规范化、长效化的绿色工厂梯度培育机制，绿色制造体系不断完善，推动更多主体实施绿色低碳转型。2024 年，我国新培育国家层面绿色工厂 1382 家、绿色工业园区 123 家、绿色供应链管理企业 126 家。截至 2024 年 12 月，国家层面累计培育了 6430 家绿色工厂，产值占制造业总产值的比重超过 20%，能耗、水耗水平整体达到行业先进水平。近 3 年，绿色工厂实施绿色低碳改造升级项目万余项，总投资超过 2500 亿元，绿色增长带动效应凸显。2024 年，国家层面累计培育 491 家绿色工业园区，单位工业增加值能耗为全国平均水平的 2/3，万元工业增加值用水量为全国平均水平的 1/4，平均工业固废处置利用率超过 95%，实现了绿色低碳和循环可持续发展。在绿色工厂、绿色工业园区、绿色供应链管理企业的引领带动下，我国着力推动制造业全方位绿色化转型，铸就新型工

---

[1] 数据来源：中国环境保护产业协会. 2022—2023 年《中国环保产业发展状况报告》. http://www.caepi.org.cn/epasp/website/webgl/webglController/chnlnewsList/W_XXZX_NDFZBG.

业化生态底色[①]。

二、杭州万事利丝绸数字化赋能产业绿色转型

（一）万事利丝绸创建绿色工厂

纺织业是我国发展最早且具有国际竞争力的传统优势产业之一，也是典型的高能耗、高水耗、高污染行业。当前，全球丝绸纺织产业面临严峻的环保挑战，我国作为世界最大的丝绸纺织品生产国，规模以上印染企业近2000家，丝绸纺织业废水化学需氧量排放量长期位居工业源首位，其废水排放量占全国废水排放的11%左右，每年20亿～23亿吨。印染厂每加工100米织物，将产生废水量3～5吨，单位用水量是国外的3～4倍，污染物平均含量高达国外的2～3倍。浙江省作为传统纺织大省，其工业废水排放量中46.2%来自丝绸纺织行业。

绿色低碳是新型工业化的生态底色，协同推进降碳、减污、扩绿、增长，也是丝绸纺织行业发展要遵循的原则。在建设中国式现代化产业体系的背景下，杭州万事利丝绸文化股份有限公司（以下简称"万事利丝绸"）作为中国丝绸产业内为数不多的上市公司，不仅关注减污、增长，在传统产业转型方面树立了榜样，还与智能化和绿色化相结合，打造企业实现高质量发展的核心驱动力。

万事利丝绸一直致力于绿色创新，并将其视为企业发展的头号工程，通过蚕桑基地建设、智能化设计平台研发、供应链智能管理、生产工艺改进等举措，不断构建从原材料采购、设计、生产，到营销、服务的产品全生命周期的智能化和绿色化消费生态，并在设计、生产、营销的核心环节取得了显著成果。

万事利丝绸将绿色转型成功的经验总结归纳为生态构建、大数据

---

① 工信部公布2024年度绿色制造名单[EB/OL]．（2025-01-23）[2025-02-17]．https://m.thepaper.cn/baijiahao_30008323．

库、人工智能以及工艺技术这四个方面组成的"E-BAT"数字化赋能四维模型架构。

（二）"E-BAT"数字化赋能四维模型架构

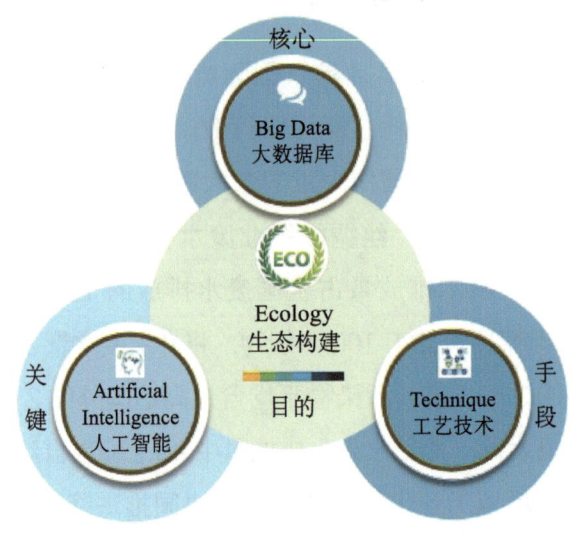

"E-BAT"四维模型架构

"E-BAT"指以生态构建（Ecology）为目的，大数据库（Big Data）、人工智能（Artificial Intelligence）、工艺技术（Technique）三方支持的四维模型架构。其中，生态构建是万事利丝绸数字化转型的目的，大数据库是万事利丝绸数字化探索与升级的核心，人工智能是数字化持续发展的关键，数字化技术是维系数字化发展的手段。

1. 生态构建是目的

构建健康的自然生态，有助于企业的技术革新与可持续发展，促进企业经济结构调整和增长方式转变，形成良好的宣传效应，塑造了企业的良好形象，实现经济效益和社会效益的双赢。万事利丝绸以前瞻性的眼光将绿色发展（生态友好）战略纳入企业的核心战略，说明决策层早已经深刻认识到可持续性对未来企业成功的重要性。通过将绿色理念融入企业基因，万事利丝绸依托强大的科研平台和创新能力，持续在产品设计、生产制造、供应链管理等各个环节积极追求环保和可持续性。例如，通过智能设计平台提供个性化的丝巾设计，鼓励消费者定制，减少库存浪费，符合未来绿色消费的趋势，还使消费者更容易接受和认同企业的环保理念。这一前瞻性的战略不仅满足了当下市场对环保产品的需求，也为企业带来了未来商业竞争的先发优势。

万事利丝绸还自建蚕桑基地，保障源头绿色品质。丝绸由蚕茧中提取的蚕丝纤维制成，本就是可再生材料，生产过程中的蚕茧残余物也可被再利用，可用于制作其他产品或用作肥料，减少废弃物的产生。丝绸产业横跨一二三产业，源头涉及农业，蚕丝的生产过程涉及栽桑养蚕等多个环节。为确保产品源头的高品质和无污染，万事利丝绸率先在浙江省开化县建设集约化、规模化的特种蚕产业示范区。通过在开化县溪东村建设小蚕共育室和养蚕大棚，对寺坞村、溪东村及周边村土地进行流转和返租、桑园新建与改造、农具机械的开发改造、数字溯源系统和质量监控的建立等，引导蚕农们科学、规范、绿色化地饲养黄金蚕、黄金茧。在 2020 年 5 月、2022 年 6 月，万事利丝绸与浙江省开化县人民政府两次签署战略合作协议，持续投入资金、技术等各项资源，确保原材料生产过程的绿色无污染。

2. 大数据库是核心

万事利丝绸在数字化转型过程中，深入构建了大数据支撑的生态体系，充分利用大数据的技术优势来驱动企业的创新和升级。围绕大数据的收集、管理、分析和应用，进行深入的探索和实践。

大数据的核心在于其如何有效地支撑产业链的各个环节，从设计、生产到营销，都需要通过数据驱动来提升效率和创造价值。因此，公司不仅在硬件上加大投入，建立强大的大数据库，还在数据运营模式上进行了创新，以满足自身产业的特殊需求。大数据技术在万事利丝绸的应用主要体现在精准定位用户画像、个性化需求收集与定制功能、口碑效应建设及生产端智能化改革等多个方面。

在用户画像的精准定位方面，万事利丝绸依托移动互联网和物联网等渠道，收集了大量关于消费者行为、兴趣、偏好的数据。这些数据经过大数据处理后，能够为每个用户量身定制产品和服务，精准对接消费者的需求。通过数据挖掘和BI工具，万事利丝绸不仅能够快速分析市场趋势，还能根据不同用户群体的需求进行细化产品设计，从而提高产品的市场竞争力。此类数据的收集不仅包括传统的客户信息，还涵盖了社交媒体互动、外部调查数据等多元化数据源，为企业的决策提供了多角度的支持。

万事利丝绸的个性化需求收集和定制功能是其大数据应用的另一亮点。通过与微软和鲸探等技术公司合作，万事利丝绸打造的"AI+"平台，将人工智能设计与数字藏品结合，创新性地实现了私人定制、收藏和投资等多功能的融合。基于大数据的深度分析，万事利丝绸能够针对每个消费者的独特需求设计和生产个性化产品，进一步提升了用户体验，增强了品牌的差异化竞争力。

除了个性化定制外，万事利丝绸还高度重视口碑效应的建设。在大数据的帮助下，企业能够在社交平台和消费者的互动中快速获取反馈，分析客户的忠诚度和品牌偏好，进而优化产品和服务。通过精准的市场细分和目标客户群体的深度挖掘，万事利丝绸不仅降低了营销成本，还提升了资源利用效率。利用大数据的强大计算能力，公司能够实现更加灵活和高效的市场营销策略，进一步巩固品牌形象。

在生产端，万事利丝绸还通过大数据库的构建，推动绿色智能发展。智能化生产车间已实现"一物一码""四个自动化"（自动制图、自动排产、自动报工、自动配送），并搭建了车间级、工序级、机台级的三级数据屏，全面提升生产效率与精度。此外，利用智能化生产收集的大数据对生产过程中的资源消耗进行精确监控，可有效地减少能

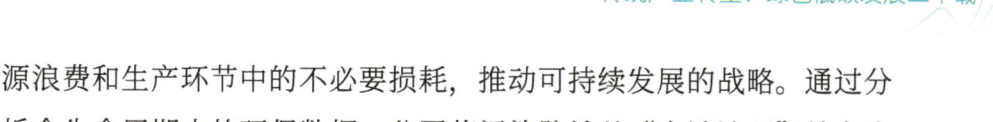

源浪费和生产环节中的不必要损耗，推动可持续发展的战略。通过分析全生命周期内的环保数据，公司将污染防治从"末端治理"转变为"全生命周期控制"。

3. 人工智能是关键

作为一家顺应时代浪潮、不断成长的现代化企业，万事利丝绸在产品设计、生产等核心环节投入巨额的研发费用，研发费用大幅高于同行业水平。通过与互联网巨头开展合作、校企联合研发以及自主研发的方式，万事利丝绸专攻"人工智能设计""IART 数码印花技术""GBART 数字化绿色环保印染技术"等核心环节的技术痛点，并实现了丝绸产业关键核心技术的自主可控。自 2018 年启动人工智能设计项目以来，万事利丝绸不断迭代和改进，以绿色发展的理念深耕 AI 技术。历时 5 年，万事利丝绸的人工智能设计丝巾从依靠小模型进行简单的图案拼凑，为花型搭配音乐写一首诗，到快速智能出图，再到现在应用大模型实现花型风格"多样化、艺术化、时尚化"，走出了一条以数字技术"解构美学、定义美学、丰富美学"的变革之路。作为万事利人工智能技术落地的终端平台，万事利丝绸的"喜马心意礼"平台充分利用超强算力和海量数据，可以为全球 80 亿人提供个性化的丝巾设计，每一条都独一无二。这种个性化选择减少了库存，鼓励了绿色消费。

万事利丝绸将人工智能设计和以上三大核心技术整合创新，还成功研发出零污水排放、可快速生产印花面料的绿色环保数码印染一体机——未来 MINI 工厂 1.0，让"一台机器一个工厂开进办公室"成为现实。该设备依托高精准数字化能力、精密的软件能力，可以计算出每一块面料微小分子所需染料量，使染料上染率达到 99% 以上，从而免去上浆和水洗工艺，污水排放减少了 99%，同时实现印染节能 40%～50%，染料用量降低 20%～30%。该设备已列入 2021 年浙江省科技厅重点研发项目，实现产业化生产面料 100 万米，实实在在地以科技创新的力量实现了企业的高质量绿色化发展。

绿色环保数码印染一体机"无污染、空间小、生产速度快",不仅可以实现当天生产、当日交付,破解服装行业库存积压这一最大难题,而且开创了"先销售、再生产"的经营新模式。

4. 工艺技术是手段

作为丝绸行业数字化转型的先行者,万事利丝绸自 2013 年认定把自己建设成为高新技术企业

以来,始终以工艺技术创新为发展核心,构建起覆盖生产全流程的绿色生态体系。通过"五位一体"的工艺技术体系与数码印花技术的深度融合,万事利丝绸实现了从传统制造向智能制造的跨越式升级,为行业高质量发展树立了标杆。

以数码印花技术破解生产痛点,夯实绿色基底。2010 年起,万事利丝绸前瞻性布局数码印花技术,历经多年攻关,建成拥有 5000 多种颜色的数字化色彩图库,实现"所见即所得"的精准色彩还原,攻克丝绸面料弹性与渗透难题,创新了双面同花同色、同花异色、异花异色印花工艺。该技术不仅大幅降低了染料损耗,更通过标准化流程管控,从源头上减少了污染排放,为绿色生产奠定了基础。

以"五位一体"体系构建系统能力,驱动生态闭环。提出工艺管理、工艺技术、工艺装备、人的技能、工艺材料"五位一体"方法论,并综合技术的运用,引领工艺技术综合发展,通过产学研合作平台,形成综合性、跨学科的丝绸纺织工艺技术。在万事利丝绸的持续工艺创新下,精准定位喷印、双面数码印花、无水印染等新的印染技

术层出不穷，丝绸纺织新材料不断向节能和绿色环保方向发展。万事利丝绸积极参与国家、行业绿色相关标准的制修订工作，目前已参与各类绿色设计相关标准制修订4项。打造的国际先进的双面数码印花IART新技术，获得国际一线奢侈品的青睐，破天荒地使一线奢侈品将"wensli technology"字样打在了产品上。申请获批10项工信部认可的绿色设计产品，同时万事利丝绸还发布了碳足迹、水足迹核算报告，经过第三方SGS全面认证。

三、杭州万事利丝绸数字化赋能产业绿色转型评述

（一）万事利丝绸成功打造纺织行业的绿色工厂

万事利丝绸不仅是丝绸行业首家国家企业技术中心、国家双面数码印花基地，还拥有国家级博士后工作站，这些创新平台为万事利丝绸绿色技术的创新和可持续发展打下了坚实的基础。万事利丝绸被工信部认定为国家绿色工厂示范单位、国家级工业产品绿色设计示范企业，《全面构建丝绸面料产品全生命周期绿色设计体系》案例被工信部收录。此外，万事利还积极参与多项环保倡议和活动，如中国纺织生态文明万里行活动和"30·60中国时尚品牌碳中和加速"计划，在引领纺织行业走科技时尚、绿色环保的低碳之路的同时，也在积极培育市场绿色消费理念。

（二）抢抓时代机遇，实现企业高质量发展

万事利丝绸积极抢抓数字机遇，将数字产业化、产业数字化等前沿技术应用于制造、设计、管理等核心环节，自主研发的基于人工智能、大数据的万事利 AI 平台、IART 人工智能双面数码印花技术、ICOLOR 数字化色彩管理技术等已经成为世界领先的核心技术；坚定贯彻绿色发展理念，利用研发的 GBART 数字化绿色印染技术去上浆和水洗，使污水排放减少 99%，氨氮排放减少 99%，助力实现"双碳"目标；努力发挥企业的社会责任价值，以特色产业带动乡村振兴发展，为区域经济协调发展作出贡献，"一床蚕丝被扶贫一家人"正在云贵川等省份的一些欠发达农村地区上演。这一系列的发展成果正是万事利丝绸坚定不移地贯彻"八八战略"的具体实践，也是进一步推进创新、协调、绿色、开放、共享的新发展理念的又一个生动演绎。

（三）绿色产品节水节能助力"双碳"战略

万事利丝绸在纺织产品（丝绸）选材、设计、生产、制造、回收全过程开展了数码印花，替代了传统印花工艺等多项绿色技术改造及技术引进工程，建立了完善的 ISO09000 质量管理体系和 ISO14004 环境管理体系，以及卓越绩效管理模式。从源头控制产品原材料的选择，自主建设蚕桑基地，在织绸环节选用 6A 级蚕丝，在印染加工环节提升产品质量，大大降低了生产过程中的损耗率。严格规范万事利丝绸产品的供应链清洁生产，优先采用天然气等清洁能源，以数码印花技术为核心，在降低氨氮排放的同时，节水降耗，使整个生产过程节水降耗，比行业均值节水 24%，助剂和染料的使用量也下降了 11%，氨氮排放浓度达 11ppm，水回用率达 54%，产品优等品率提高至 95%。此外，万事利丝绸也向市场提供了品类丰富的绿色产品，万事利丝绸的真丝拉绒围巾、真丝雪纺围巾、真丝顺纡乔丝绸围巾等 9 款产品，均被列入国家绿色设计产品名单，其生产过程中包括资源属性、能源

属性、环境属性等 30 多项指标均满足绿色设计产品要求。

（四）桑蚕产业基地带动绿色共富发展

万事利丝绸在浙江省开化县建立了 2 个高品质蚕桑基地，面积均超过了千亩，专门培育彩色茧——"金蚕 1 号"。这一举措既推动了蚕桑产业的发展，也凸显了企业在绿色生产和社会共富方面的责任。小蚕共育模式的推广，让特种蚕存活率大大提升，以往散户一年养 2 次蚕，现在一年最多可以养 4 次，年产量提升，为蚕农创造了更高的经济收益，让农户收益较普通白茧提高 30% 以上，并实现了开化县溪东村 95% 以上的共育率，以点带面，辐射到周边村 500 多养蚕户，辐射桑园面积达 1000 亩，大大增强了广大蚕农的扩种热情。依托蚕桑基地，万事利丝绸还启动了高附加值的特种桑蚕生态产业拓展，推动当地桑蚕产业经济的转型发展，带动开化县新种桑 116 亩，规模化集约化蚕桑基地老桑园改造 476 亩，项目区实管桑园 70% 以上恢复抚育管理，开发以食用桑为主的蚕桑综合开发利用，总产值达 951 万元，不仅提高了产业的附加值，还促进了当地农业生态系统的平衡发展。

第三节

能源革命——构筑绿色未来基石

一、新能源产业发展的成就

（一）"十一五"时期的新能源产业

"十一五"时期，我国清洁能源发展迅速。水电发展跃上新台阶，

"十一五"时期是我国水电建设规模和建成投产机组最多的5年,龙滩、景洪、构皮滩、拉西瓦、小湾、瀑布沟等大型水电站先后建成,累计投产9000万千瓦,三峡左右两岸26台机组、1820万千瓦全部并网发电,累计发电量达到4500亿千瓦时,水电装机容量达2.2亿千瓦,居世界第一,向家坝、锦屏二级、金安桥、官地、长河坝、沙沱、大岗山等大型、特大型水电站陆续开工。风电产业发展迅速,全国风电并网装机容量累计达3100万千瓦,连续5年翻番增长,千万千瓦级风电基地建设取得积极进展,内蒙古西部和甘肃酒泉风电基地装机容量均超过500万千瓦,河北、吉林等多个地区装机超过250万千瓦,上海东海大桥10万千瓦海上风电场并网投产,总规模100万千瓦的海上风电特许权项目在江苏启动。太阳能产业发展较快,实施了金太阳示范工程,建成27万千瓦的示范项目,全国光伏发电装机规模达到60万千瓦,形成了比较完整的光伏电池产业链,年产量已突破800万千瓦,出口量占全球市场的一半,太阳能热水器保有量超过1.7亿平方米;核电发展加快,国家先后核准了13个核电项目,共34台机组、3702万千瓦,在建核电机组28台、3097万千瓦,在建规模占全球的40%以上,在运机组达到13台、1080万千瓦;能源结构优化升级,2010年非化石能源装机比重合计占26.6%,比"十五"期末提高了1.6个百分点,非化石能源占一次能源消费比重达8.6%,比2005年提高了1.8个百分点,水电、核电、风电发电量5年累计超过3万亿千瓦时,替代原煤15亿吨,减少二氧化碳排放近30亿吨[①]。

到2010年年底,各类生物质发电装机容量总计约550万千瓦;2010年沼气利用量约140亿立方米,成型燃料利用量约300万吨,生物燃料乙醇利用量180万吨,生物柴油利用量约50万吨,各类生物质能源利用量合计约2000万吨标准煤。地热能和海洋能利用技术不断发

---

① "十一五"时期我国能源发展概况[EB/OL].(2012-06-26)[2025-02-18]. https://www.gov.cn/test/2012-06/26/content_2169887_2.htm.

展,到 2010 年年底,地源热泵供暖(制冷)建筑面积达到 1.4 亿平方米;高温地热发电技术趋于成熟,中低温地热发电新技术和新应用取得突破性进展,潮汐能利用技术基本成熟,波浪能、潮流能等技术研发和小型示范应用取得进展。2010 年,水电、风电、生物液体燃料等计入商品能源统计的可再生能源利用量为 2.55 亿吨标准煤,在能源消费总量中约占 7.9%。若计入沼气、太阳能热利用等尚没有纳入商品能源统计的品种,则可再生能源利用量为 2.86 亿吨标准煤,约占当年能源消费总量的 8.9%[①]。

2010 年,全国在运核电机组 13 台,总装机容量 1082 万千瓦,在建核电机组规模达 26 台,装机容量 2914 万千瓦。核能发电量为 738.8 亿千瓦时,占全国总发电量的 1.77%。

(二)"十二五"时期的新能源产业

"十二五"时期,我国可再生能源产业开始全面规模化发展。2015 年,我国商品化可再生能源利用量为 4.36 亿吨标准煤,占一次能源消费总量的 10.1%;如将太阳能热利用等非商品化可再生能源考虑在内,全部可再生能源年利用量达到 5.0 亿吨标准煤;如果计入核电的贡献,全部非化石能源利用量占一次能源消费总量的 12%,比 2010 年提高 2.6 个百分点。到 2015 年年底,全国水电装机容量 3.2 亿千瓦,风电、光伏并网装机容量分别为 1.29 亿千瓦、4318 万千瓦,太阳能热利用面积 4.4 亿平方米,应用规模都位居全球首位。全部可再生能源发电量 1.38 万亿千瓦时,约占全社会用电量的 25%,其中,非水可再生能源发电量占 5%。自主制造投运了单机容量 80 万千瓦的混流式水轮发电机组,掌握了 500 米级水头、35 万千瓦级抽水蓄能机组成套设备制造技术。风电整机制造企业 20 多家,关键零部件基本国产化,5~6 兆

---

① 可再生能源发展"十二五"规划[EB/OL].(2012-08-10)[2025-02-18]. https://news.bjx.com.cn/html/20120810/379617-1.shtml.

瓦大型风电设备已试运行。多晶硅产量占全球总产量的 40% 左右，光伏组件产量达到全球总产量的 70% 左右。各类生物质能、地热能、海洋能和可再生能源配套储能技术也取得了长足进步[①]。

"十二五"时期，全国生物质能利用技术多元化发展，生物质发电及液体燃料、燃气、成型燃料等技术不断进步，开发利用规模不断扩大，产业发展成效显著。到 2015 年年底，生物质发电装机容量 1032 万千瓦，生物质年总发电量达 527 亿千瓦时，约占全国非水可再生能源总发电量的 19%；与"十一五"期末相比，农林生物质直燃发电和城市生活垃圾发电的装机容量分别增长了 1.35 倍和 1.1 倍；2015 年年底，以陈化粮和木薯为原料的燃料乙醇年产量超过 230 万吨，以废弃动植物油脂为原料的生物柴油年产量约 94 万吨。燃料乙醇在 11 个省区推广应用，试点地区乙醇汽油市场平均覆盖率超过 90%，乙醇汽油的消费量占全国汽油消费量的 20% 左右。到 2015 年年底，沼气用户达到 4383 万户，建成沼气工程 10 万多处，年产沼气约 155 亿立方米。2015 年，生物质成型燃料产量约 600 万吨。各类生物质能利用量折合约 3400 万吨标准煤，比 2010 年增长 56%，减少二氧化碳排放约 6000 万吨[②]。

"十二五"时期，我国多晶硅产业规模不断扩大，连续 5 年产量居世界第一。2015 年，多晶硅开工企业数量达 16 家，产能 19 万吨，产量 16.5 万吨，比 2010 年增长 2.6 倍，约占全球总产量的 47.8%。2010 年以来，光伏组件产量以年均 30% 以上的增长率快速发展。2015 年，光伏组件产量约为 45.8 吉瓦，约占全球总产量的 69%。多晶硅、硅片、电池、组件 4 个制造端主要生产环节产量均连续居全球

[①] 国家发展改革委关于印发《可再生能源发展"十三五"规划》的通知 [EB/OL]. (2016-12-19) [2025-02-18]. https://www.nea.gov.cn/2016-12/19/c_135916140.htm.

[②] "十二五"期间生物质能产业发展回顾 [EB/OL]. (2017-12-21) [2025-02-18]. https://www.ndrc.gov.cn/xwdt/gdzt/xyqqd/201712/t20171221_1197829.html.

第一位,其中,太阳能电池组件已连续 9 年居全球第一位。2005—2015 年,中国境内累计生产太阳能电池 169 吉瓦。2015 年,光伏设备行业总营收约为 80 亿元,多晶硅进口量与太阳能电池出口量分别达到 11.6 万吨与 24 吉瓦,分别较 2010 年增长 144.2% 与 140%。2015 年,我国新增光伏装机量达 15.13 吉瓦,自 2010 年以来年复合增长率达 96%,至 2015 年底累计光伏装机量达 43.18 吉瓦。大型地面电站占光伏装机总量的 80% 以上,分布式光伏发电规模也不断扩大[①]。

"十二五"时期,风电产业持续保持强劲增长势头。截至 2015 年年底,新增风电并网装机容量达到 3297 万千瓦,累计并网装机容量 1.29 亿千瓦,风电装机容量在电力总装机容量中的比重达 8.6%。2015 年,风电发电量 1863 亿千瓦时,占各类电源总发电量的 3.3%,比 2010 年提高 2.1 个百分点,风电已成为继火电、水电之后的第三大电源。2015 年,2 兆瓦的风电机组装机市场份额占全国新增装机容量的 50.2%,3 兆瓦及以上大型化风电机组的装机台数占比达到 2.5%,截至 2015 年,6 兆瓦机组已安装 4 台。2015 年,高海拔地区新增装机容量为 4481 兆瓦,同比增长 82%,是 2010 年新增装机容量的 12.3 倍,低风速区域新增装机容量 3452 兆瓦,同比增长 46.7%,是 2010 年新增装机容量的 7.7 倍。"十二五"期间,投产的风电工程项目单位千瓦造价呈现逐年下降的趋势,由 2011 年的 9732 元/千瓦降至 2015 年的 8356 元/千瓦。"十二五"期间,全国风电上网电量累计达到 6508 亿千瓦时,可替代标准煤共计 1.96 亿吨,减少二氧化碳排放约 5 亿吨、二氧化硫排放约 157 万吨、氮氧化物排放 137 万吨。2015 年,风电领域就业人数达 50.7 万,较 2012 年翻了一番[②]。

---

① "十二五"期间太阳能光伏产业回顾 [EB/OL].(2017-12-21)[2025-02-18]. https://www.ndrc.gov.cn/xwdt/gdzt/xyqqd/201712/t20171221_1197828.html.

② "十二五"期间风电产业发展回顾 [EB/OL].(2017-12-21)[2025-02-18]. https://www.ndrc.gov.cn/xwdt/gdzt/xyqqd/201712/t20171221_1197827.html.

"十二五"时期，全国共有15台核电机组投入商业运行，核电装机容量净增1526万千瓦，年均增长19.2%。2015年年底，中国大陆在运核电机组数达28台，装机容量2608万千瓦，年发电量1695亿千瓦时，占总发电量的3.0%，居世界第四。在全球400余台运行机组中，我国在役核电机组总体性能处于中等偏上水平，部分机组的安全指标处于世界先进水平[①]。

（三）"十三五"时期的新能源产业

"十三五"时期，我国可再生能源实现跨越式发展，装机规模、利用水平、技术装备、产业竞争力迈上新台阶，为可再生能源进一步高质量发展奠定了坚实基础。开发规模持续扩大，截至2020年年底，可再生能源发电装机容量达9.34亿千瓦，占发电总装机容量的42.5%，风电、光伏发电、水电发电装机容量分别达2.8亿千瓦、2.5亿千瓦、3.4亿千瓦，连续多年稳居世界第一。利用水平显著提升，2020年可再生能源利用总量达6.8亿吨标准煤，占一次能源消费总量的13.6%，其中，可再生能源发电量2.2万亿千瓦时，占全部发电量的29.1%，主要流域的水电、风电、光伏发电利用率分别达到97%、97%、98%，可再生能源非电利用量约5000万吨标准煤；新能源产业技术水平不断提高，水电具备百万千瓦级水轮机组自主设计制造能力，特高坝和大型地下洞室设计施工能力世界领先，陆上低风速风电技术国际一流，海上大容量风电机组技术保持国际同步，光伏技术快速迭代，多次刷新电池转换效率的世界纪录，量产单晶硅、多晶硅电池平均转换效率分别为22.8%和20.8%；产业优势持续增强，水电产业优势明显，我国已成为全球水电建设的中坚力量，风电产业链完整，7家风电整机制造企业位列全球前十，光伏产业占据全球主导地位，多晶硅、硅片、

---

① "十二五"期间核电产业发展回顾[EB/OL]. (2017-12-21) [2025-02-18]. https://www.ndrc.gov.cn/xwdt/gdzt/xyqqd/201712/t20171221_1197826.html.

电池片和组件产量分别占全球产量的 76%、96%、83% 和 76%[1]。

"十三五"时期，我国生物质发电装机规模增长了近两倍，生物质天然气年产量达到 1.5 亿立方米，生物质成型燃料年利用量达 2000 万吨；2020 年，全国生物质发电量达 1326 亿千瓦时，同比增长约 19.4%，为约 1.8 亿城乡居民提供了相当于一年左右的生活用电；全国生物质能年利用量折合约 5000 万吨标准煤以上；截至 2020 年年底，已投产生物质发电并网装机容量 2952 万千瓦，年提供的清洁电力超过 1100 亿千瓦时，生物质清洁供暖面积超过 3 亿平方米。

"十三五"时期，我国核电机组保持安全稳定运行，新投入商运核电机组 20 台，新增装机容量 2344.7 万千瓦，商运核电机组总数达 48 台，总装机容量为 4988 万千瓦，装机容量位列全球第三，2020 年发电量达到世界第二。新开工核电机组 11 台，装机容量 1260.4 万千瓦，在建机组数量和装机容量多年位居全球首位。我国在三代核电技术领域已跻身世界前列，三代自主核电综合国产化率达到 88% 以上，形成了每年 8~10 台（套）核电主设备供货能力。2020 年，我国核能发电量为 3662.43 亿千瓦时，同比增加 5.02%，约占全国累计发电量的 4.94%。与燃煤发电相比，全年核能发电相当于减少燃烧标准煤 10474.19 万吨，减少排放二氧化碳 27442.38 万吨、二氧化硫 89.03 万吨、氮氧化物 77.51 万吨，相当于造林 77.14 万公顷。截至 2020 年 12 月底，我国在建核电机组 17 台，总装机容量 1853 万千瓦，在建机组装机容量连续多年保持全球第一[2]。

2017 年以来，我国已形成氢能"制—储—运—加—用"完整产业链，初步具备规模化发展的基础。关键技术取得较大突破，技术成果转化成效显著，车辆示范推广初具规模。2019 年，氢气产量突破 2000

---

[1] "十四五"可再生能源发展规划 [EB/OL]. (2022-06-01) [2025-02-18]. https://www.ndrc.gov.cn/xxgk/zcfb/ghwb/202206/P020220602315308557623.pdf.

[2] 中国核能行业协会. 中国核能发展报告·2021 [R]. 北京, 2021.

万吨，我国成为世界第一产氢大国。截至 2020 年 11 月底，我国建成超过 80 座加氢站，在建加氢站约 50 座，备案及规划数量超过百座。

（四）"十四五"以来的新能源产业

2021 年，我国可再生能源发展再上新台阶。可再生能源装机规模突破 10 亿千瓦，风电、光伏发电装机容量均突破 3 亿千瓦，海上风电装机容量跃居世界第一。2021 年，我国可再生能源新增装机容量 1.34 亿千瓦，占全国新增发电装机容量的 76.1%。其中，水电新增规模 2349 万千瓦，风电新增 4757 万千瓦，光伏发电新增 5488 万千瓦，生物质发电新增 808 万千瓦，分别占全国新增装机容量的 13.3%、27%、31.1%、4.6%。截至 2021 年年底，我国可再生能源发电装机容量达 10.63 亿千瓦，占总发电装机容量的 44.8%。其中，水电装机容量 3.91 亿千瓦（含抽水蓄能 0.36 亿千瓦），风电装机容量 3.28 亿千瓦，光伏发电装机容量 3.06 亿千瓦，生物质发电装机容量 3798 万千瓦，分别占全国总发电装机容量的 16.5%、13.8%、12.9%、1.6%。可再生能源发电量稳步增长，2021 年，全国可再生能源发电量达 2.48 万亿千瓦时，占全社会用电量的 29.8%。其中，水电 13401 亿千瓦时，同比下降 1.1%；风电 6526 亿千瓦时，同比增长 40.5%；光伏发电 3259 亿千瓦时，同比增长 25.1%；生物质发电 1637 亿千瓦时，同比增长 23.6%。水电、风电、光伏发电和生物质发电分别占全社会用电量的 16.1%、7.9%、3.9% 和 2%。可再生能源持续保持高利用率水平，2021 年，全国主要流域水能利用率约 97.9%，全国风电平均利用率 96.9%，全国光伏发电平均利用率 98%。截至 2021 年 12 月底，全国水电装机容量约 3.91 亿千瓦（其中抽水蓄能 0.36 亿千瓦）。2021 年，全国风电新增并网装机容量 4757 万千瓦，到 2021 年年底，全国风电累计装机容量 3.28 亿千瓦。2021 年全国风电发电量 6526 亿千瓦时，全国风电平均利用率 96.9%。2021 年，全国光伏新增装机容量

5488万千瓦；到2021年年底，光伏发电累计装机容量3.06亿千瓦。2021年，全国光伏发电量3259亿千瓦时，全国光伏发电利用率98%。2021年，生物质发电新增装机容量808万千瓦，累计装机容量达3798万千瓦，生物质发电量1637亿千瓦时[1]。

2022年，我国可再生能源呈现良好态势，取得了诸多里程碑式的新成绩。全国风电、光伏发电新增装机容量达1.25亿千瓦，全年可再生能源新增装机容量1.52亿千瓦，占全国新增发电装机的76.2%。其中，风电新增装机容量3763万千瓦，太阳能发电新增装机容量8741万千瓦，生物质发电新增装机容量334万千瓦，常规水电新增装机容量1507万千瓦，抽水蓄能新增装机容量880万千瓦。截至2022年年底，可再生能源装机容量达12.13亿千瓦，占全国发电总装机容量的47.3%，其中，风电3.65亿千瓦，太阳能发电3.93亿千瓦，生物质发电0.41亿千瓦，常规水电3.68亿千瓦，抽水蓄能0.45亿千瓦。2022年，我国风电、光伏发电量达1.19万亿千瓦时，同比增长21%，占全社会用电量的13.8%，接近全国城乡居民生活用电量。2022年，可再生能源发电量达2.7万亿千瓦时，占全社会用电量的31.6%。2022年，全国新核准抽水蓄能项目48个，装机容量6890万千瓦，已超过"十三五"时期全部核准规模，全年新投产装机容量880万千瓦。量产单晶硅电池的平均转换效率已达23.1%。分布式光伏新增装机容量5111万千瓦，占当年光伏新增装机容量的58%以上。我国生产的光伏组件、风力发电机、齿轮箱等关键零部件，占全球市场份额的70%。2022年，我国可再生能源发电量相当于减少国内二氧化碳排放约22.6亿吨，出口的风电光伏产品为其他国家减排二氧化碳约5.73亿吨，合计减排28.3亿吨，约占全球同期可再生能源折算碳减排量的41%。

---

[1] 国家能源局举行新闻发布会 发布2021年可再生能源并网运行情况等并答问[EB/OL]．（2022-01-29）[2025-02-18]．https://www.gov.cn/xinwen/2022-01/29/content_5671076.htm.

2022年，全年核发绿证2060万个，交易数量达到969万个。截至2022年年底，全国累计核发绿证约5954万个，累计交易数量1031万个。截至2022年年底，全国已投运新型储能项目装机规模达870万千瓦，平均储能时长约2.1小时，比2021年底增长110%以上。全国新型储能装机中，锂离子电池储能占比94.5%，压缩空气储能占比2.0%，液流电池储能占比1.6%，铅酸（炭）电池储能占比1.7%，其他技术路线占比0.2%。锂离子电池储能技术占比94.2%，新增压缩空气储能技术占比、液流电池储能技术占比分别达3.4%、2.3%，飞轮、重力、钠离子等多种储能技术也已进入工程化示范阶段[1]。2022年，氢燃料电池汽车销售量新增3367辆，保有量达12682辆，同比增长约36%；建成加氢站358座，同比增长超40%。

2023年，我国推动非化石能源高质量发展。截至2023年年底，风电、光伏发电累计装机容量分别达4.41亿千瓦、6.09亿千瓦，合计较10年前增长了10倍，其中，分布式光伏发电累计装机容量超过2.5亿千瓦，占光伏发电总装机容量的40%以上。海上风电规模化集群化发展稳步推进，累计装机规模达3728万千瓦。截至2023年年底，常规水电装机容量达3.7亿千瓦，近4000座小水电完成改造升级，生物质发电累计装机容量4414万千瓦。生物燃料乙醇、生物柴油等清洁液体燃料有序推广应用，中深层地热开发取得新突破，海洋能规模化利用取得积极进展[2]。

2023年，我国推动新型储能多元化高质量发展取得显著成效。截至2023年年底，全国已建成投运新型储能项目累计装机规模达3139

---

[1] 国家能源局发布2022年可再生能源发展情况并介绍完善可再生能源绿色电力证书制度有关工作进展等情况[EB/OL].（2023-02-14）[2025-02-18]. https://www.gov.cn/xinwen/2023-02/14/content_5741481.htm.

[2] 《中国的能源转型》白皮书[EB/OL].（2024-08-29）[2025-02-18]. https://www.nea.gov.cn/2024-08/29/c_1310785406.htm.

万千瓦，发电量 6687 万千瓦时，平均储能时长 2.1 小时。2023 年新增装机规模约 2260 万千瓦，发电量 4870 万千瓦时，较 2022 年年底增长超过 260%，近 10 倍于"十三五"期末的装机规模。截至 2023 年年底，已投运锂离子电池储能占比 97.4%，铅炭电池储能占比 0.5%，压缩空气储能占比 0.5%，液流电池储能占比 0.4%，其他新型储能技术占比 1.2%；新能源配建储能装机规模约 1236 万千瓦，独立储能、共享储能装机规模达 1539 万千瓦。2023 年，我国煤层气产业规模化发展加快，煤层气产量达到 117.7 亿立方米，同比增长 20.5%；煤层气产量约占国内天然气供应的 5%，增量占比达到 18%[1]。

截至 2023 年年底，我国在建核电机组 26 台，总装机容量 3030 万千瓦，位居全球第一。2023 年，全年新增商运核电机组 2 台，总数量达 55 台，额定装机容量 5703 万千瓦，位列全球第三；核电设备平均利用小时数为 7661 小时，核电发电量 4334 亿千瓦时，位居全球第二，占全国累计发电量的 4.86%，年度等效减排二氧化碳约 3.4 亿吨；全国运行核电机组累计完成发电量 4332.6 亿千瓦时，同比增长 3.7%，增速较 2022 年同期提高 1.2 个百分点；全国发电装机容量 291965 万千瓦，同比增长 13.9%，其中，核电 5691 万千瓦，同比增长 2.4%，占总装机容量的比重为 1.9%[2]。

2023 年，我国氢能产业稳中求进。截至 2023 年年底，全国氢气产能超 4900 万吨/年，产量超 3500 万吨，同比均增长约 2.3%。电解水制氢稳定发展，产能达到 45 万吨/年，产量约 30 万吨。

2024 年，我国可再生能源发电新增装机容量 3.73 亿千瓦，同比增长 23%，占电力新增装机容量的 86%，其中，水电、风电、太阳能发电、生物质发电分别新增 1378 万千瓦、7982 万千瓦、2.78 亿千瓦、

---

[1] 国家能源局 2024 年一季度新闻发布会文字实录[EB/OL].（2024-01-25）[2025-02-18]. https://www.nea.gov.cn/2024-01/25/c_1310762019.htm.

[2] 中国核能行业协会. 中国核能发展报告·2024[R]. 北京，2024.

185万千瓦；截至2024年年底，全国可再生能源装机容量达到18.89亿千瓦，同比增长25%，约占我国总装机容量的56%，其中，水电、风电、太阳能发电、生物质发电装机容量分别为4.36亿千瓦、5.21亿千瓦、8.87亿千瓦、0.46亿千瓦；2024年，全国可再生能源发电量达3.46万亿千瓦时，同比增加19%，约占全部发电量的35%，其中，风电、太阳能发电量合计达1.83万亿千瓦时，同比增长27%，约占全社会新增用电量的86%[①]。

截至2024年年底，全国已建成投运新型储能项目累计装机规模达7376万千瓦，发电量达1.68亿千瓦时，约为"十三五"期末的20倍，较2023年年底增长超过130%。平均储能时长2.3小时，较2023年年底增加约0.2小时。2024年新型储能等效利用时长约1000小时。截至2024年年底，分布式光伏发电累计装机容量达3.7亿千瓦，是2013年底的121倍，占全部光伏发电装机容量的42%。新增装机容量方面，2024年分布式光伏发电新增装机容量达1.2亿千瓦，占当年新增光伏发电装机容量的43%。发电量方面，2024年分布式光伏发电量达3462亿千瓦时，占光伏发电量的41%。2024年，全年核发绿证47.34亿个，同比增长28.4倍，其中，可交易绿证31.58亿个，占66.71%。按项目类型分，风力发电核发绿证19.41亿个，太阳能发电核发绿证8.27亿个，常规水电核发绿证15.78亿个，生物质发电核发绿证3.81亿个，其他可再生能源发电核发绿证809万个。截至2024年12月底，我国累计核发绿证49.55亿个，其中，可交易绿证33.79亿个。全年交易绿证4.46亿个，同比增长3.6倍，其中，绿证单独交易2.77亿个，绿电交易绿证1.69亿个。按项目类型分，风力发电2.39亿个，太阳能发电2.02亿个，生物质发电359万个，其他可再生能源发电206万个。截至2024年12月底，我国交易绿证5.53亿个，其中，

---

① 数据来源：国家能源局.

绿证单独交易 3.15 亿个，绿电交易绿证 2.38 亿个①。

截至 2024 年年底，我国运行核电机组共 57 台，额定装机容量为 59431.7 兆瓦。2024 年，全国运行核电机组累计发电量为 4451.75 亿千瓦时，占全国累计发电量的 4.73%，比 2023 年同期上升了 2.72%；累计上网电量为 4184.00 亿千瓦时，比 2023 年同期上升了 2.87%；与燃煤发电相比，2024 年核能发电相当于减少燃烧标准煤 12752.83 万吨，减少排放二氧化碳 33412.41 万吨、二氧化硫 108.40 万吨、氮氧化物 94.37 万吨；核电设备利用小时数为 7805.74 小时，平均机组能力因子为 90.26%②。

2024 年，我国氢能产业继续稳步发展。"十二五"期间，我国在氢能产业的布局上开始了技术储备和初步探索，但未形成规模化应用和明确的产业生态。我国的绿氢项目大部分集中在东北、西北、华北。截至 2024 年 3 月，我国共有 409 个绿氢项目，其中，北京 4 个、天津 1 个、山西 9 个、内蒙古 105 个、辽宁 24 个、吉林 42 个、黑龙江 10 个、江苏 7 个、浙江 10 个、安徽 4 个、江西 1 个、山东 10 个、河南 7 个、湖北 24 个、湖南 2 个、广东 10 个、广西 1 个、海南 1 个、四川 11 个、贵州 3 个、云南 6 个、西藏 1 个、陕西 15 个、甘肃 21 个、青海 14 个、宁夏 16 个、新疆 50 个③。截至 2024 年年底，我国已建成绿氢项目 100 余个，绿氢产能达 10.9 万吨/年，于 2023 年年底实现翻倍；新建成加氢站约 54 座，已覆盖除西藏外的其他所有省（区、市）。下游应用于化工的绿氢项目规划产量超 500 万吨/年，约占总量的 70%；燃料

---

① 国家能源局 2025 年一季度新闻发布会文字实录 [EB/OL].（2025-01-23）[2025-02-18]. https://www.nea.gov.cn/20250123/544b9af2b6aa4590a60945e81e0d8ee1/c.html.

② 全国核电运行情况（2024 年 1—12 月）[EB/OL].（2025-02-06）[2025-02-18]. https://nnsa.mee.gov.cn/ywdt/hyzx/202502/t20250206_1101794.html.

③ 我国氢能产业发展概况 [EB/OL].（2024-11-12）[2025-02-18]. https://finance.sina.com.cn/roll/2024-11-12/doc-incvuhur6555522.shtml.

电池汽车产销量分别为 5116 辆和 5106 辆。

"十四五"以来,我国新能源产业的快速发展,为"以非化石能源为供应主体、化石能源为兜底保障、新型电力系统为关键支撑、绿色智慧节约用能导向"新型能源体系的建立打下了坚实的基础。

二、重庆长安汽车的能源转型

(一)发展中的重庆长安汽车

重庆长安汽车股份有限公司(以下简称"长安汽车")是中国四大汽车集团企业之一,拥有 162 年的历史底蕴、40 年的造车技术积累。长安汽车前身可追溯到 1862 年李鸿章在上海松江创建的上海洋炮局,上海洋炮局开创了中国近代工业的先河。20 世纪 70 年代末 80 年代初,长安汽车公司积极响应国家军转民的号召,正式进入汽车产业领域,逐步发展壮大。1984 年,中国第一辆微型载重汽车在长安下线。1996 年,长安汽车从原母公司独立,成立了重庆长安汽车股份有限公司。1997 年,长安汽车在深圳证券交易所上市,是一家集汽车开发、制造、销售于一体的汽车公司,拥有 2 家上市公司(长安和江铃)、4 只股票;在全球有 12 个制造基地、22 个工厂、7.2 万名员工,拥有来自全球 31 个国家和地区的技术研发人员 1.8 万余人;分别在重庆、北京、上海、河北定州、安徽合肥、意大利都灵、日本横滨、英国伯明

翰、美国底特律和德国慕尼黑建立了"六国十地"各有侧重的全球协同研发中心；拥有专业的汽车研发流程体系和试验验证体系，可确保每一款产品满足用户使用10年或26万公里需求。作为中国汽车品牌的典型代表之一，长安汽车旗下包含长安引力、长安启源、长安凯程、深蓝、阿维塔等自主品牌和长安福特、长安马自达、江铃等合资企业。近年来，长安汽车产销量持续增长，截至2024年11月，公司累计销售汽车2752万辆，是首个销售汽车突破2000万辆的中国汽车品牌。

长安汽车坚定不移地走生态优先、绿色低碳的高质量发展道路，将碳达峰碳中和纳入改革与发展整体布局，以产业结构和产品结构调整为关键，以构建清洁低碳安全高效的能源消费体系为抓手，加快形成资源节约和环境友好的产业结构、生产方式，不断提高生态环境保护和能源节约的系统化、科学化、数字化、精细化水平，通过数智化技术创新与全球化生态布局，加速向智能低碳出行科技公司转型。2024年，长安汽车成为中国工业碳达峰领跑者企业。

（二）长安汽车绿色转型的主要做法

1. 强化顶层设计，落实碳达峰、碳中和战略转型

2021年，长安汽车成立"碳达峰碳中和联合项目组"，建立碳管理体系，提出"2027年碳达峰、2045年碳中和"的总体战略目标。其中，企业端计划在2025年实现万元产值综合能耗降低15%，万元产值二氧化碳排放量降低18%，到2030年上述数据分别降低20%和30%；产品端计划在2027年实现单车全生命周期碳排放降低25%；供应链端计划在2030年降碳30%。

2. 产业结构绿色升级，新能源产品加快布局

面对以智能化、新材料、新能源等技术为代表的汽车产业革命，长安汽车推进"第三次创业——创新创业计划"，积极向智能低碳出行科技公司转型。在新能源领域，2017年发布"香格里拉"计划，围绕

新能源汽车、动力技术、动力电池等产业重新布局，陆续发布高端情感智能品牌——阿维塔、年轻科技数字新能源品牌——深蓝汽车、数智进化新汽车——长安启源三大新能源智能化汽车品牌，推出深蓝SL03、深蓝S7、阿维塔11、阿维塔12、启源A07等35款新能源汽车。

2023年，长安中国品牌新能源汽车销售47.4万辆；2024年1月至11月，长安新能源汽车销售量已突破64万辆。与燃油车相比，新能源汽车的全生命周期共减少碳排放580万吨，相当于植树造林1.5万公顷。长安汽车的UNI-T、UNI-K、UNI-V等18款汽车产品已列入工信部绿色设计产品名单，SL03获得2023年"中国汽车低碳领跑者"称号，深蓝S7入选首批国际环境产品声明（EPD）认证车型，其他款汽车也获得了"生态汽车""健康汽车"等各类绿色、低碳奖项30余项。

3. 绿色产品科技创新，推动重大科技成果产业化

长安汽车积极开展绿色低碳创新技术研究，重点布局新能源、新材料领域关键技术，形成应用研究和基础研究并举的开发模式，支撑一批重点技术的基础理论突破。"三电系统"是长安汽车科技创新与产业化应用的核心。

在电驱领域，长安汽车2023年发布了原力电动技术，包括原力电动超级增程、原力电动超集电驱等，申请累计181项专利。原力超集电驱最高效率达到95%，采用行业首创微核高频脉冲加热技术，获得第三届全球XEV驱动系统技术暨产业大会"电驱动优秀产品奖"和"电驱动技术创新奖"两项大奖。数智电驱混合动力系统最高驱动效率97.3%，各项指标处于行业先进水平，连续荣获"中国心"2023年度、2024年度十佳发动机及混合动力系统称号。

在电池领域，长安汽车2023年发布了自研电池品牌——长安"金钟罩"，旨在消除用户在能量密度、充放电效率、循环寿命、低温性能等方面的焦虑，为用户提供更加持久、稳定的动力输出和驾驶体验。

品控方面，长安汽车电芯单体失效率降低到 DPPB（十亿分之一）级别；充电效率方面融合 4C 超级快充，从 20% 电量到 80% 电量只需 10 分钟；电芯循环寿命达到 2000 次以上，满足整车 10 年 30 万公里超长寿命需求。2023 年 11 月 24 日，长安"金钟罩"首款标准电芯在时代长安工厂正式下线。

在低碳材料领域，长安汽车开发了高性能超高压再生铝合金应用技术，突破了目前再生铝只能降级利用、不满足更高性能零部件使用要求的难题。基于合金化理论，通过 Al-Si-Cu-Mg 合金体系设计、"Mn+Fe"复合组织细化、共晶 Si 球化、再生铝熔体净化等技术手段，解决再生铝材料性能衰减问题并成功应用。再生铝合金（摇篮到大门）碳足迹小于等于 $1.5 kgCO_2e/kg$，相比于原生铝合金（约 $16.38 kgCO_2e/kg$），碳排放可下降 90% 以上。

4. 打造智能低碳标杆工厂，革新低碳制造工艺

在制造领域，长安汽车以数智技术、绿色技术推动传统产业转型升级，将渝北工厂新厂区打造成"智能、低碳、高效"的标杆工厂。

长安汽车应用 5G、AI、数字孪生、柔性制造等先进技术，与华为、联通等行业先进合作伙伴开展深度合作，在冲压、焊接、涂装、总装四大传统汽车制造工艺环节的基础上，拓展数字化软件封测工艺、新能源电池 PACK 工艺、车身一体化压铸、CTV 等工艺，形成了七大先进制造工艺，应用了软件封测、免热处理新材料、一体化压铸、智能柔性产线等 40 余项行业领先的制造工艺技术，实现了新汽车高品质、高效率制造。基于统一的数字底座与物联网平台，长安汽车实现 1.2 万多台设备全连接，百万级数据自动采集、集成，建设了智能排产、智能执行与调度、智能仓储、AI 质检、设备预测维护等十六大类智能制造场景，实现制造全过程透明、精益。围绕绿色低碳发展，长安汽车建设了 26 万平方米、装机容量 37 兆瓦的光伏发电系统。通过对先进制造工艺技术、智能制造技术、绿色低碳技术的创新与应用，长安汽车实现了制造效率比原渝北工厂提升 20%，成本降低 20%，且降碳 19%。

绿色低碳发展理念已融入长安汽车生产经营各领域、各环节，多项先进低碳节能技术得到推广应用。在新能源汽车生产基地，长安汽车创新性地开发了多场景跨区域余热深度利用技术。长安汽车通过工厂布局，首创涂装、压铸、站房、电池车间等多场景跨区域余热深度利用技术，以涂装、压铸高温烟气为热源，采用自动控制系统，"气—水""水—水"为热交换介质，最优化设计管网线路，热交换率达到或超过了 85%。通过跨区域热能平衡精益联动控制、冷热互补适应，长安汽车的铸造余热利用率提升 50% 以上，烟气余热回收系统全年节约天然气 110 万立方米，压铸热水回收全年节约天然气 36.5 万立方米。每年节省天然气 146.5 万立方米，实际减少碳排放约 2000 吨。

截至 2024 年年底，长安汽车已获得 2 个国家级、2 个省级绿色工厂认证。

5. 产业链协同降碳，培育绿色供应链

长安汽车与产业链上下游合作伙伴共建绿色能源生态、绿色服务

生态、绿色供应链生态，助力实现全产业链碳中和目标。利用绿色供应链评价管理体系推动供应链上下游企业在设计、工艺、技术等方面实现绿色升级；通过在采购管理中增加环境保护合同条款、绿色管理指标、绿色绩效管理等要求，长安汽车引导供应商开展绿色低碳制造，同时对供应商进行碳排放管理培训，推广长安供应商降碳案例，指导试点供应商完成碳排数据收集及降碳路径规划，形成温室气体排放报告和产品碳足迹报告。

2023年3月，长安汽车成功入围工信部"绿色供应链管理企业名单"，2023年9月荣获"中国绿色供应链联盟先进单位"。

6. 产品生命周期绿色管理，落实生产者责任延伸

2022年，长安汽车申报并首批获得工信部"汽车产品生产者责任延伸（EPR）"试点，开展了回收体系建设、资源综合利用等工作，并联合上下游企业协同推进，遵循全生命周期理念，探索建立易推广、可复制的汽车产品生产者责任延伸制度实施模式，提升资源综合利用水平。"EPR背景下的长安汽车绿色供应链管理模式"已写入工信部《2023年汽车产品生产者责任延伸试点典型案例集》。

7. 开放合作绿色经济，打造绿色"一带一路"

2023年5月，长安汽车发布"海纳百川"计划，以全球化视野开拓海外市场，布局独联体、中东非洲、中南美洲3个战略攻坚市场和欧洲、东南亚两个战略培育市场。聚焦海外客户需求，完善产品布局，全面导入深蓝汽车、阿维塔、长安启源三大数智化产品品牌，出口产品实现多品系覆盖。

在沙特阿拉伯、智利等60多个"一带一路"共建国家建设了400多个长安品牌汽车销售服务网点，拥有近90万忠实用户。在泰国打造"全球右舵基地"，以此辐射东盟及澳新等全球主要右舵市场，并在泰国建成涂装、总装、发动机组装、电池组装生产车间以及相关配套设施，总产能达到20万辆/年。

在海外市场，长安汽车积极应对国际碳排放规则，从体系建设、产品研发、供应链管理等方面，确保出口产品和备件满足国际市场碳管理要求。在设定碳减排目标、制订实施计划、建立碳排放监测与报告机制时，长安汽车引入ISO 14064等国际通用的碳管理标准和方法，实现企业碳管理与国际接轨。长安汽车参与WP29联合国世界车辆法规协调论坛汽车生命周期评价非正式工作组的《UN/WP.29-GRPE-汽车生命周期评价》标准的编制，增强了中国汽车在全球汽车碳足迹领域的影响力。

8. 倾心绿色公益，增强生态碳汇能力

长安汽车积极响应绿色发展战略，落实乡村振兴定点帮扶，在酉阳研究打造油茶生态固碳示范基地，帮助当地建成油茶基地31.6万亩，实现茶油销售9180万元，带动农户20余万人增收，取得了为产业添翼、为群众添富、为乡村添绿的多赢成效。通过科学管理优化油茶树的固碳能力，长安汽车帮助建立了油茶树碳汇计量模型、参数体系及计量标准，构建了油茶树碳汇评估方法体系；协助开展油茶碳汇方法学研究，支撑将油茶产品转化为生态产品，实现油茶生态资源保值增值。

三、重庆长安汽车的能源转型评述

（一）科技创新："数智新汽车"与技术跃迁

大力发展智能网联新能源汽车，已成为当前中国乃至全球汽车产业的共识，而长安汽车一直是新能源汽车的先行者、引领者。长安汽车在智能驾驶领域的布局始于2009年，历经16年技术沉淀，已形成覆盖全场景的智驾能力。

一方面，发布北斗天枢2.0计划，宣告开始普及智驾，围绕数智产品、数智运营、数智制造、数智生态四大核心领域，开启汽车全面升

级行动。长安智驾系统实现"感知—决策—执行"全链路闭环。计划从 2025 年起，长安全面停售非智能化新车，未来 3 年推出 35 款数智新车型，覆盖经济代步车至高端智能座舱全品类。2024 年，长安成为全国首批 L3 级自动驾驶试点企业，其远程挪车、一键泊车等功能已在深蓝 SL03i 等车型上量产应用；2025 年，长安将推出 10 万元级搭载激光雷达的车型，支持极黑环境避撞、135 千米/小时高速 AEB 等功能；2026 年实现全场景 L3 级自动驾驶；2028 年向 L4 级迈进，彻底解放用户双手。

另一方面，打造数智工厂，通过智能制造赋能效率革命。2024 年启用的长安数智工厂，融合 AI 封测、数字孪生等 40 余项尖端技术，成为全球智能制造的标杆。实现千人千面定制生产，交付效率提升 40%，成本降低 20%，并入围 MWC25 GLOMO 大奖"最佳移动互联经济奖"。未来，长安计划将旗下所有工厂都升级为数智化产线，助推重庆打造万亿元级智能网联新能源汽车产业集群。

（二）全球化进阶：从"产品出海"到"生态共建"

"走出去"，是中国汽车做大做强的必经之路。长安通过产品出海、品牌出海、产业出海"三步走"战略，构建研、产、供、销、运一体化生态，推动中国汽车从"走出去""走进去"再到"走上去"。

一方面，在海外深耕本地化运营，加强品牌升级，通过 DEEPAL、AVATR 等子品牌重塑国际形象。在欧洲市场发布会上，长安汽车宣布以"绿色智能"为核心卖点，直面特斯拉、大众等国际巨头的竞争，推动构建海外汽车市场基础共性数据库，供企业快速调用，加快中国车企全球化进程，以期拓展深度咨询服务，向中国车企进行风险示警，帮助规避风险。另一方面，将 ESG 理念融入全球化布局，2024 年长安汽车入选"中国 ESG 上市公司先锋 100"。在海外推行低碳工厂标准，并联合当地合作伙伴开发太阳能充电网络，以绿色技术赢得国际市场的认可。

长安汽车已经在东南亚、中东非、欧洲等五大区域设立总部，建成8个海外工厂，年产能13万辆。泰国罗勇新能源基地将于2025年投产，辐射东盟市场。

（三）一张蓝图绘到底：蹄疾步稳迈向世界一流品牌

一方面，长安汽车持续优化战略规划。2017年开启第三次创业即"创新创业计划"以来，长安汽车战略规划已迭代至8.0版本，明确"13336"布局，即一个目标：成为世界一流汽车品牌；三大技术领域：新能源、智能化、全球化；三大品牌矩阵：长安、深蓝、阿维塔覆盖全市场；三大产品序列：引力、启源、凯程满足多元需求；六大全球市场：中国、欧洲、中东非、中南美、东南亚、独联体。在时间轴线上，长安汽车制定了2025年和2030年的关键节点目标。其中，2025年的目标可以归纳为"3311"，即全年的奋斗目标是：汽车总销量300万辆，销售收入3000亿元，自主新能源汽车销量100万辆，出口汽车100万辆。2025年，长安汽车用户数预计突破2800万，向3000万迈进。到2030年，长安汽车计划总体销量达500万辆，数智新汽车销量突破300万辆，海外销量占比30%，成为世界一流汽车品牌。

另一方面，长安汽车重视人才队伍的培养。长安汽车通过构建"六国十地"研发中心，汇聚全球1.8万名技术人才，其中外籍专家近千名。2025年，计划落成全球科学与艺术中心，投入超2000亿元开发生态链，打造"陆海空立体出行"解决方案，包括飞行汽车、人形机器人等前瞻性项目。同时，积极推动智能网联时代智能电动车辆专业人才的培养，不断为推动设立智能电动车辆一级交叉学科，围绕产业发展趋势建立课程动态迭代机制，构建"需求牵引＋动态调整"的产教协同机制，完善"利益共享＋风险共担"的市场化合作机制的落地建言献策。

第八章

经济形态友好：绿色循环发展二十载

20年来，中国以"两山"理念为指引，以经济生态化重构发展逻辑，在产业与自然的交汇处开辟出一条共生共荣之路。从"索取自然"到"反哺生态"的转型中，循环经济以"资源—产品—再生"的闭环体系，让废弃物蜕变为新资源；生物经济依托生命科学与生态智慧，推动农业、医药与制造领域向自然法则回归；共享经济以技术赋能闲置资源，消解过度消费与资源冗余的沉疴。经济形态的友好不仅让绿水青山成为可量化、可增值的生态资本，更能以系统化方案破解增长与保护的对立，为中国式现代化做了生态优先的鲜明注释。

第一节

循环经济——提高资源利用程度

一、循环经济发展的成就

(一)"十一五"时期的循环经济

"十一五"时期，通过发展循环经济，我国单位国内生产总值能耗、物耗、水耗大幅度降低，资源循环利用产业规模不断扩大，资源产出率有所提高，初步扭转了工业化、城镇化加快发展阶段资源消耗强度大幅上升的势头，促进了结构优化升级和发展方式转变，为保持经济平稳较快发展提供了有力支撑，为改变"大量生产、大量消费、大量废弃"的传统增长方式和消费模式探索出了可行路径。能源产出率由2005年的1万元/吨标准煤提高到2010年的1.24万元/吨标准煤，提高24%；水资源产出率由2005年的41.9元/立方米提高到2010年的66.7元/立方米，提高59%；矿产资源总回收率由2005年的30%提高到2010年的35%，提高5个百分点；共伴生矿综合利用率由2005年的35%提高到2010年的40%，提高5个百分点；工业固体废物综合利用量由2005年的7.7亿吨提高到2010年的16.18亿吨，提高110.1%；工业固体废物综合利用率由2005年的55.8%提高到2010年的69%，提高13.2个百分点；主要再生资源回收利用总量由2005年的0.84亿吨提高到2010年的1.49亿吨，提高77.4%；主

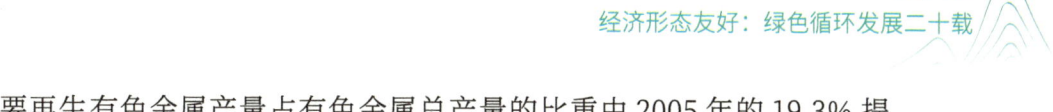

要再生有色金属产量占有色金属总产量的比重由 2005 年的 19.3% 提高到 2010 年的 26.7%，提高 7.4 个百分点；农业灌溉用水有效利用系数由 2005 年的 0.45 提高到 2010 年的 0.5，提高 11.1%；工业用水重复利用率由 2005 年的 75.1% 提高到 2010 年的 85.7%，提高 10.6 个百分点；秸秆综合利用率 2010 年达到 70.6%[①]。

（二）"十二五"时期的循环经济

"十二五"时期，我国循环经济发展取得显著成效，资源循环利用产业以每年约 12% 的速度增长。2015 年，资源循环利用产业产值超过 1.5 万亿元，占国内生产总值的 2.96%，较"十一五"期末增长 60% 以上；大宗工业固体废物综合利用率达 48%，综合利用产值达 8500 亿元，较 2010 年提高 8 个百分点，产值增长约 3000 亿元；主要再生资源（如废金属、废塑料等）回收利用量约 2.4 亿吨，回收利用率达 70%，回收利用产值 6500 亿元，较 2010 年增长 2000 亿元。"十二五"时期，资源产出率提高 16.4%，秸秆综合利用率达 75% 以上，林业三剩物和次小薪材的综合利用率达 95% 以上，畜禽养殖废弃物处理率达 42% 以上，垃圾无害化处置率已达 92% 以上，再制造产业企业已达 500 家以上，平均实现年产值 500 亿～800 亿元；支持建设了 49 个国家"城市矿产"示范基地、118 个循环化改造园区、37 个循环经济教育示范基地、100 个餐厨废弃物资源化利用和污水处理试点城市，推动了 45 个再制造试点示范基地和 101 个循环经济示范城市建设，推动了 12 个工业固体废物综合利用基地试点的建设、再生资源综合利用重大示范工程、水泥窑协同处置生活垃圾技术示范等。

2015 年，国家统计局发布了中国循环经济发展指数。2005 年循环

---

① 国务院关于印发循环经济发展战略及近期行动计划的通知 [EB/OL]. (2013-01-23) [2025-02-15]. https://www.gov.cn/xxgk/pub/govpublic/mrlm/201302/t20130206_65908.html.

经济发展指数为 100.0，2006—2013 年分别为 105.4、111.9、118.5、123.9、130.2、129.2、133.2、137.6，2013 年比 2005 年提高了 37.6 个点，年均提高 4 个点。循环经济综合评价指标中的资源消耗强度指数、废物排放强度指数、废物回用率指数和污染物处置率指数，2005 年为 100，2013 年这 4 个指数分别为 134.7、146.5、108.2、174.6。"十二五"期间，中国资源产出率提高了 16.4%[①]。

（三）"十三五"时期的循环经济

"十三五"时期，我国循环经济发展取得积极成效，2020 年主要资源产出率比 2015 年提高了约 26%，单位国内生产总值能源消耗继续大幅下降，单位国内生产总值用水量累计降低 28%。2020 年农作物秸秆综合利用率达 86% 以上，大宗固废综合利用率达 56%。再生资源利用能力显著增强，2020 年建筑垃圾综合利用率达 50%；废纸利用量约 5490 万吨；废钢利用量约 2.6 亿吨，替代 62% 品位铁精矿约 4.1 亿吨；再生有色金属产量 1450 万吨，占国内十种有色金属总产量的 23.5%，其中，再生铜、再生铝和再生铅产量分别为 325 万吨、740 万吨、240 万吨。资源循环利用已成为保障我国资源安全的重要途径[②]。"十三五"时期，循环经济对中国碳减排的贡献率达 25%。

（四）"十四五"以来的循环经济

"十四五"以来，我国循环经济发展进入全面深化阶段。2023 年，我国资源循环利用产业规模达 40774.4 亿元，同比增长 13.1%。其中，再生资源回收利用产业规模 16697.0 亿元，占比 40.9%；工业固废综

---

① "十二五"期间资源循环利用产业发展回顾[EB/OL].（2017-08-02）[2025-02-15]. https://www.ndrc.gov.cn/xwdt/gdzt/xyqqd/201708/t20170802_1197808.html.

② "十四五"循环经济发展规划[EB/OL].（2021-07-07）[2025-02-15]. https://www.gov.cn/zhengce/zhengceku/2021/07/07/5623077/files/34f0a690e98643119774252f4f671720.pdf.

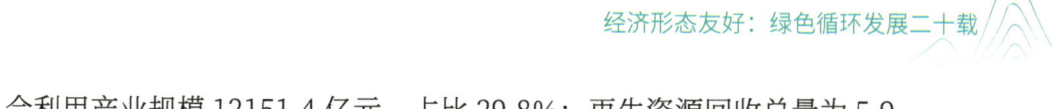

合利用产业规模12151.4亿元，占比29.8%；再生资源回收总量为5.9亿吨，同比增长13.5%，一般工业固体废物产生量降至11.7亿吨，同比下降2.4%[①]。

2023年，单位国内生产总值能耗较2012年下降超过26%，碳排放强度下降35%，主要资源产出率提高60%以上；回收利用废钢约2.6亿吨，约占粗钢总产量的25%；再生有色金属产量约1760万吨，约占有色金属总产量的25%；再生纸浆产量近6000万吨，约占纸浆总产量的70%；再生塑料产量1600万吨左右，约占塑料制品总产量的20%；典型大宗工业固废综合利用量达22.58亿吨，综合利用率为53.32%，较2012年提高了10.52个百分点；畜禽粪污综合利用率超过78%，秸秆综合利用率稳定在86%以上，农膜回收率稳定在80%以上。截至2023年3月，全国共有129家园区完成循环化改造示范园区的验收。截至2024年9月，全国建成回收网点约15万个，各类大型分拣中心约1800个。

二、天能集团发展循环经济

（一）发展循环经济摆脱铅蓄电池产业的生态困境

作为全球最大的铅蓄电池生产国和消费国，中国每年铅蓄电池报废量超过500万吨，其中，70%的成分可回收利用，却因无序的回收网络和粗放的处置方式，演变为威胁生态安全的"城市毒瘤"。这一矛盾背后，是铅蓄电池产业面临的系统性生态困境。

铅污染威胁生态 铅蓄电池的拆解若失控，其含有的铅、硫酸、塑料等成分将形成一条隐秘的生态毒链。非法小作坊的露天拆解作业中，铅尘随空气扩散至周边10千米范围，铅酸液渗入地下水系统，导

---

① 2023年中国资源循环利用产业概况及重点环节分析[EB/OL]. (2024-07-12) [2025-02-15]. https://www.sohu.com/a/792678413_378413.

致土壤铅含量超标的案例屡见不鲜。例如，2020年浙江长虹镇某非法拆解点周边土壤铅浓度高达2500毫克/千克，超出国家标准50倍，当地儿童血铅超标率激增至37%。更严峻的是，铅污染通过食物链富集，最终损害人体的神经系统，给人们造成不可逆的健康损害。中国疾控中心数据显示，铅暴露每年导致约120万儿童智力发育迟缓，直接经济损失超400亿元。

灰色产业链存在顽疾 铅蓄电池回收市场长期存在"劣币驱逐良币"的畸形生态。全国4万余家回收企业中，仅有156家进入工信部白名单，而非法小作坊凭借偷税漏税、逃避环保成本等灰色手段，抢占了70%的退役电池资源。这些作坊以"支锅炼铅"的原始方式，每吨再生铅生产成本比正规企业低40%，却释放出10倍于正规流程的污染物。在河南某地，非法冶炼点夜间排放的含铅废气形成"**毒雾带**"，迫使周边村庄整体搬迁，成为"生态难民"。

资源循环存在断裂现象 尽管铅蓄电池理论上可实现99%的资源再生率，但实际的产业链条存在多重断裂点。传统回收模式下，分散的电动车门店、个体回收商与处置企业之间信息割裂，导致电池流向失控。2019年前，天能集团循环产业园的原料缺口达40%，大量再生产线被迫闲置，而同期全国非法铅锭产量却突破80万吨。这种矛盾折射出资源错配的深层症结：缺乏数字化追溯体系的支撑，回收网络如同"盲人摸象"，难以实现规模效应。

政策与市场存在双重失灵现象 产业生态的扭曲与政策设计密切相关。现行增值税制度中，正规回收企业因无法从个体工商户处获取进项发票，实际税负高达13%，而非法作坊通过"无票交易"将成本转嫁给环境。另外，再生铅企业每吨需缴纳30元的环境保护税，而非法冶炼点分文不缴，形成"守法者亏损、违法者暴利"的倒挂机制。监管层面，生态环境部门曾查获某地30%的废电池通过"阴阳台账"流入黑市，暴露出现场检查与数字监管的协同失效。

技术代际存在鸿沟 天能集团早年引进的意大利全自动破碎设备，因国内外电池规格差异导致效率低下，每日处理量不足设计值的60%。这一挫折揭示出中国铅蓄电池回收的特殊性：电动自行车电池规格繁杂、单体重量轻（平均15千克）、外壳破损率高，需要定制化技术方案。更严峻的是，传统湿法冶炼过程中，铅膏与栅极分离不彻底，导致再生铅纯度仅能达到98%，难以满足高端电池制造需求。这种技术瓶颈将产业链锁定在低附加值区间，形成"回收—低端再生—再报废"的恶性循环。

在这场生态与经济的博弈中，铅蓄电池产业站在了转型的十字路口。天能集团的"铅蛋"平台与循环经济产业园，正是在这样的背景下展开的破局实验的。天能集团通过数字化与生态化的双轮驱动，试图将"城市毒瘤"转化为"城市矿山"。

（二）天能电池循环产业链的重塑之路

在铅蓄电池产业的生态危机中，天能集团以"从细胞级拆解到产业级重构"的颠覆性思维，构建起全球首个铅蓄电池全生命周期循环体系。这场从技术到模式的系统革命，不仅破解了"铅污染"的魔咒，更将每块电池的觉醒价值推向了新高度。

1. 原子级拆解：再生技术的纯度革命

天能自主研发的"原子经济法"再生技术，实现了铅蓄电池资源化率的跃迁式突破。在浙江长兴的循环经济产业园内，退役电池经过12道精密工序实现了重生。依次通过智能破碎分选（采用"视觉识别＋气动分离"系统，0.3秒完成电池外壳、铅膏、塑料的精准分拣，分选纯度达99.8%）、低温熔炼重构（通过富氧侧吹熔炼技术，将传统1200℃熔炼温度降至800℃，每吨再生铅能耗从380千克标准煤降至120千克）、电解精炼提纯（独创的脉冲电解工艺使再生铅纯度达99.996%，超越原生铅99.994%的标准，打破再生铅只能用于低端产品的桎梏），天能再生铅生产成本较原生铅降低了35%。天能集团年处理废电池能力突破120万吨，相当于全国报废量的24%，其再生铅产品已通过宁德时代、超威等头部企业的认证，成功打入高端动力电池供应链。

2. 神经末梢网络：30万个回收点的数字化觉醒

面对分散化回收的行业痼疾，天能集团构建起"毛细血管级"逆向物流网络。通过"铅蛋"物联网平台，每个回收环节实现数字化穿透：智能回收柜——在电动车维修点铺设的5万台智能柜，扫码投放自动称重，实时结算返利，单日回收峰值达800吨；北斗溯源系统——为每块电池植入电子身份证，退役后自动触发回收指令，轨迹追踪误差小于50米；动态定价引擎——基于铅期货价格、物流成本、区域供需的AI算法，实现全国340个城市回收价的分钟级更新。这套系统使电池回收率从68%提升至94%，非法回收市场份额从70%压缩至22%。在河南试点区域，曾经猖獗的"游击队"因无利可图而自行解散，正规回收量同比激增300%。

3. 产业链基因重组：从孤岛到生态的进化

天能集团以"循环经济联合体"模式重构产业生态，实现从材料到市场的价值闭环：上游整合——控股铅矿企业实现废铅酸液再生电解铅，每吨成本降低 2800 元；中台赋能——向中小回收企业开放 SaaS 系统，使其运营效率提升 45%，合规成本下降 60%；下游再造——再生塑料改性后用于电池外壳制造，年替代原生塑料 8 万吨，碳足迹降低 73%。这种生态化反效应在江苏基地尤为显著，园区内"废电池—再生铅—新电池"的物料内循环率达 81%，物流成本降低 92%，形成直径 3 千米的"零废产业圈"。2023 年，该模式被发展改革委评为"产业链供应链优化升级典型案例"。

4. 电池银行：租赁模式的金融化跃迁

天能集团推出的"电池全生命周期管理"服务，重新定义了铅蓄电池的商业属性。以租代售：电动车用户每月支付 39 元租赁费，可享受无限次电池更换，使用成本降低了 40%；残值保险：与平安保险公司合作开发电池衰减险，确保三年后的残值率不低于 30%；碳资产开发：每块租赁电池生成唯一的碳账户，企业用户可用减排量抵扣租金。该模式在快递行业引发革命，某头部物流企业采用天能集团电池租赁后，单车年均更换电池次数从 4.2 次降至 0 次，运维成本下降 55%，同时获得了 68 万元碳收益。目前，天能集团电池银行管理资产规模超 120 亿元，成为全球最大的铅蓄电池资产管理平台。

5. 工业共生体：城市矿山的能量裂变

天能集团将循环经济从产业端延伸至城市系统，构建起三大价值交换网络。一是能源联供，熔炼余热为周边社区供暖，年替代天然气 600 万立方米；二是材料闭环，再生硫酸提纯后供应本地化工厂，年减少危废处置量 12 万吨；三是生态修复，利用富集铅的蜈蚣草修复污染土壤，3 年内使某历史遗留铅锌矿区的植被覆盖率从 7% 恢复至 63%。在浙江湖州，天能集团循环产业园与城市规划深度融合，回收网点化身社区便民服务站，再生塑料制成市政护栏，熔炼废渣烧制环保砖铺就"电池之路"。这种产城共生的新模式，使铅蓄电池产业从城市排斥对象转变为"共生器官"。

6. 全球标准输出：绿色丝绸之路的硬核突围

天能集团的循环经济模式正在改写国际规则。通过技术授权，天能集团向东南亚输出再生铅成套设备，在越南建成的基地使当地铅污染事故下降80%；通过标准主导，天能集团牵头制定ISO铅蓄电池回收国际标准，打破欧美企业把持30年的技术话语权；通过模式复制，天能集团在非洲推行"太阳能＋电池租赁"计划，使偏远地区储能成本降低70%。2023年，天能集团海外循环业务营收同比增长240%，泰国基地成为东盟绿色供应链枢纽，每块电池内置的碳追踪芯片，正将中国标准嵌入全球贸易体系。

三、天能集团发展循环经济评述

（一）资源再生率：99.3%的工业魔法

天能集团以原子级拆解技术实现铅蓄电池资源化率99.3%的突破，将每块电池的回收价值推向极致。在安徽基地的数字化大屏上显示：再生铅纯度达99.996%，超越原生铅品质，年产能突破80万吨，满足全国1/3的高端电池需求；塑料回用率方面，改性再生塑料强度提升

22%，年替代原生塑料 12 万吨，相当于减少 4.8 亿个矿泉水瓶的石油消耗；废酸再生率方面，离子膜电解技术使硫酸回收率达 98%，年再生浓硫酸 35 万吨，可注满 140 个标准游泳池。这种"吃干榨净"的循环模式，使单块电池全生命周期价值提升 270%。2023 年，天能集团循环业务营收突破 280 亿元，利润率较传统制造板块高出 8 个百分点，彻底撕掉"循环经济不经济"的行业标签。

（二）污染歼灭战：从毒土到沃野的逆袭

在河南新乡的历史遗留铅污染区，天能集团构建的"蜈蚣草吸附+微生物固化"生态修复体系正创造奇迹：土壤修复——3 年内将铅含量从 4200 毫克/千克降至 350 毫克/千克，植被覆盖率从 7% 恢复至 65%；水源净化——用纳米纤维膜技术拦截 99.99% 的铅离子，使周边水域鱼类存活率从零回升至 83%；空气治理——"静电除尘+活性炭吸附"系统，使厂区铅尘排放浓度降至 0.5 毫克/立方米，优于欧盟标准。环境监测数据显示，天能集团体系内铅排放总量较传统模式降低 98%，相当于每年少向环境释放 4800 吨铅尘。浙江基地周边儿童血铅超标率从 2015 年的 18% 降至 2023 年的 0.3%。

（三）产业升维：循环经济的造富神话

天能集团的"城市矿山"模式催生出三大价值裂变：一是成本重构，再生铅生产成本较原生铅降低 35%，带动电动车电池售价下降 22%，激活农村市场年增 300 万辆电动车的需求；二是价值链延伸，从铅回收拓展至锂电再生，退役锂电池金属回收率超 95%，开辟千亿级新赛道；三是碳资产增值，每吨再生铅产生 1.2 吨碳减排量，年开发碳资产 240 万吨，金融化收益达 7.2 亿元。在江苏邳州，天能集团打造的"铅—锂—氢"多金属循环基地，使园区企业物流成本降低 78%，形成年产值 450 亿元的绿色产业集群。这种"循环经济乘数效应"，使绿水青山不仅是政绩，更是国内生产总值的永动机。

（四）社会赋能：从生态难民到绿领中产

天能集团的产业革命正在重塑社会阶层。一是就业转型，全国30万回收网点孵化出45万名"绿色骑士"，人均年收入从2.4万元跃升至6.8万元；二是乡村振兴，在云南建设的"移动回收驿站"，使偏远山区废电池回收率从12%提升至89%，带动3000户家庭脱贫；三是公众参与，"电池银行"App吸引230万用户参与碳积分兑换，累计减碳量相当于种植1.7亿棵树。在天能集团长兴基地，操作员可以通过VR模拟系统掌握熔炼工艺，从农民工转型为数字工匠，研发的智能分选设备已出口至12个国家。这种技术普惠使产业工人年均培训时长从8小时增至120小时，技能溢价提升了40%。

（五）标准霸权：从跟跑到领跑

天能集团用15年的时间改写了全球循环经济规则书。在国际标准上，主导制定ISO/TC297铅回收国际标准，将中国再生铅检测方法写入全球技术规范；在认证突破上，再生铅产品通过UL、TÜV等国际认证，成功打入特斯拉供应链，颠覆了"中国造不出高端再生金属"的偏见；在模式输出上，越南建设的循环产业园使当地铅污染治理成本降低75%，被世界银行列为"发展中国家工业化样板"。2023年，天能集团代表中国企业在联合国工业发展组织发布《全球铅循环白皮书》，其"生产—消费—再生"闭环模型被定义为"第四代循环经济范式"。当德国巴斯夫工程师专程赴华学习电池拆解技术时，全球产业权力格局已悄然改变。目前，天能集团开发国家和省级新产品及高新技术产品340余项，多项科技成果填补了国内空白，主导、参与制定和修订270余项国家标准及行业标准，累计获得国家专利6000余项，成为绿色智造的标杆企业。

(六) 中国智慧：有效治理重金属污染

浙江湖州天能集团循环产业园的再生铅熔炉上，金属液流折射出的不仅是工业的冷峻，更映照出一个产业的涅槃重生。这场从"铅毒围城"到"城市矿山"的价值觉醒，以硬核数据重构了资源与污染的辩证关系，为全球重金属污染治理提供了东方解决方案。

天能集团的"城市矿山"实践，通过"技术穿透资源边界、模式重构产业逻辑、价值重塑社会认知"三重革命，其成果远超商业范畴。在环境维度上，累计减少铅污染排放 38 万吨，使 1.9 亿人规避了血铅超标风险；在经济维度上，拉动上下游产业创造产值超 2000 亿元，循环业务毛利率达 24%，验证了绿色增长的商业逻辑；在文明维度上，天能集团在全球 108 个国家播撒了循环经济的火种，让"资源有限、循环无限"从口号变为全球共识。

第二节
生物经济——构建人与自然和谐共生

一、生物经济发展的成就

(一)"十一五"时期的生物经济

2005 年，我国生物产业实现工业增加值约 2000 亿元，生物医药、生物农业等初具规模，涌现出一批快速发展的企业，呈现集聚化发展趋势。我国拥有约 26 万种生物物种、1.28 万种药用动植物资源、32

万份农业种质资源，是世界生物物种最丰富的国家之一，具有发展生物产业独特的资源优势[①]。

2009年，我国生物产业产值达1.4万亿元，其中，医药产业产值为10381亿元，生物农业约1200亿元，生物制造约1800亿元，生物能源约280亿元。2010年，我国生物产业产值达1.8万亿元，抗生素、疫苗、有机酸、氨基酸等多种生物产品的产量位居世界前列，生物医药、生物制造、生物农业正在成为新的经济增长点。生物医药产业总产值达到1.19万亿元，同比增长27.07%，生物医用材料市场销售额约100亿美元；抗虫棉品种近200个，棉花主产省的抗虫棉种植率达到了100%，累计推广应用面积达3.15亿亩，新增产值超过440亿元，农民增收250亿元，杀虫剂用量降低了70%～80%；生物质成型燃料产值约为19.2亿元；生物燃料乙醇产量从2005年的102万吨增加到2010年的184万吨，总产值约为142亿元；生物柴油产能超过100万吨，全年产量约为40万吨；生物技术产业总产值近3200亿元。

（二）"十二五"时期的生物经济

"十二五"时期，我国生物产业复合增长率达到15%以上，2015年产业规模超过3.5万亿元，在部分领域与发达国家水平相当，甚至具备一定优势。我国基因检测服务能力在全球已处于领先地位，出口药品已从原料药向技术含量更高的制剂拓展，从中药中研制的青蒿素获得我国第一个自然科学的诺贝尔奖，高端医疗器械核心技术的突破大幅降低了相关产品和服务的价格。超级稻亩产突破1000千克，达到国际先进水平。生物发酵产业产品总量居世界第一。生物能源年替代化

[①] 国务院办公厅关于转发发展改革委生物产业发展"十一五"规划的通知[EB/OL]．（2007-04-23）[2025-02-15]．https://www.gov.cn/zwgk/2007-04/23/content_592879.htm．

石能源量超过3300万吨标准煤,处于世界前列。生物制造规模保持快速增长,氨基酸、维生素、有机酸等大宗产品规模稳居全球第一,产值超过1000亿元[①]。国内生物医用材料市场以高达30%左右的复合增长率持续增长,2015年总销售额已接近200亿美元,占同期国际市场的7%左右[②]。全国棉花、水稻、玉米、大豆、小麦、奶牛、猪等高效规模化遗传转化技术研发取得显著突破,农作物种业市值达到1113亿元,畜禽水产种业市值3226亿元。饲用酶制剂的年均产值达20亿元,使用的生物肥料优良功能菌种已超过150个。生物饲料产业的市场总值达到每年180亿元,并以年均20%的速度递增[③]。生物农业总产值达3000亿元,生物饲料行业总产值超过600亿元;生物技术产业总规模接近7000亿元。

"十二五"期间,生物制造产业主要产品的产值超过5500亿元,年平均增速8%以上;生物发酵产业主要产品的产量由2010年的1840万吨增长到2015年的2426万吨,年平均增长率5.7%,产值由1990亿元增长到2900亿元,年平均增长率达7.8%;2014年,生物基材料总产量约580万吨,其中,再生生物质纤维产品约360万吨,有机酸、化工醇、氨基酸等化工原料约140万吨,生物基塑料约80万吨;生物基聚丁二酸丁二酯(PBS)的年生产能力由2010年的1万吨快速增长到2014年的10万吨;工业酶制剂产量达到116.57万吨,

---

① 国家发展改革委关于印发《"十三五"生物产业发展规划》的通知[EB/OL].(2017-01-12)[2024-12-15]. https://www.gov.cn/xinwen/2017-01/12/content_5159179.htm;战略性新兴产业"十二五"发展成就及"十三五"规划展望[EB/OL].(2017-05-04)[2025-02-15]. http://www.sic.gov.cn/sic/82/459/0504/7966_pc.html.
② "十二五"期间新材料产业发展回顾[EB/OL].(2017-12-21)[2025-02-15]. https://www.ndrc.gov.cn/xwdt/gdzt/xyqqd/201712/t20171221_1197830.html?utm_source=chatgpt.com.
③ "十二五"期间生物农业产业发展回顾[EB/OL].(2017-08-12)[2025-02-15]. https://www.ndrc.gov.cn/xwdt/gdzt/xyqqd/201708/t20170802_1197817_ext.html.

年产量增长约 10%；生物燃料乙醇产量由 2010 年的 182 万吨提升至 2014 年的 216 万吨，生物柴油产量由 2010 年的 30 万吨增长到 2014 年的 121 万吨，年平均增长率 41.7%；截至 2015 年年底，生物制造业相关的研发基地主要包括 4 个国家重点实验室、4 个企业国家重点实验室、4 个国家工程实验室、4 个国家工程研究中心、22 家国家企业技术中心和 15 家行业技术开发监测中心。经过"十二五"期间的发展，生物制造业呈现以原料产地为主的产业集群区域分布[①]。

(三)"十三五"时期的生物经济

"十三五"时期，生物经济实现了规模扩张、结构优化和国际竞争力的显著提升。"十三五"末期，生物经济产值规模近 5 万亿元，生物及大健康产业主营业务收入规模超过 10 万亿元，涵盖生物医药、生物制造、生物育种、生物能源、生物环保等。2020 年，生物技术产业规模突破 8300 亿元，生物医药产值 2975 亿元，生物农业和生物制造市场规模分别为 2628 亿元和 2048 亿元；生物质能产业新增投资总额约为 1960 亿元，其中，生物质发电、生物天然气、生物质成型燃料供热及生物液体燃料分别新增投资 400 亿元、1200 亿元、180 亿元及 180 亿元；生物质发电累计装机容量达到 2952 万千瓦，垃圾焚烧、农林生物质、沼气发电装机容量占比分别为 51.9%、45.1%、3.0%，年发电量为 1326 亿千瓦时，垃圾焚烧、农林生物质、沼气发电量占比分别为 58.67%、38.46%、2.85%。

(四)"十四五"以来的生物经济

"十四五"以来，生物经济作为国家战略性新兴产业实现了快速发展。生物产业规模持续增长，从 2012 年的 2.3 万亿元增加到 2021 年

---

① "十二五"期间生物制造产业发展回顾 [EB/OL].（2017-08-02）[2025-02-18]. https://www.ndrc.gov.cn/xwdt/gdzt/xyqqd/201708/t20170802_1197818.html.

的 6.1 万亿元，年均复合增速超过 15%，从国内生产总值占比来看，2021 年生物产业国内生产总值占比达 5.3%；生物资源价值化规模从 2012 年的 6.4 亿元增加到 2021 年的超过 13 亿元，其中，2021 年生物资源价值化规模增速超过 10%；2012 年中国生物经济规模占国内生产总值的比重超过 14%，2021 年达到 16.1%；生物经济行业市场规模从 2012 年的 7.6 万亿元增加到了 2021 年的 18.4 万亿元[①]。2022 年，我国生物医药行业的市场规模约为 18680 亿元，同比增长 8.30%，化学药行业市场规模占生物医药行业市场规模的比重约为 47%，中药行业市场规模占比约为 25%，生物药行业市场规模占比约为 28%；生物药行业发挥越来越重要的作用，一类与二类疫苗市场规模由 2018 年的 336 亿元增至 2022 年的 898 亿元，血液制品行业市场规模由 2018 年的 303 亿元上升至 2022 年的 442 亿元，体外诊断试剂市场规模由 2018 年的 713 亿元增至 2022 年的 1480 亿元[②]。截至 2022 年年底，生物能源产业总产值为 4500 亿元。2023 年，生物质能发电装机容量约 44.14 吉瓦，年发电量约 1980 亿千瓦时，分别占国内可再生能源的 2.91% 和 6.71%；生物天然气产量约 5 亿立方米，生物乙醇约 340 万吨，生物柴油 220 万吨，分别占全球产量约 5.60%、3.82%、3.93%；生物质清洁供热面积已超过 3 亿平方米，供热量已超过 3 亿吉焦，约占全球生物质供热量的 24%[③]。2023 年，我国的生物经济产业规模约为

---

① 一文深度了解2023年中国生物经济行业市场规模、竞争格局及发展前景[EB/OL].（2023-01-04）2025-02-15]. https://bg.qianzhan.com/trends/detail/506/230104-504186f0.html.

② 2023 年中国生物医药行业全景图谱[EB/OL].（2023-08-21）[2025-02-15]. https://www.qianzhan.com/analyst/detail/220/230821-54029ec6.html?utm_source.

③ 第四大能源！未来能源生物质能如何促进能源转型[EB/OL].（2025-01-07）[2025-02-15]. https://baijiahao.baidu.com/s?id=1820569787412733185&wfr=spider&for=pc.

20.6万亿元，年均复合增长率达7.9%[①]。

二、隆平高科发展生物农业

（一）隆平高科筑牢农业"中国芯"

种子是农业的"芯片"，种质资源不仅是农业科技原始创新与现代种业发展的物质基础，更是保障国家粮食安全与重要农产品供给的战略性资源。作为"种业国家队"的主力军、排头兵，袁隆平农业高科技股份有限公司（以下简称"隆平高科"）坚决贯彻落实国家粮食安全战略，以"隆平种、中国芯，国家情怀、中国质量"为责任担当，秉持"藏粮于技"的发展理念，坚持战略引领和创新驱动，不断推进先进育种技术、优势育种资源的创新应用，培育了一批绿色、安全、优质、高效、广适、高产的农作物新品种，以科技自立自强守护农业"中国芯"，以全球视野开拓种业新蓝海，持续书写新时代的"禾下乘凉梦"。

隆平高科以杂交水稻种子业务起家，主营业务涵盖种业运营和农业服务两大体系，杂交水稻种子业务位居全球前列，玉米、辣椒、黄瓜、谷子、食葵种子业务位居国内前列。

隆平高科成立以来，在农业领域取得了巨大的成就，成为中国种业市场化改革的实践典型。2019年10月，湖南隆平高科第三代杂交水稻种业有限公司揭牌，标志着袁隆平领衔科研攻关的第三代杂交水稻遗传工程雄性不育系技术正迈入应用转化阶段。2020年11月，在位于湖南省衡南县的第三代杂交水稻新组合试验示范基地，早稻和晚稻两次测产累计亩产达到3061.52斤，创产量新高。同年度全国主要

[①] 2024年中国生物经济产业规模及行业发展前景预测分析[EB/OL].（2024-04-23）[2025-02-15]. https://cj.sina.com.cn/articles/view/1245286342/4a398fc600101d1ne.

农作物前十大品种中，隆平高科杂交水稻品种独占七席，玉米品种独占四席。2018—2020年，隆平高科自主研发的水稻、玉米品种累计推广2.5亿亩，累计增产粮食100亿斤以上，农户累计增收110亿元。

2023年，公司调整优化组织体系和管理架构，加快业务有机融合，完成重大资产重组。

隆平高科通过内生外延不断完善业务布局，已成长为一家聚焦种业主业、统筹国内国际、拥有现代治理体系、具备国际经营能力、营业规模达百亿元的综合性跨国种业集团，为持续夯实国家粮食安全根基、推动民族种业振兴和助力南繁硅谷崛起，持续发挥"种业国家队"的主力军、排头兵作用。

（二）隆平高科的主要做法

1. "育繁推一体化"：内生外延完善产业布局

隆平高科作为国家第一批获得"育繁推一体化"经营资质的种业企业，积极构建"本土研发+全球运营"新范式，持续强化水稻、玉米、小麦主粮安全基本盘，同时在辣椒、黄瓜等专精特新特色作物领域保持领先地位，形成以杂交水稻、玉米、蔬菜种业为核心，以小麦、棉花、油菜等种业为延伸的"3+X"运营模式。对内聚力突破关键技术，构建国内领先的商业化育种体系和测试体系，组建国际先进的生物技术平台，通过农业开源鸿蒙生态建设，筑牢数字农业安全底座；对外构建开放创新体系，积极在海外目标市场拓展研发布局，以国际化合作加速种质资源引进和技术融合，为国内外消费者提供更优质的绿色农产品。通过大力推行降本增效、精益降费的管理举措，国内隆平高科各产业公司不断优化生产制种基地的布局，降低生产成本，进一步实现业务互补协同、持续加快全球穿梭育种，助推生物育种产业化进程；先后被认定为"国家企业技术中心""国家创新型试点企业""农业产业化国家重点龙头企业"等，并连续位列"中国种业信用明星企业"榜首，子公司联创种业入选"中国种业信用明星企业"，河北巡天和江西科源入选"中国种业信用骨干企业"，天津德瑞特和湘研种业入选"中国蔬菜种业信用骨干企业"。

2. 商业化育种体系：科技创新提高核心竞争力

强大的自主研发和创新能力是隆平高科核心竞争力之一。隆平高科坚持创新引领和市场导向，构建了以企业为主体的高效商业化育种体系，并持续强化自主研发能力，迅速推进现代生物育种技术研发、新品种性状及重大科研成果的转化。

一是深入贯彻"市场与产业导向、信息与资源共享、标准与评价统一、分工与协作明确"的研发创新工作原则，按照"标准化、程序化、信息化、规模化"要求，建立起各环节紧密分工协作的分阶段创新流程，全面覆盖生物技术平台、传统育种平台、测试评价平台，并提出了"提升生物技术平台、夯实传统育种平台、完善测试评价平台、扩大研发队伍规模、统一多作物研发平台"的长期目标，建立"以企业为主体、市场为导向、产学研紧密结合"的商业化育种体系，培育出一大批具有自主知识产权的新品种，为产业的持续发展提供强有力的创新产品支撑。

二是在我国南方稻区建立杂交水稻新品种生态测试网，在西南区、黄淮海区、东华北区等主要玉米产区建立玉米新品种生态测试网，在重点区域建立了蔬菜、小麦、高粱、谷子、食葵等新品种生态测试网，对新选育品种、合作选育品种等进行国内、国际目标市场的品种适应性测试评价，确保符合市场需求的绿色优质高产新品种可以持续稳定地投放市场。依据已建立的高密度生态测试网，针对每年配制出的农作物新组合，制定水稻新杂交组合品种测试评价流程，并通过信息化数据采集和处理，逐步实现智能申报品种审定和登记。

三是以科技委员会为科研议事决策机构，统筹负责科研管理及研发布局，以总部研发中心及科技委员会办公室作为执行推动部门，遵从一体化研发布局设计，聚集一批高素质的科研人才队伍，打造一流研发团队，不断整合优质资源，加强对外合作，完善创新体系，延伸创新单元，规范、完善种质资源管理平台，持续推进国内外科研基地建设，保持高强度的科研投入，研发投入占营业收入的比重稳定在10%左右。

3. 数字化管理体系：数智强"芯"领跑种业数字化转型

作为我国种业的龙头企业，隆平高科打造"一横一纵"的数字化管理体系，推动数字化技术与研发、生产、经营和管理深度融合，探索种业在数字时代的高质量发展之路。

"一横一纵"：打造总分联动的数字化管理体系 在数字化转型浪潮下，种业迎来数字化转型的重要机遇。隆平高科以高质量发展为目标，在数字化战略的引领下，按照"经营权下沉、数据上移"的数字化转型理念，协同旗下20余家主要种业产业公司，积极开展数字化转型。2016年1月，通过引入中信集团的全球化管理理念，隆平高科不断加快数字化转型和信息化建设步伐，快速提升企业管理能力。从2019年开始，隆平高科逐步实现科研、生产、加工、销售等四大业务流程中部分关键节点的线上化，数字化管理体系逐渐完善。为统筹不同业务单元的数字化转型，更好地实现关键节点业务的有机衔接和统一管理，隆平高科搭建了"一横一纵"的数字化管理体系。"一横"是指横向打通公司"育繁推"业务流程，由总部统筹为各业务单元搭建

"两山"理念践行二十载：中国之答

业务系统，实现核心业务的线上化操作。"一纵"是指纵向搭建贯穿总部、分公司的管理体系，总部对分子公司的经营充分授权，但经营过程产生的数据要上移至总部，既赋予业务单元经营的自主权，保持组织活力，又使集团总部能够对数据进行统一管理，实现总部的透明化监管。

因事为制：保障数字化转型工作落地 种业是技术密集型、资本密集型的高新技术产业，但又具有明显的农业生产特征，其数字化转型明显不同于工业。数据采集方面，工业是连续生产，从投料到最终产品的数据可能只需要几分钟就能收集完毕，而种业往往需要在一年的种植周期内采集作物不同生长阶段的数据，一年只能收集一次。数字化管控效果方面，工业的生产环境、生产过程相对确定，数字化赋能精益管理效果明显，而种业需要面对天气等各种不确定因素，即使投入和管理过程保持一致，产出结果仍可能有很大差别，数字化精细化管理效果可能不尽如人意。人员管理方面，在农业从业人员中推行先进管理思想和管理方法的难度更大，人员的信息化管理也面临更多挑战。面对数字化工作中的诸多挑战，隆平高科定规范、促应用、优管理，用制度保障信息化数字化落到实处。

一是建立 PDCA（Plan, Do, Check, Action）循环机制，保障数据质量。隆平高科建立了相应的规章制度，严格按制度要求开展工作，通过数字化工具自动监测工作的合规性，并最终对工作结果予以反馈。通过该工作机制，隆平高科实现了闭环式管理，极大提升了工作流程规范化程度和运营效率。

二是定制数据应用，形成数据资产。通过完善管理指标体系，从指标定义、数据来源、分析维度、分析方法、计量单位、分析频率、认责部门七个维度规范指标描述，将财务等企业管理数据，种子长势、抗倒伏等育种数据，气温、水量等生产环境数据规范化、标准化，同时引入帆软软件有限公司的数据分析工具，梳理形成企业数据资产，为企业管理赋能。

三是强化组织保障，统筹推进数字化进程。隆平高科成立数字化转型管理办公室，由常务副总裁任办公室主任，分管副总裁和信息总监任常务副主任，五大领域分管领导任副主任，负责高层决策、统筹协调。

三、隆平高科发展生物农业评述

（一）科技驱动，开创生物育种新格局

隆平高科始终坚持科技兴农战略，强化原创技术攻关与产学研协同联动，将年度营业收入的10%用于科研创新投入。目前，企业已在全球10多个国家和地区布局超过700人的专业研发团队，建设50余个育种站点、90多万亩高质量制种基地，并建成5个国家及省级创新平台和1个国家重点实验室，支撑企业持续走在生物农业前沿。作为"种业振兴"战略的重点力量，隆平高科及下属6家机构成功入围国家种业阵型企业，承担多项关键技术的国家级重大科技项目，其参与的"两系法杂交水稻技术研究与应用"项目于2013年获得国家科技进步奖特等奖。

农业农村部2023年数据显示，隆平高科的水稻品种在全国推广面积前十大榜单中占据7席，尤其是晶两优华占、晶两优534连续6年

稳居前两位。玉米方面，裕丰303、中科玉505位列全国前三，高粱领域的湘研、黄瓜领域的德瑞特、谷子领域的巡天、食葵领域的三瑞农科等也均表现出色，形成多个作物板块的细分龙头优势。

特别是在杂交水稻第三代育种技术体系上，隆平高科应用分子生物学手段，突破传统三系法和两系法存在的遗传局限，降低制种风险，实现更加灵活、安全的杂交组合方式。这一技术不仅提升了育种效率，也推动我国在水稻育种领域继续保持全球领先，并为国际稻作系统带来广泛应用前景，预计未来可将全球杂交水稻种植占比提升至70%以上，对全球粮食安全具有深远意义。

（二）数智赋能，推动种业研发智能化转型

面对全球农业科技变革新趋势，隆平高科紧抓数字农业发展机遇，围绕核心技术瓶颈开展攻坚，助力农业高质量发展。2025年中央一号文件指出，要加快新质生产力在农业领域落地，推动农业与人工智能、大数据、低空经济等融合发展。

在智慧育种方面，隆平高科创新构建了"AI+基因组"智能选育平台，通过深度学习模型对水稻基因组进行智能分析，使育种效率提升了64.2%；在玉米育种中，结合全基因组预测模型，使华北、黄淮海地区的选育效率分别提高了41%和66.7%，育种周期由8～10年缩短至4～6年。

依托中信集团与华为的战略合作基础，隆平高科与深圳开鸿数字产业发展有限公司共建了自主农业鸿蒙操作系统，实现从田间管理到农机控制的全链路数字化应用。通过"端—网—智"一体化协同，构建农业物联网生态，打通数据孤岛，助力农户精准种植。智慧农场试点数据表明，亩均收入提升15%～20%，标志我国农业信息化迈入自主可控、智能协同的新阶段。

在生产运营管理上，隆平高科推行"双全双零"质量体系（即全

过程、全流程质量控制，力求零产品缺陷、零服务遗憾），并在 2024 年荣获第五届中国质量奖，成为农业领域首家获此殊荣的企业，树立了农业数字化管理新标杆。

（三）市场导向，激发产业链高质量发展潜力

"种业振兴"战略实施以来，种子被赋予农业"芯片"的战略定位，不仅要满足"吃得饱"的需求，更要满足"吃得好"的升级需求。隆平高科紧抓发展契机，在保障粮食安全与满足消费需求两个维度上持续发力。

一方面，公司加大优质种子推广力度，助力粮食单产提升。例如自主选育的"玮两优 8612"再生稻品种亩产达 1469 千克，刷新全国纪录；同时围绕中高端消费群体，研发"振两优 9085"等多个优质食味型杂交稻新品，提升大米品质。另如"张杂谷"系列谷子，不仅高产，而且耐旱节水，为提升粮食安全与生态可持续性提供技术支撑。

另一方面，企业大力开展农民教育培训，与农业农村部科教司和中央农业广播电视学校联合打造"云上智农"平台，注册农户超 800 万，视频播放量超 1 亿次，为农民提供优质种植技术指导与服务支持。

同时，隆平高科积极落实种业振兴各项举措，围绕国家单产提升行动开展科技服务。2024 年，公司以《筑梦种业创新　赋能乡村振兴》案例荣获"2024 年上市公司可持续发展最佳实践案例"，彰显在农业现代化、乡村振兴等国家战略中的担当与贡献。

（四）全链保障，重塑种业质量管理新范式

质量是种业核心竞争力所在。隆平高科围绕种子繁育全流程建立科学质量监管体系，分别在长沙总部、各下属子公司以及海南三亚、

陵水、乐东等地建立高标准田间纯度鉴定体系，实现种子全周期质量控制。

公司率先通过 ISO9001 质量管理、ISO14000 环境安全管理和 OHSAS18000 职业健康管理三大国际体系认证，实现从品种选育、生产加工到服务的全流程质量保障。新产品产值率超过 75%，整体质量管理水平行业领先。

"双全双零"数字化质量管控模式不仅提升了品种研发效率，也大幅提升了种子稳定性与服务满意度，在全国年推广面积超过 8000 万亩，成为我国种业质量转型的典范企业。

（五）全球协同，塑造种业国际化新生态

隆平高科积极响应国家"一带一路"倡议，推动我国优质种源"走出去"，构建种业国际化发展新格局。在全球主要农业区域，形成以东南亚、南亚为杂交水稻重点市场，以南美洲、非洲为玉米和棉花等作物拓展区域，农业援外覆盖亚洲、非洲、拉丁美洲等地。

一方面，公司推行"研发优先、产业跟进"战略，通过在海外设立多个研发中心开展本地化育种，针对不同生态区域选育优良品种。例如，在菲律宾、越南、巴基斯坦等地建设研发平台，审定通过品种共计 32 个。南美地区则主打中高端玉米市场，隆平高科在巴西市场占有率达 20%，稳居前三。自 2017 年收购陶氏益农巴西玉米种子业务以来，海外杂交水稻品种销售达 6400 吨，实现年销售收入近 2.5 亿元。

以三亚海外研发中心为枢纽，形成辐射东南亚（菲律宾、越南）和南亚（巴基斯坦）的一体化种业布局，逐步构建全球化种业创新生态。

另一方面，隆平高科长期承担国家农业援外和培训任务，作为商务部首批"中国杂交水稻技术援外培训基地"，已在 100 多个国家和

地区举办 230 多期培训班，为全球培养近万人次农业技术骨干。通过 20 多个国际农业合作项目，推动中国农业技术、种业标准走向世界。2024 年底，公司种子全球年销量 2.93 亿千克，年推广面积 2 亿亩，增产粮食 50 亿千克，年带动农户增收 137 亿元。

2025 年 3 月 2 日，《人民日报》专题报道隆平高科对非洲农业技术项目合作成果，称其为中国种业全球化战略的典范案例，彰显我国农业"硬实力"和负责任大国形象。

第三节
共享经济——优化资源配置水平

一、共享经济发展的成就

2008 年之前，我国的共享经济尚处于萌芽阶段，出现了一些基于互动式问答的知识分享网站和分享平台。2009—2012 年，全球共享经济的崛起，使我国共享型企业得到发展，众多领域的共享型企业大量涌现，滴滴出行、红岭创投、人人贷、天使汇、蚂蚁短租、途家网、小猪短租、饿了么等企业的市场拓展创造了新的经济模式。2013 年后，随着技术和商业模式的不断成熟、用户的广泛参与以及大量的资金进入，部分领域的代表性企业体量和影响力迅速扩大，共享经济影响越来越广泛，企业数量和市场规模呈加速增长态势。

2015 年，我国共享经济市场规模约为 19560 亿元（其中，交易额 18100 亿元，融资额 1460 亿元），主要集中在金融、生活服务、交通出行、生产能力、知识技能、房屋短租六大领域，参与提供服务者约

5000万人（其中，平台型企业员工约500万人），约占劳动人口总数的5.5%，参与共享经济活动的总人数超过5亿。在线短租市场规模超过100亿元，接入滴滴出行平台的司机数超过1400万，注册用户数2.5亿。2015年成立的京东众包注册快递员超过50万人，参与过快递业务的20万人；猪八戒网注册用户数1300万。2015年约有7200万人次参与过众筹活动，使用过O2O类本地生活服务的用户数量超过3亿。2015年，我国已有了一批初具规模、各具特色、有一定竞争力的代表性企业，如滴滴出行、蚂蚁短租、红岭创投、京东到家、人人设计网等。2015年，餐饮业、家政服务业、美业、社区配送服务、汽车售后市场五大领域的市场规模约4000亿元，用户规模约3亿人[①]。

2020年，我国共享经济市场交易规模约33773亿元。生活服务、生产能力、知识技能这三个领域位居共享经济市场规模前三，分别为16175亿元、10848亿元和4010亿元；共享经济参与者人数约为8.3亿，其中，服务提供者约为8400万人，平台企业员工约631万人；共享经济领域直接融资规模约为1185亿元；网约车客运量占出租车总客运量的比重约为36.2%，在线外卖收入占全国餐饮业收入的比重约为16.6%，共享住宿收入占全国住宿业客房收入的比重约为6.7%；网约车用户、共享住宿用户和在线外卖用户在网民中的普及率分别为36.19%、7.43%和43.52%；人均在线外卖支出在餐饮消费支出中的占比约16.6%，人均网约车支出在出行消费支出中的占比约为11.3%，人均共享住宿支出在住宿消费中的占比约为4.9%[②]。

2022年，我国共享经济市场规模持续扩大，全年共享经济市场交

---

① 国家信息中心信息化研究部，中国互联网协会分享经济工作委员会. 中国分享经济发展报告·2016 [EB/OL]. (2016-02-29) [2025-02-15]. http://www.sic.gov.cn/sic/82/568/0229/6006_pc.html.

② 国家信息中心分享经济研究中心. 中国共享经济发展报告·2021 [EB/OL]. (2021-02-22) [2025-02-15]. https://www.ndrc.gov.cn/xxgk/jd/wsdwhfz/202102/t20210222_1267536.html.

易规模约 38320 亿元，同比增长约 3.9%。从市场结构上看，生活服务、生产能力、知识技能、交通出行、共享医疗、共享办公、共享住宿七个领域的市场规模，分别为 18548 亿元、12548 亿元、4806 亿元、2012 亿元、159 亿元、132 亿元、115 亿元。不同领域共享经济发展的不平衡性凸显，生活服务和共享医疗两个领域市场规模同比分别增长 8.4% 和 8.2%。从共享型服务的发展态势看，2022 年在线外卖收入占全国餐饮业收入的比重约为 25.4%，占比较上年提高 4 个百分点；网约车客运量占出租车总客运量的比重约为 40.5%，占比较上年提高 6.4 个百分点。从用户和消费侧看，2022 年网约车用户、共享住宿用户和在线外卖用户在网民中的普及率分别为 38.54%、6.63% 和 61.44%。在线外卖人均消费支出在餐饮消费支出中的占比约为 25.4%[1]。

二、菜鸟供应链推动共享经济发展

（一）菜鸟建设数字化共享物流平台

共享经济作为数字时代的一种新经济形态、新商业模式，正以其革命性的力量影响众多传统和新兴产业以及人们的消费方式，成为推动我国经济社会发展的新引擎之一。互联网+、物联网、大数据、云计算、人工智能等信息技术变革激活了共享物流模式创新，重构了分工合作的基础设施、合作伙伴连接方式以及合作模式，促使企业通过扩展客户连接面、降低合作成本、提高合作伙伴黏性、创新合作模式等实现合作价值增值。

菜鸟网络科技有限公司（以下简称"菜鸟"）成立于 2013 年，是一家以客户价值驱动的物流科技平台和供应链服务企业。通过将业务

---

[1] 国家信息中心信息化和产业发展部，分享经济研究中心. 中国共享经济发展报告（2023）[EB/OL]. （2023-02-23）[2025-02-15]. http://bigdata.sic.gov.cn/sic/93/552/557/0223/10741.pdf.

与场景、设施与互联网技术相结合,以数字创新、普惠合作实现双赢为目标,以技术革新为中心,菜鸟在社区服务、全球物流、智慧供应链等方面开拓创新,构建起全球最大的物流网络。通过协同治理、数字技术赋能和模式多元化等共享经济商业模式,菜鸟不断提高运作效率,减少运作费用,建立了智能化的供应链和多赢的产业链,发展成全球规模最大的智能化、现代化的物流体系,是突破我国物流行业高成本、低时效问题,建设数字化共享物流平台的典型案例。

菜鸟扎根于物流产业,以科技创新为核心,把物流产业的运营、场景、设施和互联网技术做深度融合,在社区服务、全球物流、智慧供应链等领域建立了新赛道,通过智慧、协同、共享的方式,连接快递、仓配、跨境、末端、农村等资源,构建了一张覆盖200多个国家和地区的智慧物流网络,为全行业提供基于大数据、物联网、云计算和人工智能的技术产品和解决方案,打造形成覆盖城乡、畅行国内、通达世界的共享服务平台,已形成消费者物流、国内供应链、国际物

流及供应链、智慧物流园区、物流科技等业务板块，有力推动了物流行业降本增效和社会经济发展。截至 2025 年 3 月，菜鸟日均处理跨境包裹超 400 万件，全球仓储面积超 1650 万平方米，稳居全球跨境电商物流企业榜首。

（二）菜鸟的主要做法

1. 菜鸟网络打造智慧化共建共享服务平台

菜鸟不断完善仓储网络，加快末端整合，强化技术研发，打造共享、协同、高效、绿色的服务平台，更好地为电商供应链服务，实现电商信息流、资金流与物流协同发展。通过摒弃重资产的专线、零担、整车等形式的物流平台，菜鸟选用轻资产运营，高效连接不同服务商、商家和消费者，运用大数据、智能技术等实现高效协同。在结构上，菜鸟与来自仓配、快递、智能柜、落地配等各方的合作伙伴建立生态服务网络；在关系上，菜鸟与合作伙伴突破传统强管控式合作，向更加自由灵活的生态合作关系发展。

数智优化实现全链路协同　菜鸟通过电子面单将包裹数字化，利用包裹侠 App 实现快递员精准画像，采用菜鸟指数为网点提供评价工具，运用"物流天眼"视觉识别系统对分拨中心进行监测，从而实现

物流全链路上的商家、快递网点、分拨中心、快递员等环节和角色的全面数字化。在全面数字化的基础上，菜鸟打通了各环节数据，打造数据与实体链路的相对"镜像"（即"数字孪生"），实现数据全流程可视化。通过对全链路数据的监控、计算和分析，菜鸟可查找运行环节中的不合理环节，实现产品和服务的持续优化共享。目前，菜鸟成立了"E.T. 物流数智化实验室"，专门研发末端配送机器人、仓储拣货 AGV、小件分拣 AGV、机械手、AR 智能拣货系统、无人送货机等物流前沿科技设备，带动提升物流业智能化水平。

同库存管理 菜鸟将全国仓储网络划分为七大区域，形成核心枢纽、一级枢纽、城市仓、前置仓等多层次的仓储服务网络。通过"智能供应链大脑"建设，帮助商家打通多个仓库、多个平台间的库存数据，进行实时监控与分析，实现商家线上线下"一盘货"管理，为商家决策提供精准参考。以雀巢为例，雀巢在线上线下不同零售渠道的商品库存是彼此独立的，无法实现统一管理，采用菜鸟"智能供应链大脑"后，可以通过信息终端实时查看全国商品进销存情况，并科学制定库存分布决策。

"合单引擎"优化算法赋能绿色供应链 菜鸟基于大规模邻域搜索和深度强化学习的路径规划算法方案，通过计算提高决策合理性，压缩线上时间，可以在小于 0.01 秒的时间内得到 98%～99% 最优解，给线下留出更多操作时间，提高履约时效性，节省巨额成本。在跨境物流场景中，菜鸟应用智能合单引擎，将多个包裹合单发货，实现前置分拣和集装运输，并加大海外仓布局，减少对航空运输方式的依赖。菜鸟的"合单引擎"通过大数据算法，精准识别使用同一海外收件地址在"国际版淘宝"上不同店铺购物的海外消费者，经过智能合单，在集运仓将该客户在国内不同平台的店家购买的多份订单集中打包成一个包裹，完成后续干线及末端配送，大大减少末端配送次数。

菜鸟通过先进的在线路径优化算法，显著增强绿色供应链的运作效率与环境可持续性。其研发的物流路径规划算法入选 2021 年弗兰兹·厄德曼（Franz Edelman）杰出成就奖，该奖也是全球运筹学和管理科学界的最高工业应用奖，被称为运筹学的"奥斯卡"。

2. 菜鸟云仓实现仓储物流创新共享

随着行业互联网、物联网战略和技术的发展，物流业通过"互联网+仓储物流"实现对仓储物流资源的共享，电子商务的信息化基础也得以建立。菜鸟以大数据为能源，以云计算为引擎、仓储为节点，编织了一张智慧物流仓储设施大网，整合、运筹和管理实体仓库系统，实现仓库资源的优化配置和实时网络化运营与共享管理，组建全球最大的物流云仓共享平台。作为一种云端仓储服务，菜鸟云仓通过网络平台运营，让用户只按照实际使用空间和时间付费，降低了成本和风险，解决了传统仓库存在空间限制和固定租金等问题。对于小型企业或个体经营者来说，这可以有效避免因库存积压而导致的经营困境。通过智能化的分拣系统，菜鸟将快递包裹按照不同的路线和目的地进行分拣，大大减少了人力资源的投入，提高了分拣的准确率和效率，其庞大的物流网络和智能调度系统，可以实现即时配送和准时送达。这对于电商平台和线下商家来说，是一种极具竞争力的优势，可以提升用户的购物体验，加强用户黏性，并有效促进销售增长。通过这一布局，菜鸟整合了多家快递公司的资源优势，建立了自己的物流大数据中心以及遍布全国各地的菜鸟智慧物流仓储系统，电商网购平台也能够利用菜鸟云仓提供的数据平台开展高效经营。

3. 菜鸟构建乡村末端网点设施资源的共享模式

作为连接农产品出村进城、消费品下乡进村的重要纽带，农村末端快递站点面临站点综合成本高、网点盈利难等问题，一定程度上影响了"快递进村"服务的质量。菜鸟率先探索乡村共同配送，将末端站点建设作为工作重点，不断扩大末端共配站点规模，在应用数字化技术助力末端站点降本增效的同时，借助商业化模式推动末端站点运营更加可持续，真正让末端站点"活"起来。

多站合一降低配送成本 针对乡镇末端快递服务网点分布较为分散，各快递企业分拣设备及配送网络并不通用所带来的农村物流配送成本较高的问题，菜鸟启动建设共配项目，联合数千家县城快递企业，积极推动县域快递网络"多站合一"，多家快递公司末端网点实现一体运营，共同配送。着力建设覆盖县、乡、村的三级快递共配网络，通过模式撮合、技术支持和商业赋能等措施，帮助多个快递品牌实现分拨、运输、配送、信息系统和服务标准"五统一"。积极引入电商、商超、直播等业态，打造"工业品下行"和"农产品上行"的双向流通渠道，畅通农村"首末1公里"。据测算，菜鸟共配项目可帮助县域共配快递企业降低综合运营成本30%～50%。共配项目能够降低车辆及人员成本，避免不同快递公司间恶意压价，同时可以清晰了解当天需要配送的快递量，站点可根据快递量决定往返县级共配中心拉货的次数，有效避免车辆空驶情况。截至2022年12月底，菜鸟在全国1200多个县，支持了数千家快递企业建设县乡村三级共配站点4.7万个（其中，城乡公共服务站3.7万个、村级公共服务站1万多个），与淘宝直播合作定期开展"村播"活动，帮助"袁米"、脆柿、黄桃等农产品卖断货，让快递从"送包裹"转向"产包裹"。

数字化改造提升派件效率 菜鸟不断增强对县域共配项目的数字化技术以及设备研发应用能力，投入资金支持农村共配末端站点数字化改造，让农村物流服务更优质。菜鸟在乡村共配系统、智能硬件等业务场景投入近亿元资金，研发升级溪鸟共配系统、云监控、智能数字大屏、共配中心自动化分拣等多项IoT软硬件，用于末端共配站点的智能化改造和升级。末端站点能够实现不同品牌快递间的混扫混派，有效节约了人力成本，包裹派件及用户取件效率得到有效提高。同时，持续布局"AI+物流"，升级县域快递处理中心解决方案，其自主研发的直线窄带分拣机和无人车已在多个县域快递处理中心及网点部署，

分拣效率显著提升,网点运输成本下降30%。截至2025年3月,菜鸟无人车已经在浙江、山东和陕西等地的乡村投入使用,在县域快递中心,"菜鸟自动化分拨+菜鸟无人车"已经成为一种新标配。

"共配+社区电商"助力站点增收 2021年12月,劳动经济学会就业促进专业委员会发布了《2021年快递下乡进村报告》,指出末端快递网点综合收益低是快递下乡进村绕不过的坎。为增强末端快递站点的活力,菜鸟不断探索农村快递站点商业化运营模式,通过"共配+社区电商"方式为主的"淘菜菜"销配一体业务解决乡村末端站点寄件量少,站点仅凭快递服务收入难以支撑持续运营的问题。末端网点除快递服务外,同时拓展了社区团购、在末端站点免费提供广告一体机等商业化功能,菜鸟对拓展社区团购功能的站点开展全方位扶持,商业化业务已覆盖我国17个省、200多个县、2000多个乡镇,助力末端网点增收。

三、菜鸟供应链推动共享经济发展评述

(一)推动仓储物流模式共享

通过整合物流资源和信息技术,菜鸟驿站云仓为用户提供仓储、分拣和配送等全方位服务,不仅解决了传统仓库空间和租金的问题,还提供了灵活的分拣能力和快速便捷的配送服务。

一是带来业主和需求方身份的转变。传统的仓储物流企业只是作为服务的提供商,在共享仓储物流模式下,则变成了业务的经营商角色,提供的功能也更加广泛,不再局限于仅仅依靠仓库场地收租、物流订单配送收费;两者相互结合,仓储企业可以运用自己的客户资源优势提供给物流供应商,发展更多的客户资源。物流客户企业也可以将自己的信息链连接到仓储数据平台,在大数据技术支持下,整合仓库资源配置。

二是共享仓储物流模式能够对行业的仓储、物流资源进行优化配置，帮助仓储物流供应商整合资源，从而节约社会资源。基于实体仓库的资源打造线上的互联网系统，连接全国各业务中心的管理系统，将仓储物流数据和云平台打通，优化企业的仓储物流系统和资源。

三是扎根物流供应链业务场景，持续开展数字化技术创新和应用，研发智能合单等人工智能算法，应用仓储分拨自动化设备和物联网智能硬件等，打造智慧供应链体系，赋能物流全链条各环节，让合作的双方能够在线掌握仓库、物流信息动态，不仅能够实现物流仓储管理的公开化、透明化，还能使仓库内生产、加工、调货等作业实现共享，让企业大大降低对仓库、物流建设的成本投入，实现物流供应链降本增效。

（二）推动物流技术装备资源创新共享

物流技术与装备分类众多，是重要的物流资源。随着信息技术的发展，菜鸟充分利用物流技术装备共享理念，开展物流资源共享创新模式。

一是自动化物流系统服务共享。借助资本运作模式，建设共享的自动化物流系统，并利用自身技术优势开展共享服务，按存储的物流量和出入库频次收取物流费用。

二是物流技术与产品的共享。物流包装领域的物流周转箱、托盘等的循环共用，实现了托盘资源的有效利用以及物流效率的大幅度提升。通过共享创新技术，发布电子面单、智能分单、五级地址库等一批技术产品，物流业的传统运作方式得以改进，大幅提升了电商包裹配送效率。联合部分快递企业推出电子面单平台，向全社会开放，将电商商家与快递物流的对接模式，从"$N—N$"（多对多）变为"$N—1—N$"，使商流与物流的衔接更加高效，电商物流的运作效率大幅提升。率先推出物流云平台，为物流企业提供了安全稳定的云设施环境，帮助企业沉淀大数据，提供多样化智能产品，有效降低物流企业 IT 成本，大幅提升与电商平台的数据对接效率。

（三）畅通智能化全球供应链运营网络

作为全球化的智慧供应链服务企业，菜鸟持续致力于通过物流技术和模式创新，推动物流行业的数智化转型升级，提升跨境物流效率与韧性，实施精准匹配，降低信息不对称，对抗延缓产业链供应链外迁，推动中国企业借网出海（无须外迁就高效触达全球市场），并吸引国际品牌来华投资。一方面，聚焦产业化，自建自营国际物流能力，以全托管等能力为支撑让企业获得高性价比服务，推动全球化仓配网布局，以基础设施建设实现供应链服务高性价比。另一方面，菜鸟引领数智化，将互联网技术和产业高度融合，依托智能化技术和专业化的极致运营，创建专线运营模式，以端到端的创新模式实现一杯咖啡的价格运全球。通过大数据算法，菜鸟发挥合单的规模效应，使跨境包裹的物流时效得以提升，单个包裹的物流成本被大幅摊薄。同时，菜鸟开创优选仓模式，实现单量、运力、时效、成本四要素组合与优化，高效解决了中国产业链供应链在国际竞争中跨境供应链成本高、时效低的两大痛点，对降低企业的综合成本、提升企业的国际竞争力，助力中国产业升级和掌控主导权有显著的促进作用和较高的战略价值。

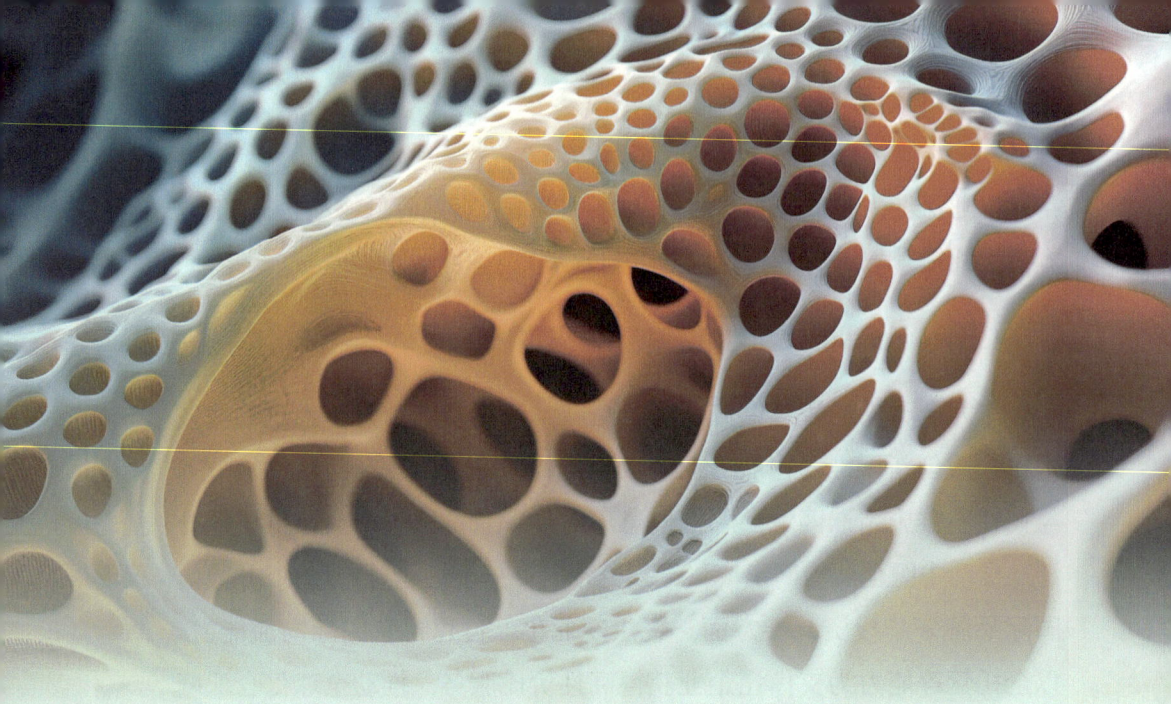

第九章

新兴产业崛起：绿色创新发展二十载

20年来，"两山"理念在中国大地上催生出产业革命的璀璨之花。在"绿水青山"向"金山银山"的转化中，制造业和服务业相互支持，将"绿色"贯穿经济发展主线；绿色金融发挥调节经济杠杆的作用，推动经济转型创新；数字经济以数据资源为关键要素优化全社会资源管理；电动汽车是绿色转型创新的支柱产业。总之，制造业和服务业共同构建起绿色发展的立体化创新矩阵。当生态价值与经济价值在技术创新中深度交融，中国以系统化转型方案回答了人类可持续发展的时代命题。

第一节
绿色金融——打造低碳创新新引擎

一、绿色金融发展的成就

我国构建了全球最完整的绿色金融政策体系。自2016年中国人民银行、财政部等七部委联合印发《关于构建绿色金融体系的指导意见》以来，我国已形成"三大功能、五大支柱"的制度框架。三大功能是：充分发挥资源配置作用，管理气候变化相关风险，在碳中和约束下促进碳价格发现；五大支柱是：绿色金融标准体系、金融机构监管和信息披露、政策激励约束体系、绿色金融产品和市场体系、绿色金融国际合作。截至2024年，我国省级行政区均已出台地方绿色金融条例。《深圳市金融机构环境信息披露指引》的发布，标志着深圳率先建立了金融机构环境信息披露强制制度。

截至2024年四季度末，我国本外币绿色贷款余额36.6万亿元，同比增长21.7%，增速比各项贷款高14.5个百分点，全年增加6.52万亿元，与2018年末本外币绿色贷款余额8.23万亿元相比，增长了344.7%。其中，投向具有直接和间接碳减排效益项目的贷款分别为12.25万亿元和12.44万亿元，合计占绿色贷款的67.5%。分用途看，基础设施绿色升级产业、清洁能源产业和节能环保产业贷款余额分别为15.68万亿元、9.89万亿元和5.04万亿元，同比分别增长19.8%、25.6%和19.6%，全年分别增加2.6万亿元、2.02万亿元和8244亿元。

分行业看，电力、热力、燃气及水生产和供应业绿色贷款余额 8.85 万亿元，同比增长 20.9%，全年增加 1.52 万亿元；交通运输、仓储和邮政业绿色贷款余额 5.92 万亿元，同比增长 11.5%，全年增加 6145 亿元[①]。

截至 2024 年年末，国内市场累计发行绿色债券 2669 只，发行规模共计 4.16 万亿元。2024 年，国内市场共发行 477 只绿色债券，规模达 6814.32 亿元，较 2023 年发行规模同比减少 18.59%，发行只数增加 0.21%，规模有所回落，数量小幅增加。2024 年，绿色债券占整体债券市场发行规模的 0.85%，较上年降低 0.32 个百分点；绿色债券发行只数占整体债券市场的比例为 0.92%，较上年下降 0.01 个百分点。

截至 2024 年 8 月末，绿色保险累计提供保险保障 469 万亿元，同比增加 23.4%，赔款支出 1162.5 亿元，同比增加 77.8%。

在清洁能源领域，2024 年中国投资达 6.8 万亿元（约合 9400 亿美元），接近全球化石燃料投资的 1.12 万亿美元。尽管 2024 年清洁能源投资增速从 2023 年的 40% 放缓至 7%，但该领域对国内生产总值的贡献率提升至 10%。

截至 2024 年 6 月末，碳减排支持工具余额为 5478 亿元，累计支持金融机构发放碳减排贷款超 1.1 万亿元，覆盖市场主体 6000 多家。碳减排支持工具将延长实施至 2027 年末。

2024 年，约 249 家债券发行人发行了 480 只绿色债券，发行总规模约为 6850 亿元；约 100 家基金公司发行了 854 只 ESG 公募基金产品，总规模约为 4379.55 亿元。

2024 年，《中欧可持续金融共同分类目录》（EU-China CGT）的

---

① 我国绿色贷款保持高速增长　本外币绿色贷款余额超36万亿元[EB/OL].（2025-02-19）[2025-04-01]. https://www.gov.cn/lianbo/bumen/202502/content_7004354.htm.

影响力逐步扩大，更多市场监管机构开始对标 CGT。11 月，由中国、欧盟和新加坡共同编制的《多边可持续金融共同分类目录》（MCGT）在《联合国气候变化框架公约》第二十九次缔约方大会期间发布。截至 2024 年末，签署联合国负责任银行原则（PRB）的中资银行有 28 家，签署联合国可持续保险原则（PSI）的中资保险机构有 5 家，签署联合国支持的负责任投资原则（PRI）的中资金融机构有 208 家，签署可持续蓝色经济金融原则的金融机构有 5 家。

二、衢州市探索构建农业碳账户体系

（一）建立农业碳账户体系推动农业绿色低碳转型升级

党的二十届三中全会对全面深化改革作出了系统部署，其中"推动经济社会发展全面绿色转型"成为重要任务之一。碳账户制度的构建是浙江衢州在改革创新中独具代表性的举措，也是助推国家"双碳"战略深入实施的重要路径。

自 2021 年起，衢州率先在全国范围内启动碳账户制度的探索，发布《衢州市碳账户应用场景建设方案》等系列标准规范，并持续进行优化升级，着力打造涵盖碳排放数据采集、核算、分级评价及应用服务的完整平台。聚焦农业领域的绿色低碳发展需求，衢州首创农业碳账户框架，系统整合绿色农业技术措施，推出"碳标签"制度，配套完善绿色导向的政策和监管体系，为农业高质量发展注入新动能。

农业碳账户的核心由"数据收集—碳核算—等级评估"三大环节构成。平台以统一公共数据底座为支撑，整合多领域碳排放数据，形成科学精确、真实可查的农业碳账本。在农业碳中和体系中，主要从传统种植业、畜牧业循环利用和肥料科学施用等维度入手，明确秸秆资源综合利用、土壤碳汇机制、畜禽废弃物再生利用三大碳中和路径，通过定量折算得出碳减排结果，并据此划分"浅绿、中绿、深绿"三级主体，衢州对不同等级主体提供有针对性的政策支持与金融激励。

此外，衢州还创新构建了农业碳账户评价方法和贴标机制，将其与绿色信贷等政策工具挂钩，开发系列碳金融产品，引导农企采用绿色技术，提升生态产品供给能力。在碳汇项目开发方面，针对农业项目普遍存在的实施链条长、成本高、管理烦琐等现实难题，衢州建立起可执行、可推广的农业碳汇操作模式，探索山区农业绿色发展共富新路径。

目前，衢州从生猪、水稻、胡柚、有机肥四大主导产业着手，逐步构建起"产业专属核算标准＋技术操作规程＋政策保障＋实用场景"四位一体的建设框架，系统搭建农业碳数据采集机制，完善核算与评价体系，推动农业"双碳"转型深入开展，发布了国内首个农业碳排放核算与评价地方标准。该碳账户体系已在年出栏 1000 头以上的生猪养殖企业、复种面积超过 100 亩的稻作主体及主要有机肥生产单位实现全覆盖。不同减碳成效对应不同激励力度，形成正向激励机制。

（二）构建农业碳账户体系的核心举措

建设精准碳核算平台　为破解农业碳数据精度不足问题，衢州推动自动化碳数据采集和多源信息整合，贯通农业碳排、碳汇、财政、统计、科技等多个维度，实现数据跨部门协同联动。依托"发改大脑"、能源数据中心、投资平台、产业预警系统等，打通省、市、县、园区和企业五级联动体系，确保农业碳信息的完整采集和动态管理。同步推进数据治理体系建设，规范采集、归集、核算、校验、评价与安全管理等全流程，使碳账户数据合规率提升至95%以上。

推动应用场景多元发展　围绕农业碳账户"应用单一"的短板，衢州推行"一领域一创新、一县一特色"的策略，推动碳金融和能源预算双领域应用深化。同时，结合各地实际发展"零废生活"（柯城）、"装配式建筑碳监管"（衢江）、"低碳邮政农业模式"（龙游）、"智慧牧场"（江山）、"绿色果园管理"（常山）和"森林碳汇项目"（开化）等个性化场景，其中9项已纳入浙江省级试点任务，覆盖多个行业生态。

推进跨层级碳账户共建　衢州与省发改委协同推进农业碳账户体系建设，与浙江"双碳智治平台"实现系统互联互通，共建共享、数据互认，形成全省一体化农业碳管控平台。

构建绿色普惠金融机制　依据农业碳账户等级评估结果，分层次制定配套金融支持政策。对纳入"碳中和清单"的农业经营主体，给予信贷优先、利率优惠和资金保障等绿色金融政策，同时围绕农户实际融资难问题，推动"太阳能光伏、垃圾处理、供水供热"等预期收益质押贷款和"活体抵押"等创新型绿色金融产品，破解农村信用资产不足的瓶颈，提升碳资产的融资能力。

（三）典型案例展示农业碳账户应用成效

常山胡柚绿色低碳发展模式　常山县全面推广胡柚碳账户制度，50亩以上的果园实现碳排自动核算与生态监测，"四色贴标"管理机制广泛推行。当地出台《胡柚低碳栽培技术规程》，推广生草覆盖、还田还林、有机肥替代等一系列碳减排措施，设置"每固碳 1 吨可兑换 1 吨有机肥"的奖补政策，构建可量化、可交易的胡柚碳标签体系，支撑"低碳果园"创建。现已有 66 家胡柚规模主体建立碳账户，年碳排放量超 2000 吨，固碳能力达 2200 吨，实现净吸收约 200 吨。生产企业优质果的比例提升 8%，产量增长 10%。以胡柚为原料的"双柚汁"系列饮品，销售额从 2020 年的 3300 万元跃升至 6 亿元，带动果农人均增收超 5000 万元。

江山低碳牧场模式实践　江山市石后村的浙江天蓬畜业公司打造"智慧化、绿色化、低碳化"现代化养殖场，目前养殖规模达 1.8 万头，利用智能控制和自动化系统实现粪污无害化处理、能量转化及资源循环利用。企业作为首批"农业碳中和深绿名单"成员，在项目建设过程中，依托碳账户金融服务获得 2000 万元绿色贷款，成功推动全国首例农业碳中和贷款项目落地。江山农商行专项推出"农业碳融通"产品，为其提供 5% 的低息贷款，利率较市场价下调 100BP，大幅降低了资金成本，有效助力生猪行业绿色转型。

三、对衢州市农业碳账户体系建设的分析

（一）强化碳账户管理，推动农业向"双碳"转型

农业碳账户体系以"精准管理"促成"系统转型"，推动农业碳排放实现可度量、可管控、可激励。通过这一"小切口"，带动农业生产在清洁技术、生态投入和经营模式上实现"大转型"，释放绿色农业的全新发展潜力。碳中和引导的激励政策体系，加速农业经营主体的技术迭代、模式升级，推动农业领域绿色发展从"要我转"转变为"我要转"。

（二）构建农产品碳标签体系，提升绿色产品附加值

随着我国进入人均 GDP 超过 1 万美元的新发展阶段，居民对生态环境和健康生活的诉求日益强烈。农产品碳标签制度应运而生，不仅能满足绿色消费趋势，还能借助透明的信息标识，培育消费者对低碳产品的价格认可度，提升优质绿色农产品的市场竞争力。

（三）打造多样化低碳农业品牌，满足多层次绿色消费需求

低碳农产品属于典型的"信任品"，消费者难以辨识其低碳属性，易受传统产品冲击。为打破"劣币驱逐良币"的困局，建议从消费者对环保、气候的情感共鸣出发，建立独立低碳品牌；结合地域文化打造区域特色低碳品牌，构建农民、品牌与市场之间的价值共同体，实现绿色农业的长期可持续收益。

（四）推动农业进入碳市场体系，增强市场激励机制

成熟的碳市场能有效体现边际碳成本，为农业经营提供额外收入通道。特别是对边远地区和低收入群体而言，碳收益可成为"生态增收"的新来源。目前，农业在碳市场中主要通过生物质和沼气等项目参与碳抵消市场，但参与广度和效益尚有限。未来需完善农业碳计量体系与方法学，为农业碳汇项目进入市场提供基础支撑。

（五）深化碳账户制度改革，推动市场化应用场景落地

衢州继续推动碳账户向市场化、数字化转型迈进，通过碳账户衍生金融产品、碳配额管理、碳资产交易和绿色能源认证等方式，不断拓展碳账户的使用场景，培育个人与企业绿色行为激励机制，争取成为全省碳普惠试点城市。农业碳账户将不再局限于政府监管工具，而成为市场认可的"绿色信用资产"，真正融入农业产业生态中。

第二节

数字经济——赋能新时代新经济

一、数字经济发展的成就

（一）"十一五"时期的信息产业发展

2005 年，我国信息产业全行业完成总收入 4.4 万亿元，完成增加值 1.3 万亿元，占国内生产总值的比重为 7.2%。年均新增电话用户 1 亿户，固定电话、移动电话用户规模稳居世界第一，互联网上网人数跃居全球第二，全国固定电话和移动电话普及率分别达到 27.3% 和 30%，通电话的行政村比重达到 97.1%。电子信息产业在"十五"期间持续快速发展，销售收入由 6070 亿元增长到 3.84 万亿元，工业增加值由 1330 亿元增长到 9000 亿元，出口额由 550 亿美元增长到 2680 亿美元，占全国出口总额的 35%[①]。

[①] 信息产业"十一五"规划 [EB/OL]．（2007-09-27）[2025-02-15]．https://www.ndrc.gov.cn/fggz/fzzlghgjjzxgh//200709/P020191104623156010398.pdf．

"十一五"期间，我国网民数增长3倍，达到4.57亿人，普及率攀升至34.3%，超过世界平均水平，其中，城市网民达到3.32亿人，农村网民达到1.25亿人。互联网网站数由2005年年底的69.4万个增长至191万个，网页数增长13倍，达到600亿个，容量接近1800TB。应用创新迅猛推进，移动互联网、互动媒体、网络娱乐、电子商务等成为"十一五"期间发展最快、影响最广的领域。截至2010年，IPv4地址总量达2.78亿个，居全球第2位。"十一五"期末，我国建成全球最大的IPv6示范网络。2010年，互联网产业全行业收入规模超过2000亿元[①]。

2010年，我国规模以上电子信息产业销售收入规模7.8万亿元，其中，软件产业收入1.3万亿元。规模以上电子信息制造业工业增加值增长16.9%，实现销售产值63395亿元；规模以上电子信息制造业实现主营业务收入63645亿元；电子信息产品进出口额达10128亿美元；全年规模以上电子信息制造业实现新产品产值14210亿元。截至2010年年底，手机普及率达到64.4%，金融、电力、交通行业应用软件收入增速均超过25%[②]。

（二）"十二五"时期的信息产业发展

"十二五"时期，我国信息化取得显著进步和成就。2015年，信息化发展指数为72.45；集成电路实现28纳米工艺规模量产；信息产业收入规模达到17.1万亿元，年均增长13%；网民数达到6.88亿，年均增长8.5%；互联网普及率达到50.3%；固定互联网宽带接入用户2.1亿户，年均增长10.1%；光纤入户用户1.2亿户，年均增长126.8%；城市家庭宽带接入能力20 Mbps，年均增长38%；农村家庭

---

① 《互联网行业"十二五"发展规划》发布[EB/OL]. (2012-05-04) [2025-02-15]. https://www.miit.gov.cn/xwdt/gxdt/ldhd/art/2020/art_4afde45e52e74032b5a3a8e7398f0c7e.html.

② 工业和信息化部发布2010年电子信息产业统计公报[EB/OL]. (2011-02-12) [2025-02-15]. https://www.gov.cn/gzdt/2011-02/12/content_1801908.htm.

宽带接入能力 4Mbps，年均增长 14.9%；县级以上城市有线广播电视网络双向化率 53%，累计增长 28%；互联网国际出口带宽 3.8 Tbps，年均增长 37.5%；制造业主要行业大中型企业关键工序数（自）控化率 70%，年均增长 6.08%；电子商务交易规模 21.79 万亿元，年均增长 35.5%；中央部委和省级政务部门主要业务信息化覆盖率 90.8%，累计增长 20.8%；地市级政务部门主要业务信息化覆盖率 76.8%，累计增长 36.8%；县级政务部门主要业务信息化覆盖率 52.5%，累计增长 27.5%；电子健康档案城乡居民覆盖率 75%，累计增长 35%；社会保障卡持卡人数 8.84 亿，年均增长 53.7%[1]。

"十二五"时期，电子信息产业平稳增长。销售收入从"十一五"期末的 7.75 万亿元增长至"十二五"期末的 15.43 万亿元，年均增速为 16.6%，电子信息制造业销售收入从 2010 年的 6.39 万亿元稳步增长至 2015 年的 11.13 万亿元；新型显示产业实现跨越式发展，全行业销售收入从 2010 年的 461 亿元增加到 2015 年的 1675 亿元，显示面板出货面积达 4500 万平方米，以面积计算全球占比超过 20%；2011—2015 年，智能家居产业市场规模从 110 亿元增长到 431 亿元，年均增速 40.9%；云计算产业保持高速增长态势，产业规模从 2012 年的 1000 亿元增长到 2015 年的 3500 亿元，年平均增速 51.8%；大数据产业和应用初现端倪，为大数据加快突破发展奠定了良好基础[2]。

2015 年，规模以上电子信息产业企业 6.08 万家，其中，电子信息制造企业 1.99 万家，软件和信息技术服务业企业 4.09 万家。全年完成销售收入总规模达到 15.4 万亿元，其中，电子信息制造业实现主营业务收入 11.1 万亿元，软件和信息技术服务业实现软件业务收入 4.3 万

---

[1] 国务院关于印发"十三五"国家信息化规划的通知[EB/OL].（2016-12-27）[2025-02-15]. https://www.gov.cn/zhengce/content/2016-12/27/content_5153411.htm.

[2] "十二五"期间电子信息产业发展回顾[EB/OL].（2017-08-02）[2025-02-18]. https://www.ndrc.gov.cn/xwdt/gdzt/xyqqd/201708/t20170802_1197811.html.

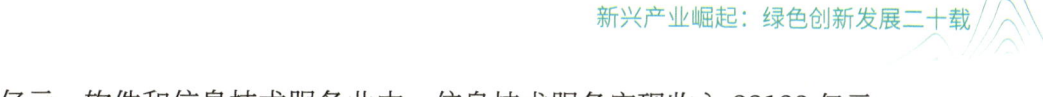

亿元。软件和信息技术服务业中，信息技术服务实现收入22123亿元，集成电路设计实现收入1449亿元①。

（三）"十三五"时期的数字经济发展

2016年，中国数字经济总量达到22.6万亿元，占国内生产总值的比重达到30.3%，数字经济成为带动经济增长的核心动力，数字经济对国内生产总值的贡献率达69.9%。信息通信服务业收入超过2.1万亿元，基于互联网的业务收入突破1.3万亿元，软件和数字技术服务业共完成软件业务收入4.9万亿元。固定宽带覆盖全国所有乡镇和95%行政村，固定宽带用户平均接入速率达到39.2Mbps，实际可用下载速率11.9Mbps；宽带用户普及率达到21.6%，其中，光纤用户占比达76.6%，居全球首位；全国新建4G基站86.1万个，总数达263.2万；4G用户数新增3.4亿，总数达到7.7亿；4G用户占移动电话用户比重达58.2%；蜂窝物联网M2M连接数1.4亿，占全球M2M连接数的35%，位居全球第一；云计算市场规模达493亿元；互联网产业位居全球第二，上市互联网企业总营收达1万亿元，总市值5.2万亿元，电子商务交易额达到21.79万亿元，居全球第一。2005—2016年，数字经济融合部分占数字经济比重由49%提升至77%，占国内生产总值比重由7%提升至23.4%。2016年数字经济基础部分的规模为5.2万亿元，数字经济融合部分规模为17.4万亿元，融合部分占数字经济比重高达77.2%，对数字经济增长的贡献度高达88.2%。2016年，服务业中数字经济占行业比重的平均值为29.6%，工业中数字经济占行业比重的平均值为17.0%，农业中数字经济占行业比重的平均值为6.2%。电子商务市场交易规模20.2万亿元，网络购物市场交易规模为4.7万亿元，互联网支付和移动支付用户数分别为4.9亿和4.4亿，支付交易

---

① 2015年电子信息产业统计公报[EB/OL].（2016-09-12）[2025-02-15]. http://cn.chinagate.cn/reports/2016-09/12/content_39282315.htm.

规模 111.5 万亿元[①]。

2020 年，我国数字经济蓬勃发展，规模达到 39.2 万亿元，占国内生产总值的比重为 38.6%。数字产业化规模达 7.5 万亿元，占数字经济比重的 19.1%，占国内生产总值的 7.3%。产业数字化规模达 31.7 万亿元，占数字经济比重的 80.9%，占国内生产总值的 31.2%。2005—2020 年，数字经济占国内生产总值的比重由 14.2% 提升至 38.6%。2020 年，农业、工业、服务业数字经济渗透率分别为 8.9%、21.0% 和 40.7%，同比分别增长 0.7 个、1.6 个和 2.9 个百分点。电信业务收入完成 1.36 万亿元，3 家基础电信企业的固定互联网宽带接入用户总数达 4.84 亿，其中，100Mbps 及以上接入速率的固定互联网宽带接入用户总数达 4.35 亿；全国行政村通光纤和 4G 比例均超过 98%，电信普遍服务试点地区平均下载速率超过 70M，农村和城市实现"同网同速"。规模以上电子信息制造业实现营业收入同比增长 8.3%，利润总额同比增长 17.2%；通信设备制造业营业收入同比增长 4.7%，利润总额同比增长 1.0%；电子元件及电子专用材料制造业营业收入同比增长 8.9%，利润总额同比增长 63.5%；计算机制造业营业收入同比增长 10.1%，利润总额同比增长 22.0%。软件业务收入 8.2 万亿元，软件产品收入 2.3 万亿元，信息技术服务收入近 5 万亿元，信息安全产品和服务收入 1498 亿元，嵌入式系统软件收入 7492 亿元。规模以上互联网和相关服务企业，完成业务收入 1.3 万亿元；互联网企业完成信息服务收入 7068 亿元，互联网平台服务企业实现业务收入 4289 亿元，互联网接入及相关服务收入 447.5 亿元，互联网数据服务收入 199.8 亿元。数字化消费蓬勃发展，全国网上零售额 1.18 万亿元[②]。

[①] 中国数字经济发展白皮书（2017 年）[EB/OL]. （2018-04-26）[2025-02-15]. https://www.caict.ac.cn/kxyj/qwfb/bps/201804/t20180426_158452.htm.

[②] 中国数字经济发展白皮书 [EB/OL]. （2021-04-23）[2025-02-15]. https://www.caict.ac.cn/kxyj/qwfb/bps/202104/t20210423_374626.htm.

第九章
新兴产业崛起：绿色创新发展二十载

"十三五"时期，软件和信息技术服务业业务收入从2015年的4.28万亿元增长至2020年的8.16万亿元，年均增长率达13.8%，占信息产业比重从2015年的28%增长到2020年的40%；利润总额从2015年的5766亿元增长到2020年的10676亿元，年均增长率13.1%，占信息产业比重从2015年的51%增长到2020年的64%。其中，信息技术服务收入占比从2015年的51.2%增长到2020年的61.1%。新兴平台软件、行业应用软件、嵌入式软件快速发展，基础软件和工业软件产品收入持续增长，产业结构进一步优化。2020年，规模以上企业超4万家，从业人数达704.7万；全国268家软件园区贡献了75%以上的软件业务收入，13家中国软件名城业务收入占比达77.5%，全国4个直辖市和15个副省级中心城市业务收入占全国软件业的比重达85.9%；制造业重点领域企业数字化研发设计工具普及率、关键工序数控化率分别达到73.0%、52.1%，建成具有一定影响力的工业互联网平台近100个，设备连接数量超过7000万，工业App数量突破35万；上云企业数量超百万，软件信息服务消费在信息消费中的占比超过50%[①]。

"十三五"时期，全国工业企业关键工序数控化率、经营管理数字化普及率和数字化研发设计工具普及率分别达52.1%、68.1%和73.0%，5年内分别增加6.7个、13.2个和11个百分点，制造业数字化转型不断加速[②]。

截至"十三五"期末，累计投资建设81个数字农业试点项目，认定210个全国农业农村信息化示范基地，推广426项农业物联网应用成果和模式，带动物联网、大数据、人工智能等新一代信息技术在农

---

① 工业和信息化部关于印发"十四五"软件和信息技术服务业发展规划的通知[EB/OL].（2021-11-30）[2025-02-15]. https://wap.miit.gov.cn/jgsj/xxjsfzs/gzdt/art/2021/art_588d395f8cd44bacb256caa66bb205c0.html.

② 工业和信息化部关于印发"十四五"信息化和工业化深度融合发展规划的通知[EB/OL].（2021-12-01）[2025-02-15]. https://www.gov.cn/zhengce/zhengceku/2021-12/01/content_5655208.htm.

业生产经营各领域各环节融合应用，初步构建农业农村大数据体系，粮、棉、油、糖、畜禽产品、水产品、蔬菜、水果 8 类 15 个品种的全产业链大数据试点取得初步成效，建成运营益农信息社 45.4 万个[①]。

（四）"十四五"以来的数字经济发展

2023 年，我国数字经济加速发展，规模达 53.9 万亿元，占国内生产总值的 42.8%，数字经济增长对国内生产总值增长的贡献率为 66.45%。数字产业化、产业数字化占数字经济的比重分别为 18.7%、81.3%，数字产业化规模为 10.09 万亿元，产业数字化规模为 43.84 万亿元。一二三产业数字经济占行业增加值的比重分别为 10.78%、25.03%、45.63%。2023 年，电信业完成业务收入 1.68 万亿元，2024 年上半年为 8941 亿元。截至 2024 年 6 月，具备千兆网络服务能力的 10GPON 端口数达 2597 万个，形成覆盖超 5 亿家庭的能力。截至 2023 年年底，3 家基础电信企业为公众提供的数据中心机架数达 97 万架，可对外提供的公共基础算力规模超 26EFlops。2023 年，数据中心、云计算、大数据、物联网等新兴业务共完成业务收入 3564 亿元，占电信业务收入的比重为 21.2%。全国软件和信息技术服务业规模以上企业超 3.8 万家，累计完成软件业务收入 12.3 万亿元。规模以上互联网企业完成互联网业务收入 1.7 万亿元，实现利润总额 1295 亿元。截至 2023 年 12 月，网络视频用户规模为 10.67 亿人，其中，短视频用户规模为 10.53 亿人。2023 年，规模以上电子信息制造业实现营业收入 15.1 万亿元，智能手机产量 11.4 亿台，微型计算机设备产量 3.31 亿台，集成电路产量 3514 亿块。光伏产业总产值超过 1.7 万亿元，全国锂电池总产量超过 940GWh，行业总产值超过 1.4 万亿元。

---

① 农业农村部关于印发《"十四五"全国农业农村信息化发展规划》的通知[EB/OL]. (2022-03-09) [2025-02-15]. http://www.moa.gov.cn/govpublic/SCYJJXXS/202203/t20220309_6391175.htm.

截至2023年年底，我国已建成62家"灯塔工厂"，占全球"灯塔工厂"总数的40%，培育了421家国家级智能制造示范工厂、万余家省级数字化车间和智能工厂。截至2023年11月，国产大模型有188个，其中通用大模型27个。截至2023年年底，网络购物、网上外卖、网约车、互联网医疗的用户分别达到9.15亿、5.45亿、5.28亿和4.14亿户。全国网络零售市场规模2022年达到15.4万亿元，电子商务交易额2024年达46.8万亿元，2023年跨境电商进出口规模达2.38万亿元，2023年1—8月可数字化交付的服务贸易规模达1.81万亿元人民币。农业信息化率超过25%，农业科技进步贡献率超过62%[①]。

2024年，我国制定实施了数字经济高质量发展政策，印发了国家数据基础设施建设指引，深入实施"东数西算"工程，推动构建全国一体化算力网，加快完善数据基础制度体系，深入实施"数据要素×"行动，大力培育全国一体化数据市场。我国数据总量和算力总规模稳居全球第二位。数据产业孕育兴起，催生一批数智应用新产品新服务新业态。数字化转型工程深入实施。智慧农业建设取得积极进展。服务业数字化扩面提质，数字文化、智慧旅游场景更加丰富。2024年，我国数字经济核心产业增加值占国内生产总值的比重达10%左右[②]。

二、阿里云数字化创新推动数字经济发展

（一）数字化创新的战略逻辑与核心动因

1. 技术危机倒逼：从生存需求到自主可控的必然选择

阿里云的诞生源于一场关乎存亡的技术自救。2008年前后，阿里

---

① 中国数字经济发展研究报告（2024年）[EB/OL].（2024-08-27）[2024-12-15]. https://www.caict.ac.cn/kxyj/qwfb/bps/202408/t20240827_491581.htm.

② 关于2024年国民经济和社会发展计划执行情况与2025年国民经济和社会发展计划草案的报告[EB/OL].（2025-03-13）[2025-03-14]. https://www.gov.cn/yaowen/liebiao/202503/content_7013429.htm.

巴巴电商业务的爆发式增长让传统 IOE 架构陷入崩溃边缘。彼时，淘宝"双 11"峰值流量高达 583K TPS，传统架构的扩容成本与性能瓶颈已无法支撑业务需求。更严峻的是，依赖海外技术存在"断供"风险，数据主权问题成为悬在头顶的达摩克利斯之剑。马云曾直言："如果继续依赖 IOE，光是维护费用就能让阿里破产。"这种危机催生了阿里云"飞天"操作系统的研发。2009 年，王坚团队在质疑声中开启技术攻坚，目标是构建完全自主的云计算架构。初期技术路径的摇摆暴露了创新试错的高昂代价，但 2013 年突破"5K 集群"技术瓶颈后，飞天系统不仅支撑了淘宝核心交易，更推动阿里集团全面"去 IOE 化"。这一过程揭示了一个残酷现实：在核心技术领域，自主创新不是选择题，而是生存必答题。如今的飞天系统已覆盖全球 29 个公共云区域，服务超过 200 个国家和地区的企业，成为全球少数实现超大规模集群调度的技术体系。

2. 行业竞争驱动：从跟随者到规则制定者的生态博弈

全球云计算市场的竞争本质是生态话语权的争夺。面对亚马逊 AWS、微软 Azure 的先发优势，阿里云选择了一条差异化路径：以中国市场特有的"极限场景"锤炼技术，再通过全球化布局输出能力。中国市场的特殊性（如"双 11"购物节单日处理 10 亿个包裹）、菜鸟物流管理数十亿级库存（为阿里云提供了独特的技术试验场），这些场

景锻造的分布式架构、弹性计算能力，成为其服务出海企业的核心优势。例如，宇树人形机器人通过阿里云实现全球设备协同，其春晚表演视频在 YouTube 获得 180 万次播放量，背后依赖的正是阿里云覆盖"3200+

边缘节点"的全球网络。这种"认知盈余"不仅体现在技术层面,更反映在行业标准制定上。阿里云通过开源策略构建生态壁垒,"通义千问"大模型衍生模型数量突破 10 万个,超越 Meta 的 Llama,成为全球最大开源模型家族。在安全领域,其 Web 应用防火墙(WAF)和 DDoS 防护技术以 27% 的市场份额蝉联国内第一,AI 驱动的云安全中心实现漏洞检测响应时间缩短 70%,形成技术护城河。这种从"产品输出"到"标准输出"的跃迁,标志着阿里云正从技术跟随者转向规则制定者。

3. 战略前瞻布局:从工具提供商到数字经济基座的升维

阿里云的创新已超越单一技术突破,从而转向对数字经济发展范式的重塑。面对 AI 与云计算融合的趋势,其战略重心从"资源型云服务"转向"智能型基础设施"。2025 年启动的"T 项目"聚焦 AI 引擎与多模态技术研发,试图打通大模型训练、部署与应用的全链条能力。与宝马合作开发的车载 AI 引擎、与中国移动共建的算力网络,均体现了"云智一体"的战略意图——将云计算从成本中心转化为价值创造引擎。这种转型的背后是对产业变革的深刻洞察。当传统企业上云需求从"降本增效"转向"业务创新"时,阿里云通过垂直行业解决方案重构价值逻辑。例如,在金融领域,其风控模型将信贷审核时间从 3 天压缩至 3 分钟;在制造业,工业大脑平台帮助某汽车企业将生产线故障率降低 35%。这些案例表明,云计算正从"水电煤"式的基础设施,进化为驱动产业升级的神经中枢。

(二)阿里云的战略布局与核心举措

1. 技术突破:AI 与云计算深度融合,驱动下一代基础设施

近年来,阿里云在 AI 技术研发上持续加码,2025 年启动的"T 项目"是其战略重心之一,聚焦于下一代 AI 核心技术,包括高性能 AI 引擎、超大规模语言模型(LLM)以及多模态交互技术,旨在突破当

前大模型的性能瓶颈，探索跨模态融合的行业应用场景。例如，通过多模态技术，阿里云已在医疗领域实现影像分析与病历文本的智能关联，辅助医生快速诊断；在金融领域，其AI引擎可实时分析市场数据，提升投资决策效率。这一技术布局背后是庞大的资源投入。阿里云计划未来3年内投入超过3800亿元用于云和AI基础设施建设，涵盖算力中心扩建、基础模型平台升级及现有业务的AI转型。例如，其自研的"飞天"操作系统已支持单一集群调度超百万核的算力资源，为全球200多个国家和地区的企业提供弹性计算服务。技术的突破不仅提升了阿里云的市场竞争力，更推动其从"资源型云服务商"向"智能型技术平台"转型。

2. 生态协同：构建开放合作网络，赋能全产业链

阿里云通过优化合作伙伴生态，形成了"技术＋服务＋市场"的协同网络。2024年更新的合作伙伴名单将合作方细分为技术、生态与服务三类，并推出费用减免、技术支持及市场推广等优惠政策。例如，技术合作伙伴可享受高达35%的返点比例，生态合作伙伴则能通过联合解决方案开发共享客户资源。这种分层合作模式吸引了包括宇树人形机器人在内的创新企业。此外，阿里云通过开源策略加速生态扩张。其"通义千问"大模型开源后，衍生模型数量突破10万个，覆盖金融、

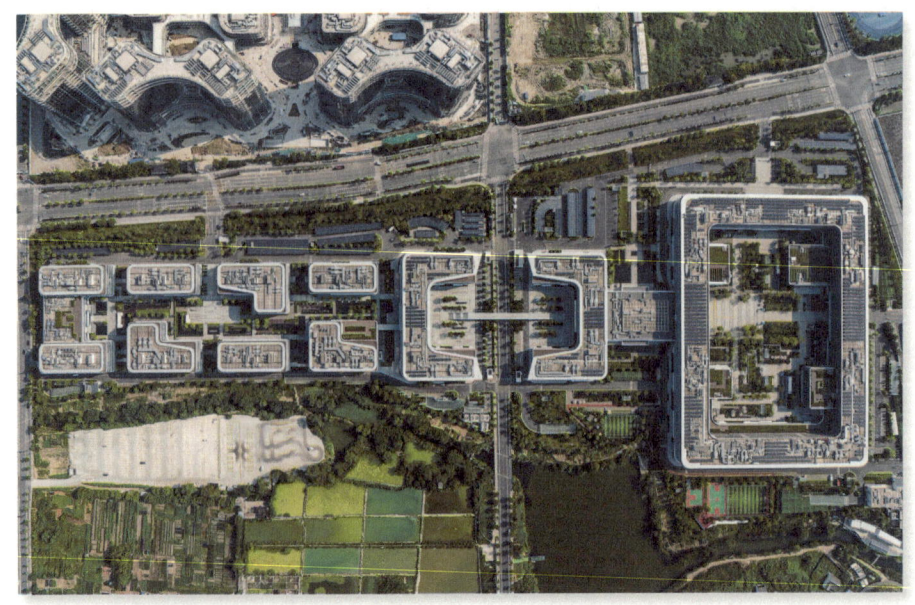

制造、教育等多个领域。开源生态不仅降低了企业使用 AI 的门槛，还通过社区协作推动技术迭代。例如，某电商企业基于开源模型定制了智能客服系统，将用户咨询的响应时间从 5 分钟缩短至 15 秒，同时节省了 60% 的研发成本。这种"共建共享"的生态模式，使阿里云在全球化竞争中逐步掌握了规则制定权。

3. 安全防护：多层级防御体系护航数据资产

面对日益复杂的网络安全威胁，阿里云构建了覆盖"预防—检测—响应"的全链路安全体系。其 Web 应用防火墙（WAF）和 DDoS 防护技术已占据国内 27% 的市场份额，可实时拦截 SQL 注入、XSS 跨站攻击等常见威胁，日均防御攻击次数超 10 亿。在数据保护层面，阿里云采用 SSL/TLS 加密技术保障传输安全，并结合云盘加密功能实现静态数据保护。例如，某金融机构通过阿里云的加密数据库服务，将客户信息泄露风险降低了 90%。针对高级持续性威胁（APT），阿里云的安全态势感知（SAS）服务可实时监控全网风险，生成动态安全评分并提供修复建议。2023 年，某制造业企业通过 SAS 发现并修复了 23 处潜在漏洞，避免了因供应链攻击导致的生产中断。此外，阿里云推出专业安全顾问服务，为企业定制合规方案。例如，协助某跨国企业通过 GDPR 认证，使其在欧洲市场的业务合规成本降低 50%。

4. 成本优化：技术创新与政策激励双轮驱动

阿里云通过技术手段与商业政策双管齐下，帮助企业降低用云成本。技术层面，其数据库透明、冷热分层技术可将存储成本降低 70%，而数据压缩算法则减少了 40% 的带宽占用。某视频平台通过弹性计算资源调度，在流量低谷期自动缩减服务器规模，年节省 IT 支出超 3000 万元。在政策层面，阿里云的返点与优惠措施进一步放大降本效应。2024 年推出的返点政策针对云计算、大数据等核心产品，最高返点比例达 35%。例如，某电商巨头通过与高级代理商合作，累计获得返点优惠超 2 亿元，同时利用弹性备份服务将数据存储成本压缩了 60%。此外，阿里云推出"碳能管家"系统，帮助企业优化能耗。山西临汾双碳产业园通过该系统实现生产工艺的低碳改造，单位产值能耗下降 18%，年节省能源成本超 5000 万元。

三、阿里云数字化创新推动数字经济发展评述

1. 核心技术自主是数字经济的生存底线，更是战略跃迁的支点

阿里云的诞生源于对"IOE 架构"（IBM 小型机、Oracle 数据库、EMC 存储）的颠覆。2009 年，当全球云计算尚处于萌芽阶段时，阿里云便投入自研飞天操作系统，直面超大规模集群调度、弹性计算等核心技术难题。2013 年突破"单集群调度 5000 台服务器"的 5K 瓶颈，标志着中国首次掌握云计算底层架构自主权。这一突破的直接成果是成本的大幅下降——相比传统 IOE 架构，阿里云将服务器资源利用率从 10% 提升至 60%，硬件成本节省超 90%。更深层的启示在于：核心技术自主不仅是成本问题，更是战略安全问题。2020 年美国对华为的芯片断供事件后，阿里云加速推进全栈自研，其倚天 710 芯片基于 ARM 架构，性能超越同期行业标杆 20%，并在 2023 年实现规模化部署。这种未雨绸缪的布局，使其在 2022 年俄乌冲突引发的全球云服务动荡中，成为中东、东南亚企业替代 AWS 的重要选项。截至 2024 年，阿里云在全球公有云市场份额达 7.4%，稳居全球第三位，证明了自主技术路线的商业可行性。

2. 生态共建是技术普惠的关键路径，需平衡开放与治理

阿里云通过开源策略与生态协同，构建了覆盖 300 万开发者的技术网络。其"通义千问"大模型开源后，衍生模型数量突破 10 万个，远超 Meta 的 Llama 系列。在浙江义乌，中小商家利用开源模型定制多语言客服系统，将跨境电商咨询响应效率提升 80%；在贵州山区，农民通过低代码平台开发果园管理应用，病虫害识别准确率从 60%

提升至 95%。这种技术下沉打破了 AI 应用的高门槛，让偏远地区和小微企业共享数字红利。然而，生态开放也需治理平衡。例如，AI 绘画工具虽提升了创作效率，但版权归属与原创性认定问题凸显，需通过区块链等技术建立数字确权机制。阿里云的实践表明，技术普惠需以"开放生态＋合规框架"双轮驱动，既激发创新活力，又规避伦理风险。

3. 安全与效率的平衡决定技术应用的边界

阿里云在全球布局中面临的安全挑战，为数字时代的合规运营提供了范本。其数据安全体系涵盖传输加密（TLS 1.3 协议）、存储加密（云盘加密服务）及隐私计算（联邦学习技术）三层防护，通过了 40 项国际合规认证（包括 GDPR、ISO27001）。在东南亚市场，某电子支付企业借助阿里云的隐私增强计算技术，在保护用户数据的前提下完成跨机构反欺诈分析，将风险识别准确率提升 50%。安全投入并未阻碍效率提升，反而催生了新的商业模式。阿里云推出的"绿色数据中心"通过液冷技术将能源使用效率（PUE）降至 1.09，低于行业平均 1.5 的水平。在浙江千岛湖数据中心，湖水自然冷却系统每年节省用电量 3000 万度，相当于减少 2.5 万吨碳排放。这种"安全—效率—可持续"的三角平衡，重新定义了技术伦理的实践标准。

4. 全球化需"技术适配＋本地化深耕"双轨并行

阿里云的全球化战略并非简单复制国内模式，而是通过技术适配与本地化服务构建竞争力。例如，为满足中东市场对伊斯兰金融合规的要求，阿里云在迪拜数据中心部署了符合《沙里亚法》的金融云架构；在欧洲，其"灵动数据库"技术优化数据存储逻辑，帮助汽车企业降低 20% 的跨境数据管理成本。这种"一套技术栈，多国合规化"的策略，使其在 2023 年成为东南亚市场份额增长最快的云服务商。同时，阿里云也通过输出中国经验赋能发展中国家。在非洲，阿里云联合当地电信运营商建设了低成本边缘计算节点，将云计算服务价格降低 40%，推动数字鸿沟的弥合。

5. 技术需回归产业本质，驱动虚实融合的深度变革

阿里云的行业解决方案彰显了技术赋能产业的务实逻辑。在汽车领域，其与小鹏汽车合作的"扶摇"智算中心，将自动驾驶模型训练速度提升 170 倍，成本降低 50%；在环保行业，AI 控制的垃圾焚烧系统使发电效率提升 23%，年增绿电 3.6 亿度；在生物医药领域，与深势科技联合推出的药物计算平台，将研发周期从 5 年缩短至 18 个月。这些案例揭示了数字技术的核心价值：不是颠覆传统行业，而是通过"数据 + 算法"重构生产流程，实现从经验驱动到智能决策的跃迁。正如阿里云的张翅所言，数字经济催生了"广义产业互联网"，其本质是通过技术连接产业链各环节，形成协作网络。

第三节

电动汽车——开拓碳中和新赛道

一、新能源汽车产业发展的成就

（一）"十一五"时期的新能源汽车产业

"十一五"时期，我国新能源汽车产业处于起步和探索阶段。2009 年，13 个城市开展节能与新能源汽车示范推广试点工作，鼓励在公交、出租、公务、环卫和邮政等公共服务领域率先推广使用节能与新能源汽车。2010 年，节能与新能源汽车年产量为 7181 辆；41 个重点城市已建成电动汽车充电站 76 座，华东地区一些城市的建设

力度较大。

（二）"十二五"时期的新能源汽车产业

"十二五"时期，我国新能源汽车市场推广初见成效，新能源汽车进入产业化初期阶段。新能源汽车技术取得重大进步，动力电池性能大幅提升，电动汽车成本下降明显。新能源汽车产业链不断完善，关键零部件配套能力不断提高。初步建立较为完备的新能源汽车政策支持体系，涵盖技术研发、生产制造、市场推广以及充电环境等产业链环节。新能源汽车的商业模式持续创新，新型商业模式不断涌现。

2011年以来，新能源汽车销量增长迅猛，2014年和2015年同比增速均超过300%，2014年全国新能源汽车销量占汽车销量比例突破1%，2015年新能源汽车销量突破33万辆，占全球新能源汽车销量近60%的份额，我国成为全球最大的新能源汽车市场。

"十二五"初期，插电式混合动力汽车的销售占比约为10%，2014年插电式混合动力汽车同比增速达882%，占比超过1/3。新能源商用车和乘用车在2014年和2015年的增速均超过200%，新能源商用车在2015年的占比超过1/3。新能源汽车销量超过100辆的城市从2011年的7个增加到了2015年的80个。2011年销售的新能源汽车39个车型，2015年达到356个车型。2013年，市场上的新能源乘用车有20款产品，2015年已增长至58款。2015年全球排名前十的纯电动车中，有6款中国自主品牌产品，插电式混合动力汽车中有3款自主品牌产品。

"十二五"期末，动力锂电池技术有了大幅提升，正负极材料技术及产业水平已进入世界前列，部分企业已经作为国际主流供应商给国内及国际主要电池企业供货。到2015年年底，国内新能源汽车在车用驱动电机的共性基础技术上取得了一系列突破。"十二五"期末，主要动力电池企业产能已达到330亿瓦时。2015年，为新能源汽车提供配套的动力电池供应商超过 140 家，总配套量达到 156 亿瓦时。"十二五"期间，锂电池正极材料行业不断发展壮大，2014 年市场规模已达 95 亿元。2015 年，正极材料出货量达 9.6 万吨，占全球正极材料出货量的 55%。2015 年，为新能源汽车提供配套的驱动电机供应商超过 154 家，总配套量近 40 万台套，初步建立了完整的新能源汽车产业链[①]。

截至 2015 年年底，全国共建成充换电站 3600 座，公共充电桩 4.9 万个。

（三）"十三五"时期的新能源汽车产业

"十三五"时期，我国新能源汽车产销量快速增长，2015 年以来连续 5 年位居全球第一，累计推广超过 480 万辆（约占汽车总保有量的 1.7%），占全球的 50% 以上。新能源汽车企业在电池、电机、电控等核心技术创新方面取得了可喜成果，动力电池技术水平处于全球领先行列，单体能量密度达 270 瓦时／千克，价格 1.0 元／瓦时，较 2012 年分别提高 2.2 倍，下降 80%。新能源汽车产品供给质量持续提升，量产车型续航里程达到 500 千米以上。截至 2020 年 8 月，全国累计建设充电站 4.1 万座，换电站 462 座，各类充电桩 138 万个[②]。

（四）"十四五"以来的新能源汽车产业

2021 年，新能源汽车产销分别完成 354.5 万辆和 352.1 万辆，同比均增长 1.6 倍，市场占有率达到 13.4%，高于上年 8 个百分点。其中，纯电动汽车产销分别完成 294.2 万辆和 291.6 万辆，同比分别增

---

① "十二五"期间新能源汽车产业发展回顾 [EB/OL]. （2017-12-21）[2025-02-18]. https://www.ndrc.gov.cn/xwdt/gdzt/xyqqd/201712/t20171221_1197831.html.

② 回眸"十三五"：我国新能源汽车产业发展迈入新阶段 [EB/OL]. （2020-10-20）[2025-02-18]. https://www.miit.gov.cn/ztzl/rdzt/sswgyhxxhfzhm/xyzl/art/2020/art_ead16645b99a4e82ac3e93a2d6c008cc.html.

长 1.7 倍和 1.6 倍；插电式混合动力汽车产销分别完成 60.1 万辆和 60.3 万辆，同比分别增长 1.3 倍和 1.4 倍。中国品牌新能源乘用车销售 247.6 万辆，同比增长 1.7 倍，占新能源乘用车销售总量的 74.3%。全年实现新能源汽车出口 31 万辆，同比增长 3 倍多，超过了历史累计出口总和。截至 2021 年年底，累计建成充电站 7.5 万座，充电桩 261.7 万个，换电站 1298 个，在全国 31 个省市区设立动力电池回收服务网点超过 1 万个[①]。

2022 年，新能源汽车产销分别完成了 705.8 万辆和 688.7 万辆，同比分别增长了 96.9% 和 93.4%，连续 8 年保持全球第一；新能源汽车新车的销量达到汽车新车总销量的 25.6%。量产动力电池单体能量密度达到 300 瓦时/千克，处于国际领先水平。驱动电机的峰值功率密度超过 4.8 千瓦/千克，最高转速达到 1.6 万转/分。在激光雷达、人工智能芯片、智能座舱等方面，技术也得到了较大突破，达到了国际先进水平。自主品牌新能源乘用车国内市场销售占比达到了 79.9%，同比提升 5.4 个百分点；新能源汽车出口 67.9 万辆，同比增长 1.2 倍。全球新能源汽车销量排名前 10 的企业集团中，我国占了 3 席，动力电池装机量排名前 10 的企业中，我国占 6 席。截至 2022 年年底，全国累计建成充电桩 521 万个、换电站 1973 座，其中，2022 年新增充电桩 259.3 万个、换电站 675 座，充换电基础设施建设速度明显加快。累计建立动力电池回收服务网点超过 1 万个，基本实现就近回收[②]。

2023 年，新能源汽车产销分别完成了 958.7 万辆和 949.5 万辆，同比分别增长 35.8% 和 37.9%，新能源汽车新车销量达到汽车新车总

---

① 工信部举行 2021 年汽车工业发展情况新闻发布会[EB/OL].（2022-01-13）[2025-02-18]. https://www.miit.gov.cn/jgsj/zbys/qcgy/art/2022/art_cb78a63a1bb54a56b009db8ab6da720a.html.

② 国务院新闻办举行发布会 介绍 2022 年工业和信息化发展情况[EB/OL].（2023-01-19）[2025-02-18]. https://www.gov.cn/xinwen/2023-01/19/content_5737929.htm.

销量的 31.6%。单体能量密度 360 瓦时 / 千克的半固态电池实现了装车应用，车规级大算力芯片性能大幅提升，集成各种先进技术的爆款产品频出。全年新能源汽车出口 120.3 万辆，同比增长 77.6%，动力电池出口 127.4 吉瓦时，同比增长 87.1%[①]。截至 2023 年年底，我国充电基础设施总量达 859.6 万台，同比增长 65%；全国共有 6328 个服务区配建了充电设施，占服务区总数的 95%；北京、上海、河北、安徽等 15 个省市的高速公路服务区，已全部具备充电能力；广东、广西、海南、江苏、湖北等 12 个省份已经实现了充电站的"县县全覆盖"、充电桩的"乡乡全覆盖"[②]。

2024 年，我国新能源汽车产销量分别达 1288.8 万辆和 1286.6 万辆，同比分别增长 34.4% 和 35.5%。新能源汽车新车销量达到汽车新车总销量的 40.9%，较 2023 年提高 9.3 个百分点[③]。我国建成了全链条、完备高效的产业体系，向全球供应了 70% 的电池材料、60% 的动力电池。建成充电桩 1281.8 万个、换电站 4443 座，形成全球最大规模充电网络，15 分钟充电 80% 的快充技术实现量产应用。全国高速公路服务区累计建成充电桩 3.5 万台，覆盖率达到 98%。

2025 年 1 月，我国新能源汽车产销量分别达 101.5 万辆和 94.4 万辆，同比分别增长 29% 和 29.4%，新能源汽车新车销量达到汽车新车总销量的 38.9%[④]。截至 2025 年 1 月底，全国充电基础设施累计为 1321.3 万台，同比上升 49.1%。1 月份，充电基础设施增量为

[①] 国务院新闻办发布会介绍 2023 年工业和信息化发展情况[EB/OL].（2024-01-19）[2025-02-18]. https://www.gov.cn/zhengce/202401/content_6927371.htm.

[②] 国家能源局 2024 年一季度新闻发布会文字实录[EB/OL].（2024-01-25）[2025-02-18]. https://www.nea.gov.cn/2024-01/25/c_1310762019.htm.

[③] 2024 年我国新能源汽车产销量均超 1200 万辆[EB/OL].（2025-01-13）[2025-02-18]. https://www.gov.cn/yaowen/liebiao/202501/content_6998270.htm.

[④] 1 月份我国新能源汽车产销量同比较快增长[EB/OL].（2025-02-17）[2025-02-18]. https://www.gov.cn/yaowen/liebiao/202502/content_7004101.htm.

39.5 万台，同比上升 49.5%。其中公共充电桩增量为 18.1 万台，同比增长 222.5%，随车配建私人充电桩增量为 21.4 万台，同比上升 2.9%。

二、比亚迪的新能源汽车生态变革

（一）能源转型困境引发的生态变革

在 21 世纪初期，工业化的高速发展给我国带来了经济腾飞的机会，但也伴随着严重的生态环境问题。传统工业模式下的高能耗、高污染特征，使经济增长与生态保护之间的矛盾日益尖锐。以汽车产业为例，燃油车尾气排放的二氧化碳、氮氧化物等污染物不仅加剧了空气污染，还显著推高了碳排放水平。

汽车产业作为工业领域碳排放的关键来源，其转型压力尤为突出。传统燃油车不仅依赖不可再生的化石能源，其尾气排放更是城市空气污染的主要元凶。以一辆燃油大巴为例，其污染物排放量相当于 30 辆私家车的总和。这种模式不仅加剧了温室效应，还会导致资源枯竭危机。全球对石油的过度依赖已引发地缘政治冲突和经济波动，而中国作为全球最大的汽车市场，急需通过技术革新打破这一困局。然而，转型之路并非坦途。新能源汽车的核心技术（电池能量密度、充电效率、成本控制等）长期被欧美日企业垄断，国内车企若想突围，不仅需要巨额研发投入，还需重构从原材料到终端产品的全产业链体系。这种"从零到一"的突破，对任何企业而言都是生死攸关的考验。

比亚迪的转型困境正是这一时代的缩影。成立于 1995 年的比亚迪公司，最初以电池制造起家，2003 年收购秦川汽车正式进入汽车行业。然而，在燃油车领域，比亚迪面临传统巨头的激烈竞争，市场地位并不稳固。2008 年，当大多数车企仍在燃油车市场厮杀时，比亚迪已推出全球首款商业化双模电动车,并提出了"太阳能、储能电站、电动汽车"三大绿色梦想。这一超前布局虽具远见,却也意味着巨大的风险:新能源汽车技术尚未成熟,市场接受度低,政策支持有限,企业需在亏损中坚持技术积累。更严峻的是,作为一家中国车企,比亚迪需要攻克被国际巨头把持的"三电系统"(电池、电机、电控),同时应对国内消费者对国产技术的不信任。这种"内外交困"的局面,让比亚迪的绿色转型一度被视为"孤注一掷"的冒险。

与此同时,国家战略的转向进一步放大了企业的转型压力。2020年,中国提出"双碳"目标,要求2030年前实现碳达峰,2060年前达成碳中和。在这一政策背景下,高耗能、高排放的产业面临空前严格的监管,而新能源汽车被明确列为实现碳达峰的关键路径。对比亚迪而言,这既是机遇也是挑战:政策红利为新能源汽车市场注入活力,但技术标准、环保要求的提升也意味着研发成本的激增。例如,车规级芯片、高能量密度电池等核心技术需完全自主化,否则将受制于国际供应链的波动。此外,企业还需应对公众对绿色转型的复杂期待,既要实现环境效益,又不能以牺牲产品性价比为代价。这种多维度的压力,迫使比亚迪必须在技术、管理、战略上实现全面革新。

（二）比亚迪生态变革的主要举措

1. 技术创新推动绿色发展

技术的突破是这场变革的起点。2008年，当比亚迪推出首款双模电动车F3DM时，市场对新能源汽车的认知还停留在实验室阶段。面对续航焦虑、充电设施匮乏等现实困境，比亚迪选择了一条"全产业链自主化"的突围之路。刀片电池的横空出世，彻底改写了动力电池的安全标准——通过取消传统模组结构，电池包体积利用率提升60%，针刺实验中不冒烟、不起火的特性，终结了电动车自燃的行业顽疾。而DM-i超级混动技术的研发，则是一场对燃油车体系的精准狙击：以电为主、油为辅的设计理念，让车辆在亏电状态下仍能保持3.8升/100千米的超低油耗，打破了混动车"有电龙、没电虫"的魔咒。这些技术突破并非孤立存在，它们共同构成了"新能源汽车全场景解决方案"的基石：从私家车到公交巴士，从矿山卡车到港口拖船，比亚迪的产品矩阵覆盖了陆运、海运、特种作业等十二大领域，仅纯电动大巴就在全球70多个国家和地区累计减排二氧化碳超过1600万吨。更深远的影响在于，比亚迪通过垂直整合模式掌控了从锂矿开采、电池

制造到IGBT芯片研发的全链条技术，这种"技术护城河"的构建，让中国新能源产业首次摆脱了"卡脖子"的风险。

2. 全链升级打造零碳工厂

如果说技术创新是绿色转型的引擎，那么生产体系的再造则是这场变革的筋骨。在西安客车工厂，一场静默的革命正在发生：铝合金车身替代传统钢材，重量减轻40%的同时，生产能耗下降25%；轮边电机技术摒弃了传动轴、差速器等复杂机械结构，让驱动系统效率提升至97%。车间屋顶铺满光伏板，年发电量达3000万度，雨水收集系统将废水回用率提升至90%。这些细节构成了"零碳工厂"的微观图景。2022年，该工厂单位产值碳排放较2010年下降了75%，成为全球首个通过SGS碳中和认证的汽车制造基地。这种绿色基因同样渗透到产品全生命周期：每辆比亚迪电动车下线前，都要经历长达720分钟的淋雨测试，确保电池包在暴雨中毫发无损；退役电池则被改造为储能电站，在青海的戈壁滩上，由6000块旧电池组成的108MWh储能系统，每年可减少煤炭消耗1.3万吨。在海南，比亚迪的新能源车队正悄然改变着生态命运：纯电动旅游大巴穿梭于五指山热带雨林，尾气排放归零后，空气中二氧化氮浓度下降37%，曾经因酸雨侵袭而褪色的珊瑚礁，开始重现斑斓色彩。这种生产与生态的共生，证明工业文明并非必然走向"自然的对立面"。

3. 社会责任带动公众参与

企业的绿色转型，终究要回归到人与社会的维度。2021年，比亚迪宣布设立30亿元教育慈善基金，但这笔资金的使用方式耐人寻味——它没有简单地投向硬件建设，而是重点支持"新能源工匠培养计划"，在贵州山区建起12所职业院校，为5000名贫困学生提供从技能培训到工厂实习的完整通道。这种"造血式"公益的背后，是对"绿色就业"的前瞻布局：当传统燃油车维修工面临技术淘汰时，比亚迪的培训体系正在批量制造电池诊断工程师、电控系统调试师等新职业群体。在更广阔的公共领域，比亚迪将产品变成了环保理念的流动展馆。在深圳的"雪山上的对话"艺术项目中，一辆纯电动卡车载着冰川融化监测装置驶向青藏高原，通过实时传输的冰川消融数据，让都市人群直观感受"1℃升温"的生态代价；在杭州，3000辆电动出租车贴上"为地球降温"车贴，乘客扫码即可计算自己的碳足迹并兑换植树额度。这些看似"非典型"的营销，实则将环保意识植入大众日常生活。

4. 绿色方案走向世界舞台

在这场绿色长征中，比亚迪的每一步都伴随着对传统范式的颠覆。当同行还在争论"先有充电桩还是先有电动车"时，比亚迪已建成覆盖全国 300 个城市的"光储充一体化"网络：太阳能车棚日均发电 50 度，储能系统在电价低谷时蓄能，充电桩优先使用绿电。在西藏山南，这种模式让海拔 4500 米的高原小镇首次实现 24 小时不间断供电；在深圳盐田港，76 辆电动重卡配合智能调度系统，使单箱装卸能耗下降 42%。更具战略意义的布局在于全球化视野中的"绿色输出"：在智利阿塔卡马沙漠，比亚迪建设的 100 兆瓦光伏电站为锂矿开采提供清洁电力，破解了"绿色电池却用肮脏能源生产"的悖论；在挪威卑尔根，由 12 艘比亚迪电动渡轮组成的舰队，每年减少 2.4 万吨燃油消耗，让"零排放峡湾之旅"从环保口号变为旅游名片。这些跨地域、跨产业的实践，共同编织出一张"可持续商业生态网"，证明环境保护与经济效益能够实现螺旋式上升。

三、比亚迪的新能源汽车生态变革评述

（一）技术创新是生态经济的核心驱动力

比亚迪的崛起，本质上是一场以技术突破为支点的生态变革。当传统车企还在燃油发动机的改良中寻找出路时，比亚迪已投入 542 亿

元研发资金，构建起覆盖电池、电机、电控的全产业链技术壁垒。刀片电池通过结构创新将能量密度提升 50%，第五代 DM 技术实现百公里油耗 2.9 升，这些突破不仅降低了新能源汽车的使用成本，更将每千米碳排放从燃油车的 200 克压缩至纯电车的零排放。这种"技术鱼池"战略，让比亚迪在"绿水青山"中掘出了真正的"金山银山"。2024年，其新能源汽车累计行驶里程超 1500 亿千米，相当于植树 5.04 亿棵，而企业净利润却逆势增长 34%，市值突破万亿元。这印证了一个真理：生态经济的竞争力，不在于对自然资源的掠夺性开发，而在于通过科技创新将环境成本转化为技术红利。

（二）全产业链协同是绿色转型的必由之路

比亚迪的零碳工厂与循环经济模式，揭示了现代工业体系重构的可能性。在西安工厂，光伏发电覆盖 85% 的能源需求，退役电池被改造成储能电站，雨水回收系统使水资源利用率达 90%。这种从锂矿开采到电池回收的闭环管理，使单位产值碳排放较 2010 年下降了 75%，更带动上游 4000 余家供应商实施节能改造，累计减少二氧化碳排放 21 万吨。这种"链主效应"表明，单一环节的环保措施难以应对系统性生态挑战，只有将绿色基因植入从原材料到终端消费的全链条，才能实现"降碳不减产"的质变。正如比亚迪将 ESG 绩效纳入高管考核体系一样，绿色转型需要从战略层面建立跨部门的协同机制，让生态目标成为产业链各环节的共同纲领。

（三）企业战略与国家意志的同频共振创造乘数效应

比亚迪的崛起恰逢中国"双碳"目标的政策窗口期，这种战略共振放大了其绿色实践的社会价值。当国家提出"2030 年碳达峰"目标时，比亚迪同步宣布 2045 年实现全价值链碳中和，并通过"太阳能＋储能＋电动车"三位一体模式，将企业技术路线与国家能源结构调整

深度绑定。这种政企协同不仅加速了技术商业化,更将企业行动升格为国家生态治理的组成部分。中国式现代化是人与自然和谐共生的现代化,企业的环境责任已从被动合规转向主动引领,成为国家生态文明建设的关键力量。

(四)公众参与是生态文明的根基

比亚迪的实践打破了"环保靠政府"的固有认知,比亚迪已通过产品、公益与文化传播构建起全民参与的生态共同体。30亿元教育慈善基金重点支持新能源工匠培养,在贵州山区建立的职业院校,将贫困学生转化为绿色技术人才;而"为地球降温1℃"的公益行动,则让环保意识融入大众的日常生活。更具创新性的是产品设计中的生态叙事——车载无人机实时监测冰川消融,电动出租车变身移动环保课堂,这些举措将冰冷的工业品转化为生态启蒙的载体。当比亚迪车主因阻止污染行为获得企业嘉奖时,个体的环保行动便与企业价值观形成共振,这种"共治共享"的模式,正是"两山"理念从理论走向实践的社会基础。

主要参考文献

[1] 2005中国环境状况公报［EB/OL］.（2006-06-02）[2024-12-05]. https://www.mee.gov.cn/hjzl/sthjzk/zghjzkgb/201605/P020160526558688821300.pdf.

[2] 国务院办公厅关于转发发展改革委生物产业发展"十一五"规划的通知［EB/OL］.（2007-04-23）[2025-02-15]. https://www.gov.cn/zwgk/2007-04/23/content_592879.htm.

[3] 信息产业"十一五"规划［EB/OL］.（2007-09-27）[2025-02-15]. https://www.ndrc.gov.cn/fggz/fzzlgh/gjjzxgh/200709/P020191104623156010398.pdf.

[4] 2005年中国旅游业统计公报［EB/OL］.（2010-11-25）[2024-12-15]. https://zwgk.mct.gov.cn/zfxxgkml/tjxx/202012/t20201215_919579.html.

[5] "十一五"期间林业活力全面迸发 发展亮点纷呈［EB/OL］.（2011-01-17）[2024-12-28]. https://www.gov.cn/gzdt/2011-01/17/content_1786507.htm.

[6] 工业和信息化部发布2010年电子信息产业统计公报［EB/OL］.（2011-02-12）[2025-02-15]. https://www.gov.cn/gzdt/2011-02/12/content_1801908.htm.

[7] 中华人民共和国2010年国民经济和社会发展统计公报［EB/OL］.（2011-02-28）[2024-12-28]. https://www.gov.cn/gzdt/2011-02/28/content_1812697.htm.

[8] "十一五"成就报告：环境保护事业取得积极进展［EB/OL］.（2011-03-10）[2024-12-05]. https://www.gov.cn/gzdt/2011-03/10/content_1821694.htm.

[9] "十一五"中国应对气候变化取得显著成效［EB/OL］.（2011-10-12）[2024-12-20]. https://www.cma.gov.cn/2011xwzx/2011xqhbh/2011xdtxx/201111/t20111109_151385.html.

[10] 积极应对气候变化 大力推进绿色低碳发展［EB/OL］.（2011-10-

31）[2024-12-20]. https://www.cma.gov.cn/2011xwzx/2011xqhbh/2011xdtxx/201111/t20111109_151422.html.

[11] 中国应对气候变化的政策与行动（2011）[EB/OL]. (2011-11-22) [2025-02-11]. https://www.gov.cn/zhengce/2011-11/22/content_2618563.htm.

[12] 国土资源部. 中国矿产资源报告·2011 [R]. 北京, 2011.

[13] 清华大学气候政策研究中心. 中国低碳发展报告（2011—2012）[R]. 北京, 2011.

[14] 工业转型升级规划（2011—2015年）[EB/OL]. (2012-02-10) [2025-02-17]. https://www.gov.cn/gongbao/content/2012/content_2062145.htm.

[15] 风力发电科技发展"十二五"专项规划 [EB/OL]. (2012-04-26) [2024-12-28]. https://www.nea.gov.cn/2012-04/26/c_131552045.htm.

[16] 《互联网行业"十二五"发展规划》发布 [EB/OL]. (2012-05-04) [2025-02-15]. https://www.miit.gov.cn/xwdt/gxdt/ldhd/art/2020/art_4afde45e52e74032b5a3a8e7398f0c7e.html.

[17] 工业节能"十二五"规划 [EB/OL]. (2012-06-25) [2025-02-17]. http://cn.chinagate.cn/economics/2012-06/25/content_25728279_2.htm.

[18] 国务院关于印发节能减排"十二五"规划的通知 [EB/OL]. (2012-06-25) [2025-02-17]. https://www.gov.cn/zhengce/content/2012-08/12/content_2728.htm.

[19] "十一五"时期我国能源发展概况 [EB/OL]. (2012-06-26) [2025-02-18]. https://www.gov.cn/test/2012-06/26/content_2169887_2.htm.

[20] 水利发展规划（2011—2015年）[EB/OL]. (2012-06-26) [2024-12-28]. https://www.nea.gov.cn/131677331_31n.pdf.

[21] 国务院关于印发"十二五"节能环保产业发展规划的通知 [EB/OL]. (2012-06-29) [2025-02-17]. https://www.gov.cn/zhuanti/2012-06/29/content_2624396.htm.

[22] 2010年中国旅游业统计公报 [EB/OL]. (2012-08-07) [2024-12-15].

https://zwgk.mct.gov.cn/zfxxgkml/tjxx/202012/t20201215_919580.html.

[23] 可再生能源发展"十二五"规划[EB/OL]. (2012-08-10) [2025-02-18]. https://news.bjx.com.cn/html/20120810/379617-1.shtml.

[24] 国务院关于印发节能减排"十二五"规划的通知[EB/OL]. (2012-08-22) [2024-12-15]. https://www.gov.cn/gongbao/content/2012/content_2217291.htm.

[25] 太阳能发电发展"十二五"规划[EB/OL]. (2012-09-12) [2024-12-28]. https://zfxxgk.nea.gov.cn/auto87/201209/P020120912536329466033.pdf.

[26] 国务院关于印发全国海洋经济发展"十二五"规划的通知[EB/OL]. (2013-01-17) [2025-02-28]. https://www.gov.cn/zhengce/zhengceku/2013-01/17/content_2572.htm.

[27] 国务院关于印发循环经济发展战略及近期行动计划的通知[EB/OL]. (2013-01-23) [2025-02-15]. https://www.gov.cn/xxgk/pub/govpublic/mrlm/201302/t20130206_65908.html.

[28] 全国生态保护"十二五"规划[EB/OL]. (2013-01-25) [2024-12-05]. https://www.gov.cn/gongbao/content/2013/content_2396624.htm.

[29] "十一五"经济社会发展成就系列报告之十六:我国经济结构调整取得重要进展[EB/OL]. (2013-03-11) [2025-02-15]. https://www.stats.gov.cn/zt_18555/ztfx/sywcj/202303/t20230301_1920376.html.

[30] 陈吉宁. [辉煌十二五] 高举生态文明旗帜 大力推进生态环境保护[EB/OL]. (2015-10-12) [2024-12-05]. https://news.12371.cn/2015/10/12/ARTI1444583725438941.shtml?term=5ci4j.

[31] 国家统计局刊文回顾"十二五"经济社会发展成就[EB/OL]. (2015-11-22) [2024-12-15]. https://www.scdjw.com.cn/article/35291.

[32] 国家信息中心信息化研究部,中国互联网协会分享经济工作委员会. 中国分享经济发展报告·2016[EB/OL]. (2016-02-29) [2025-02-15]. http://www.sic.gov.cn/sic/82/568/0229/6006_pc.html.

[33] 中华人民共和国 2015 年国民经济和社会发展统计公报［EB/OL］．(2016-02-29)［2024-12-28］．https://www.gov.cn/xinwen/2016-02/29/content_5047274.htm.

[34] 林业发展"十三五"规划［EB/OL］．(2016-05-23)［2024-12-28］．https://www.forestry.gov.cn/main/3957/20160523/875431.html.

[35]《工业绿色发展规划（2016—2020 年）》解读之二——大力推进能效提升，加快实现节约发展［EB/OL］．(2016-08-12)［2025-02-17］．https://www.miit.gov.cn/jgsj/jns/gzdt/art/2020/art_adeec81a9b85469f9b2795616e0ccd40.html.

[36]《工业绿色发展规划（2016—2020 年）》解读之三——加强工业节水，提高用水效率［EB/OL］．(2016-08-15)［2025-02-17］．https://www.miit.gov.cn/jgsj/jns/gzdt/art/2020/art_2c1da79efeb7429f8e764c22a0d17074.html.

[37]《工业绿色发展规划（2016—2020 年）》解读之四——切实强化源头预防，扎实推进清洁生产［EB/OL］．(2016-08-16)［2025-02-17］．https://www.miit.gov.cn/jgsj/jns/gzdt/art/2020/art_0cf77e9bc4f946c08ffd511e52d0e025.html.

[38]《工业绿色发展规划（2016—2020 年）》解读之三——加强工业节水，提高用水效率［EB/OL］．(2016-08-17)［2025-02-15］．https://www.chinacace.org/news/fieldsview?id=7641.

[39]《工业绿色发展规划（2016—2020 年）》解读之五——加强工业资源综合利用，持续推动循环发展［EB/OL］．(2016-08-18)［2025-02-17］．https://www.miit.gov.cn/jgsj/jns/gzdt/art/2020/art_89da127f6d254a9d8f045167aa8b49f6.html.

[40] 2015 年电子信息产业统计公报［EB/OL］．(2016-09-12)［2025-02-15］．http://cn.chinagate.cn/reports/2016/09/12/content_39282315.htm.

[41] 2015 年中国旅游业统计公报［EB/OL］．(2016-10-18)［2024-12-15］．https://zwgk.mct.gov.cn/zfxxgkml/tjxx/202012/t20201204_906456.html.

[42] 解振华：2015 年全国单位国内生产总值能耗同比下降 5.6%［EB/OL］．(2016-11-01)［2024-12-20］．https://www.yicai.com/news/5147531.html.

[43] 中国应对气候变化的政策与行动 2016 年度报告［EB/OL］．(2016-

11-02）[2025-02-11]. http://www.ncsc.org.cn/yjcg/cbw/201611/W020180920484681815728.pdf.

[44] 全国生态保护"十三五"规划纲要[EB/OL]. (2016-11-02)[2024-12-05]. https://www.mee.gov.cn/gkml/hbb/bwj/201611/W020161102409694045765.pdf.

[45] 风电发展"十三五"规划[EB/OL]. (2016-11-30)[2024-12-28]. https://www.gov.cn/xinwen/2016-11/30/5140637/files/2bf9f0e12d00443fb99aea2753a5de5a.pdf.

[46] "十三五"生态环境保护规划[EB/OL]. (2016-12-05)[2024-12-15]. https://www.gov.cn/gongbao/content/2016/content_5148753.htm.

[47] 太阳能发展"十三五"规划[EB/OL]. (2016-12-08)[2024-12-28]. https://zfxxgk.nea.gov.cn/auto87/201612/t20161216_2358.htm.

[48] 国家发展改革委关于印发《可再生能源发展"十三五"规划》的通知[EB/OL]. (2016-12-19)[2025-02-18]. https://www.nea.gov.cn/2016-12/19/c_135916140.htm.

[49] 国务院关于印发"十三五"国家信息化规划的通知[EB/OL]. (2016-12-27)[2025-02-15]. https://www.gov.cn/zhengce/content/2016/12/27/content_5153411.htm.

[50] 水利改革发展"十三五"规划[EB/OL]. (2016-12-27)[2024-12-28]. https://www.gov.cn/xinwen/2016/12/27/content_5153465.htm.

[51] 国土资源部. 中国矿产资源报告·2016[M]. 北京：地质出版社，2016.

[52] 国家发展改革委关于印发《"十三五"生物产业发展规划》的通知[EB/OL]. (2017-01-12)[2024-12-15]. https://www.gov.cn/xinwen/2017-01/12/content_5159179.htm.

[53] 地热能开发利用"十三五"规划[EB/OL]. (2017-02-04)[2024-12-28]. https://www.ndrc.gov.cn/xxgk/zcfb/ghwb/201702/W020190905497910773317.pdf.

[54] 全国海洋经济发展"十三五"规划[EB/OL]. (2017-05-04)[2025-02-28].

https://zfxxgk.ndrc.gov.cn/web/iteminfo.jsp?id=419.

[55] 战略性新兴产业"十二五"发展成就及"十三五"规划展望[EB/OL]. (2017-05-04)[2025-02-15]. http://www.sic.gov.cn/sic/82/459/0504/7966_pc.html.

[56] 全国土地整治规划（2016—2020年）[EB/OL]. (2017-05-17)[2024-12-28]. https://www.ndrc.gov.cn/fggz/fzzlgh/gjjzxgh/201705/t20170517_1196769_ext.html.

[57] 工业绿色发展规划（2016—2020年）[EB/OL]. (2017-06-21)[2025-02-17]. https://www.ndrc.gov.cn/fggz/fzzlgh/gjjzxgh/201706/t20170621_1196817.html.

[58] "十二五"期间环保产业发展回顾[EB/OL]. (2017-07-03)[2025-02-18]. https://www.ndrc.gov.cn/xwdt/gdzt/xyqqd/201707/t20170703_1197807.html.

[59] "十二五"期间资源循环利用产业发展回顾[EB/OL]. (2017-08-02)[2025-02-15]. https://www.ndrc.gov.cn/xwdt/gdzt/xyqqd/201708/t20170802_1197808.html.

[60] "十二五"期间生物制造产业发展回顾[EB/OL]. (2017-08-02)[2025-02-18]. https://www.ndrc.gov.cn/xwdt/gdzt/xyqqd/201708/t20170802_1197818.html.

[61] "十二五"期间电子信息产业发展回顾[EB/OL]. (2017-08-02)[2025-02-18]. https://www.ndrc.gov.cn/xwdt/gdzt/xyqqd/201708/t20170802_1197811.html.

[62] "十二五"期间生物农业产业发展回顾[EB/OL]. (2017-08-12)[2025-02-15]. https://www.ndrc.gov.cn/xwdt/gdzt/xyqqd/201708/t20170802_1197817_ext.html.

[63] "十二五"期间新材料产业发展回顾[EB/OL]. (2017-12-21)[2025-02-15]. https://www.ndrc.gov.cn/xwdt/gdzt/xyqqd/201712/t20171221_1197830.html?utm_source=chatgpt.com.

[64] "十二五"期间生物质能产业发展回顾[EB/OL]. (2017-12-21)[2025-02-18]. https://www.ndrc.gov.cn/xwdt/gdzt/xyqqd/201712/t20171221_1197829.html.

[65]"十二五"期间太阳能光伏产业回顾[EB/OL].(2017-12-21)[2025-02-18]. https://www.ndrc.gov.cn/xwdt/gdzt/xyqqd/201712/t20171221_1197828.html.

[66]"十二五"期间风电产业发展回顾[EB/OL].(2017-12-21)[2025-02-18]. https://www.ndrc.gov.cn/xwdt/gdzt/xyqqd/201712/t20171221_1197827.html.

[67]"十二五"期间核电产业发展回顾[EB/OL].(2017-12-21)[2025-02-18]. https://www.ndrc.gov.cn/xwdt/gdzt/xyqqd/201712/t20171221_1197826.html.

[68]"十二五"期间新能源汽车产业发展回顾[EB/OL].(2017-12-21)[2025-02-18]. https://www.ndrc.gov.cn/xwdt/gdzt/xyqqd/201712/t20171221_1197831.html.

[69]中国低碳发展报告编写组.中国低碳发展报告(2017)[M].北京:社会科学文献出版社,2017.

[70]唐小平,栾晓峰.构建以国家公园为主体的自然保护地体系[J].林业资源管理,2017(6).

[71]钟小剑,黄晓伟,范跃新,等.中国碳交易市场的特征、动力机制与趋势——基于国际经验比较[J].生态学报,2017,37(1).

[72]中国数字经济发展白皮书(2017年)[EB/OL].(2018-04-26)[2025-02-15]. https://www.caict.ac.cn/kxyj/qwfb/bps/201804/t20180426_158452.htm.

[73]黄宝荣,马永欢,黄凯,等.推动以国家公园为主体的自然保护地体系改革的思考[J].中国科学院院刊,2018,33(12).

[74]"余村经验"构建乡村新生态[N].法制日报,2019-07-14.

[75]一张蓝图绘到底 绿色发展惠民生[EB/OL].(2019-07-18)[2025-03-28]. https://www.12371.cn/2019/07/18/ARTI1563442107287123.shtml.

[76]关于印发《"十三五"节能环保产业发展规划》的通知[EB/OL].(2020-04-20)[2025-02-17].https://fgw.beijing.gov.cn/fgwzwgk/zcgk/sjbmgfxwj/gjfgwwj/202004/t20200420_1847539.htm.

[77]回眸"十三五":我国新能源汽车产业发展迈入新阶段[EB/OL].(2020-10-20)[2025-02-18].https://www.miit.gov.cn/ztzl/rdzt/sswgyhxxhfzhm/xyzl/

art/2020/art_ead16645b99a4e82ac3e93a2d6c008cc.html.

[78] 国家信息中心分享经济研究中心. 中国共享经济发展报告·2021 [EB/OL]. (2021-02-22) [2025-02-15]. https://www.ndrc.gov.cn/xxgk/jd/wsdwhfz/202102/t20210222_1267536.html.

[79] 中国数字经济发展白皮书 [EB/OL]. (2021-04-23) [2025-02-15]. https://www.caict.ac.cn/kxyj/qwfb/bps/202104/t20210423_374626.htm.

[80] 2020 中国生态环境状况公报 [EB/OL]. (2021-05-26) [2024-12-05]. https://www.mee.gov.cn/hjzl/sthjzk/zghjzkgb/202105/P020210526572756184785.pdf.

[81] "十四五"循环经济发展规划 [EB/OL]. (2021-07-07) [2025-02-15]. https://www.gov.cn/zhengce/zhengceku/2021-07-07/5623077/files/34f0a690e98643119774252f4f671720.pdf.

[82] 中华人民共和国文化和旅游部 2020 年文化和旅游发展统计公报 [EB/OL]. (2021-07-18) [2024-12-15]. https://www.gov.cn/xinwen/2021-07/05/content_5622568.htm.

[83] 中国应对气候变化的政策与行动 [EB/OL]. (2021-10-27) [2025-02-11]. https://www.gov.cn/zhengce/2021-10/27/content_5646697.htm.

[84] 黄平. "向绿而生"蓬勃发展——浙江湖州市治理建设南太湖调查 [N]. 经济日报, 2021-11-01 (9).

[85] 工业和信息化部关于印发"十四五"软件和信息技术服务业发展规划的通知 [EB/OL]. (2021-11-30) [2025-02-15]. https://wap.miit.gov.cn/jgsj/xxjsfzs/gzdt/art/2021/art_588d395f8cd44bacb256caa66bb205c0.html.

[86] 工业和信息化部关于印发"十四五"信息化和工业化深度融合发展规划的通知 [EB/OL]. (2021-12-01) [2025-02-15]. https://www.gov.cn/zhengce/zhengceku/2021-12/01/content_5655208.htm.

[87] 工业和信息化部关于印发《"十四五"工业绿色发展规划》的通知 [EB/OL]. (2021-12-03) [2025-02-17]. https://www.gov.cn/zhengce/

zhengceku/2021-12/03/content_5655701.htm.

[88] 农业农村部　国家发展改革委　科技部　自然资源部　生态环境部　国家林草局关于印发《"十四五"全国农业绿色发展规划》的通知[EB/OL].（2021-12-07）[2024-12-15]. http://www.moa.gov.cn/nybgb/2021/202109/202112/t20211207_6384020.htm.

[89] "十三五"时期经济社会发展的主要成就[EB/OL].（2021-12-25）[2024-12-05]. https://www.ndrc.gov.cn/fggz/fzzlgh/gjfzgh/202112/t20211225_1309689_ext.html.

[90] 国家林业和草原局, 国家发展和改革委员会. "十四五"林业草原保护发展规划纲要[R]. 北京, 2021.

[91] 自然资源部. 中国矿产资源报告·2021[M]. 北京: 地质出版社, 2021.

[92] 中国旅游研究院. 中国入境旅游发展报告2021, 中国出境旅游发展年度报告2021[R]. 北京, 2021.

[93] 水利部. 2020年度《中国水资源公报》[R]. 北京, 2021.

[94] 中国核能行业协会. 中国核能发展报告·2021[R]. 北京, 2021.

[95] 金佩华. 千村故事[M]. 北京: 中国社会科学出版社, 2021.

[96] 金佩华, 杨建初, 贾行甦. 绿水青山就是金山银山理念与实践教程[M]. 北京: 中共中央党校出版社, 2021.

[97] 李腾. 三一重工桩机工厂获评全球重工行业首家"灯塔工厂"[J]. 今日工程机械, 2021（5）.

[98] 金佩华. 新时代中国蚕丝绸文化的功能探析[J]. 湖州师范学院学报, 2021（11）.

[99] 李永华. "智造"三一: 我国重工行业第一座灯塔工厂[J]. 中国经济周刊, 2021（20）.

[100] "十四五"水安全保障规划[EB/OL].（2022-01-12）[2024-12-28]. https://www.gov.cn/xinwen/2022-01/12/content_5667779.htm.

[101] 工信部举行2021年汽车工业发展情况新闻发布会[EB/OL].（2022-01-13）

[2025-02-18]. https://www.miit.gov.cn/jgsj/zbys/qcgy/art/2022/art_cb78a63a1bb54a56b009db8ab6da720a.html.

[102] 王亚华. 以"三权分置"水权制度改革推进我国水权水市场建设 [J]. 中国水利, 2022 (1).

[103] 国家能源局举行新闻发布会 发布2021年可再生能源并网运行情况等并答问 [EB/OL]. (2022-01-29) [2025-02-18]. https://www.gov.cn/xinwen/2022-01/29/content_5671076.htm.

[104] 农业农村部关于印发《"十四五"全国农业农村信息化发展规划》的通知 [EB/OL]. (2022-03-09) [2025-02-15]. http://www.moa.gov.cn/govpublic/SCYJJXXS/202203/t20220309_6391175.htm.

[105] 美丽蝶变展新颜——看木兰溪南岸全域土地综合整治和生态修复"莆田样板" [EB/OL]. (2022-03-22) [2025-03-28]. https://www.putian.gov.cn/zwgk/ptdt/ptyw/202203/t20220322_1712925.htm.

[106] 陈星星. 中国碳排放权交易市场：成效、现实与策略 [J]. 东南学术, 2022 (4).

[107] 金佩华, 陈光矩. "两山"理念与湖州生态文明建设之路 [J]. 社会主义论坛, 2022 (5).

[108] 2021中国生态环境状况公报 [EB/OL]. (2022-05-27) [2024-12-05]. https://www.mee.gov.cn/hjzl/sthjzk/zghjzkgb/202205/P020220608338202870777.pdf.

[109] "十四五"可再生能源发展规划 [EB/OL]. (2022-06-01) [2025-02-18]. https://www.ndrc.gov.cn/xxgk/zcfb/ghwb/202206/P020220602315308557623.pdf.

[110] 金佩华, 马小龙, 朱强. "绿水青山就是金山银山"理念安吉发展报告·2021 [M]. 北京：中国社会科学出版社, 2022.

[111] 金佩华. 陈旉农书的蚕桑生产与经营思想研究 [J]. 湖州师范学院学报, 2022 (9).

[112] 郭志强. 三一重工再添灯塔工厂 中国智能制造标准扬帆出海［J］. 中国经济周刊, 2022（21）.

[113] 一文深度了解2023年中国生物经济行业市场规模、竞争格局及发展前景［EB/OL］.（2023-01-04）2025-02-15］. https://bg.qianzhan.com/trends/detail/506/230104-504186f0.html.

[114] 国务院新闻办举行发布会 介绍2022年工业和信息化发展情况［EB/OL］.（2023-01-19）[2025-02-18］. https://www.gov.cn/xinwen/2023-01/19/content_5737929.htm.

[115] 国家能源局发布2022年可再生能源发展情况并介绍完善可再生能源绿色电力证书制度有关工作进展等情况［EB/OL］.（2023-02-14）[2025-02-18］. https://www.gov.cn/xinwen/2023-02/14/content_5741481.htm.

[116] 国家信息中心信息化和产业发展部, 分享经济研究中心. 中国共享经济发展报告（2023）［EB/OL］.（2023-02-23）[2025-02-15］. http://bigdata.sic.gov.cn/sic/93/552/557/0223/10741.pdf.

[117] 久实, 夏胜为. 皖浙携手共建新安江——千岛湖生态保护补偿样板区［N］. 安徽日报, 2023-06-06.

[118] 金佩华, 杨建初, 贾行甦. 碳达峰碳中和: 中国行动［M］. 北京: 中国财政经济出版社, 2023.

[119] 王弘毅. "新安江模式"何以再聚全国目光？［N］. 安徽日报, 2023-07-20（8）.

[120] 2023年中国生物医药行业全景图谱［EB/OL］.（2023-08-21）[2025-02-15］. https://www.qianzhan.com/analyst/detail/220/230821-54029ec6.html?utm_source.

[121] 金佩华, 蔡颖萍, 王景新, 等. 绿水青山地 美丽南太湖［M］. 杭州: 浙江大学出版社, 2023.

[122] 淳安县人民政府. 共护新安江 共富新十年［EB/OL］.（2023-09-26）[2025-02-17］. http://www.qdh.gov.cn/art/2023/7/18/art_1229660540_1837407.

html.

[123] 叶子. 走进三一重工北京桩机工厂——"钢铁大象"灵动起舞 [N]. 人民日报：海外版，2023-12-05 (5).

[124]《中华人民共和国国民经济和社会发展第十四个五年规划和 2035 年远景目标纲要》实施中期评估报告 [EB/OL]. (2023-12-27) [2024-12-05]. https://www.ndrc.gov.cn/fzggw/wld/zsj/zyhd/202312/t20231227_1362958_ext.html.

[125] 2022 年中国生态环境统计年报 [EB/OL]. (2023-12-29) [2024-12-05]. https://www.mee.gov.cn/hjzl/sthjzk/sthjtjnb/202312/W020231229339540004481.pdf.

[126] 中方提交《中华人民共和国气候变化第四次国家信息通报》《中华人民共和国气候变化第三次两年更新报告》[EB/OL]. (2023-12-30) [2024-12-05]. http://big5.www.gov.cn/gate/big5/www.gov.cn/lianbo/bumen/202312/P020231230296808058475.pdf.

[127] 生态环境部环境与经济政策研究中心，美国环保协会北京代表处. 中国碳达峰碳中和政策与行动（2023）[R]. 北京，2023.

[128] 任以胜，龙一鸣，陆林. 流域生态保护补偿政策对首次场地区水污染强度的影响——以新安江流域为例 [J]. 经济地理，2023，43（11）.

[129] Jin Peihua, Yang Jianchu, Jia Weilie. *Carbon Neutral Policies and Actions in China* [M]. Beijing: China Financial & Economic Publishing House, 2024.

[130] 国务院新闻办发布会介绍 2023 年工业和信息化发展情况 [EB/OL]. (2024-01-19) [2025-02-18]. https://www.gov.cn/zhengce/202401/content_6927371.htm.

[131] 国家能源局 2024 年一季度新闻发布会文字实录 [EB/OL]. (2024-01-25) [2025-02-18]. https://www.nea.gov.cn/2024-01/25/c_1310762019.htm.

[132] 全国碳排放权交易市场建设取得四方面成效 [EB/OL]. (2024-02-26) [2025-02-17]. https://www.gov.cn/xinwen/jdzc/202402/content_6934269.htm.

[133] 2024年中国生物经济产业规模及行业发展前景预测分析［EB/OL］.（2024-04-23）［2025-02-15］. https://cj.sina.com.cn/articles/view/1245286342/4a398fc600101d1ne.

[134] 黄山市委组织部."新安江模式"成功入选全国干部学习培训教材［EB/OL］.（2024-04-30）［2025-02-17］. http://www.hsxfw.gov.cn/xfzx/djxw/9182327.html.

[135] 金佩华, 贾卫列, 等. 新质生产力导论［M］. 北京：中国财政经济出版社, 2024.

[136] 2023中国生态环境公报［EB/OL］.（2024-06-05）［2024-12-05］. https://www.mee.gov.cn/hjzl/sthjzk/zghjzkgb/202406/P020240604551536165161.pdf.

[137] 白雪, 杨秦."水质对赌"赌出生态产品价值实现机制［N］. 中国改革报, 2024-07-08（9）.

[138] 2023年中国资源循环利用产业概况及重点环节分析［EB/OL］.（2024-07-12）［2025-02-15］. https://www.sohu.com/a/792678413_378413.

[139] 生态环境高水平保护支撑农业农村高质量发展——全国农业生态环境保护成就综述［EB/OL］.（2024-07-29）［2024-12-15］. http://agri.china.com.cn/2024-07/29/content_42876839.htm.

[140] 福建生态产品价值实现机制典型经验之莆田市木兰溪治理：生态产品价值实现机制的探索实践［EB/OL］.（2024-08-16）［2025-03-28］. https://fgw.fujian.gov.cn/zwgk/xwdt/sxdt/202408/t20240816_6503087.htm.

[141] 中国数字经济发展研究报告（2024年）［EB/OL］.（2024-08-27）［2024-12-15］. https://www.caict.ac.cn/kxyj/qwfb/bps/202408/t20240827_491581.htm.

[142]《中国的能源转型》白皮书［EB/OL］.（2024-08-29）［2025-02-18］. https://www.nea.gov.cn/2024-08/29/c_1310785406.htm.

[143] 中华人民共和国文化和旅游部2023年文化和旅游发展统计公报［EB/OL］.（2024-09-01）［2024-12-15］. https://www.gov.cn/lianbo/bumen/202409/content_6972211.htm.

[144] 农业发展阔步前行 现代农业谱写新篇——新中国 75 年经济社会发展成就系列报告之二 [EB/OL]. (2024-09-10) [2024-12-15]. https://www.gov.cn/lianbo/bumen/202409/content_6973429.htm.

[145] 木兰溪南岸全域土地综合整治试点入选 [EB/OL]. (2024-09-13) [2025-03-28]. http://fujian.gov.cn/zwgk/ztzl/sxzygwzxsgzx/flsxkmh/202409/t20240913_6517496.htm.

[146] 能源供给保障有力 节能降碳成效显著——新中国 75 年经济社会发展成就系列报告之十三 [EB/OL]. (2024-09-19) [2025-02-15]. https://www.gov.cn/lianbo/bumen/202409/content_6975422.htm.

[147] 生态环境质量持续改善 美丽中国建设全面推进——新中国 75 年经济社会发展成就系列报告之十四 [EB/OL]. (2024-09-19) [2024-12-05]. https://www.gov.cn/lianbo/bumen/202409/content_6975529.htm.

[148] 倾力守护双世遗 人与青山两不负——武夷山国家公园的一山共治与和谐共生 [N]. 中国绿色时报, 2024-10-15.

[149] Jin Peihua, Yang Jianchu, Jia Weilie. *Towards a Carbon-Neutral China: Policies, Actions, and Innovations* [M]. Erith: Paths Publishing Group, 2024.

[150] 金轩. 加快构建绿色低碳循环发展经济体系 促进经济社会发展全面绿色转型 [N]. 人民日报, 2024-11-07 (6).

[151] 生态环境部发布《中国应对气候变化的政策与行动 2024 年度报告》[EB/OL]. (2024-11-12) [2024-12-06]. https://www.gov.cn/lianbo/bumen/202411/content_6986237.htm.

[152] 我国氢能产业发展概况 [EB/OL]. (2024-11-12) [2025-02-18]. https://finance.sina.com.cn/roll/2024-11-12/doc-incvuhur6555522.shtml.

[153] 倡导"生态+"理念 莆田木兰溪流域实现生态与产业深度融合 [EB/OL]. (2024-12-27) [2025-03-28]. https://local.cctv.com/2024/12/27/ARTI05Eubc21YWEXSDPdjkFN241227.shtml.

[154] 自然资源部办公厅关于印发《生态产品价值实现典型案例》（第五批）的通知［EB/OL］.（2024-12-30）[2025-04-09］. https://m.mnr.gov.cn/gk/tzgg/202412/t20241230_2879220.html.

[155] 中国农业绿色发展研究会，中国农业科学院农业资源与农业区划研究所. 中国农业绿色发展报告·2023［M］. 北京：中国农业出版社，2024.

[156] 水利部. 2023年度《中国水资源公报》［R］. 北京，2024.

[157] 自然资源部. 中国矿产资源报告·2024［M］. 北京：地质出版社，2024.

[158] 国家市场监督管理总局. 中国有机产品认证与有机产业发展（2024）［R］. 北京，2024.

[159] 中国核能行业协会. 中国核能发展报告·2024［R］. 北京，2024.

[160] 王科，吕晨. 中国碳市场建设成效与展望（2024）［J］. 北京理工大学学报：社会科学版，2024，26（2）.

[161] 浙江余村："两山"理念引领下的绿色发展明珠［J］. 中国村庄，2024（12）.

[162] 孙岩，李婉如. "搭台共治"式环境跨越治理：新安江生态补偿协作网络演化研究［J］. 生态经济，2024，40（9）.

[163] 2024年全国碳排放权交易市场配额交易及清缴工作顺利结束［EB/OL］.（2025-01-05）[2025-02-11］. https://www.mee.gov.cn/ywgz/ydqhbh/syqhbh/202501/t20250105_1099975.shtml.

[164] 第四大能源！未来能源生物质能如何促进能源转型［EB/OL］.（2025-01-07）[2025-02-15］. https://baijiahao.baidu.com/s?id=1820569787412733185&wfr=spider&for=pc.

[165] 李禾. 全国碳排放权交易市场累计成交430.33亿元［N］. 科技日报，2025-01-07（2）.

[166] 2024年我国新能源汽车产销量均超1200万辆［EB/OL］.（2025-01-13）[2025-02-18］. https://www.gov.cn/yaowen/liebiao/202501/content_6998270.htm.

[167] 国家能源局 2025 年一季度新闻发布会文字实录［EB/OL］.（2025-01-23）[2025-02-18］. https://www.nea.gov.cn/20250123/544b9af2b6aa4590a60945e81e0d8ee1/c.html.

[168] 工信部公布 2024 年度绿色制造名单［EB/OL］.（2025-01-23）[2025-02-17］. https://m.thepaper.cn/baijiahao_30008323.

[169] 全国核电运行情况（2024 年 1—12 月）［EB/OL］.（2025-02-06）[2025-02-18］. https://nnsa.mee.gov.cn/ywdt/hyzx/202502/t20250206_1101794.html.

[170] 11 月份我国新能源汽车产销量同比较快增长［EB/OL］.（2025-02-17）[2025-02-18］. https://www.gov.cn/yaowen/liebiao/202502/content_7004101.htm.

[171] 我国绿色贷款保持高速增长 本外币绿色贷款余额超 36 万亿元［EB/OL］.（2025-02-19）[2025-04-01］. https://www.gov.cn/lianbo/bumen/202502/content_7004354.htm.

[172] 向海图强 建强"蓝色粮仓"——我市全力打造海洋牧场新范式［EB/OL］.（2025-03-10）[2025-03-20］. https://www.zhuhai.gov.cn/xw/ztjj/cyfz/cydt/content/post_3776515.html.

[173] 关于 2024 年国民经济和社会发展计划执行情况与 2025 年国民经济和社会发展计划草案的报告［EB/OL］.（2025-03-13）[2025-03-14］. https://www.gov.cn/yaowen/liebiao/202503/content_7013429.htm.

[174] 中国环境保护产业协会. 2017—2021 年《中国环保产业发展状况报告》. http://www.caepi.org.cn/epasp/website/webgl/webglController/chnlnewsList/W_XXZX_NDFZBG.

[175] 金佩华，张建国，莫东坡. 美丽乡村建设［M］. 昆明：云南人民出版社，2025.

后　记

20 年，弹指一挥间。"绿水青山就是金山银山"理念从浙江余村的生动实践出发，已然成为全国上下深入贯彻生态文明建设的核心理念。这20年，是理念升华的20年，是实践探索的20年，更是成效卓著的20年。

掩卷之际，心中满是感慨与感恩。从萌发编写《"两山"理念践行二十载：中国之答》这本书的念头开始，到如今它呈现在读者面前，其间历经无数个日夜的努力与付出，汇聚了众多力量的支持与帮助。

要衷心感谢那些为"两山"理念践行奉献心血与汗水的人们。20年来，"两山"理念诞生自安吉、形成于浙江、深化在中央，最终成为习近平生态文明思想的核心内容，成为习近平治国理政思想的重要组成部分。无数扎根基层的干部、人民群众、科研工作者、环保志愿者，他们用行动诠释着对生态优先、绿色发展的执着追求，书中一个个经典案例都是他们奋斗的见证，他们是中国践行"两山"理念的真正英雄，也是本书最宝贵的素材来源。

在编写过程中，湖州师范学院"两山"理念研究院团队成员们齐心协力，克服重重困难。有的成员为了核实一个数据，查阅了大量文献资料；有的同志为了打磨一个案例分析，反复修改数稿。大家怀着对生态文明事业的热爱、对记录时代责任的担当，在浩如烟海的素材中梳理脉络，在字里行间凝聚思想。

我们还要感谢为本书提供指导与帮助的解振华、尹成杰、顾益康以及编委会的专家学者，他们凭借深厚的专业知识，为内容的科学性、

后　记

学术性、典型性等严格把关定向。感谢为本书提供图片的相关单位以及从事"两山"理念研究和实践的同仁，他们共同记录了全国人民践行"两山"理念的历史时刻。感谢中国财政经济出版社的团队，他们高效专业的工作，让本书得以顺利付梓。

"两山"理念践行二十载，只是生态文明建设漫长征程中的一个阶段。未来，中国在绿色发展和美丽中国建设的道路上还将面临更多挑战，也必将创造更多辉煌。希望这本书能成为一块基石，为践行"两山"理念、投身生态文明建设的人们提供参考，激励更多人加入守护绿水青山、创造金山银山的行列。也期待在未来的日子里，能有更多精彩的"两山"故事被书写，共同续写美丽中国建设的壮丽史诗。

谨以此书献给所有为中国生态文明建设奋斗的实践者、思考者和见证者。愿读者从中汲取智慧与力量，共同书写更多绿色发展的时代篇章。由于本书的编写时间紧、要求高、任务重，加之作者的水平和经验有限，案例选择可能存在挂一漏万，本书的不足和疏漏之处在所难免，敬请广大读者批评指正！

2025 年 6 月